U0306982

本书为"江苏师范大学数学与应用数学国家一流专业"资助项目；

"教育部人文社会科学研究青年基金项目"（项目号：19YJC790021）研究成果；

"江苏师范大学博士学位教师科研支持项目"（项目号：19XFRX016）研究成果。

REALIZATION OF
CARBON EMISSION REDUCTION TARGET
AND POLICY SIMULATION

BASED ON CGE MODEL

碳减排
目标实现与政策模拟

基于 CGE 模型

董 梅 著

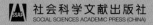

社会科学文献出版社
SOCIAL SCIENCES ACADEMIC PRESS (CHINA)

序　言

近年来，全球气候变化对人类生产生活的不利影响日益突出，应对气候变化已经成为人类社会共同面临的最严峻挑战之一。改革开放以来，中国经济持续发展，2020 年人均 GDP 已超过 1 万美元，下一阶段发展目标是在 2035 年基本实现社会主义现代化、到本世纪中叶建成社会主义现代化强国。在经济建设成就非凡的同时，中国也面临着前所未有的资源环境约束和挑战：随着工业化和城镇化进程的不断深入，能源消费需求逐年攀升，但传统的以煤炭为主的能源消费结构带来了严重的环境污染和过多的二氧化碳排放。因此，有效控制能源消耗，优化能源消费结构，降低二氧化碳排放，是中国实现经济高质量发展必须解决的重大问题。

中国作为负责任大国，一直积极参与应对气候变化工作。2009 年 9 月，中国政府首次提出相对减排目标，即争取到 2020 年单位国内生产总值二氧化碳排放比 2005 年下降 40% ~ 45%，非化石能源占一次能源消费比重达到 15% 左右，并大力发展绿色经济，积极发展低碳经济和循环经济。2015 年 11 月，中国政府在巴黎气候大会上提出 2030 年相对减排行动目标，即二氧化碳排放 2030 年左右达到峰值并争取尽早达峰；单位国内生产总值二氧化碳排放比 2005 年下降 60% ~ 65%，非化石能源占一次能源消费比重达到 20% 左右。2020 年 9 月 22 日，习近平主席在第七十五届联合国大会一般性辩论上宣布，中国将提高国家自主贡献力度，力争 2030 年前二氧化碳排放达到峰值，努力争取 2060 年前实现碳中和。2020 年 12 月 12 日，习近平主席在气候雄心峰会上进一步提高国家自主贡献力度的新目标，到 2030 年，中国单位国内生产总值二氧化碳排放将比 2005 年下降

65%以上，非化石能源占一次能源消费比重将达到25%左右。中国应对气候变化承诺不仅是树立负责任大国形象，更是国家治理的实践。到2019年，我国单位国内生产总值二氧化碳排放比2005年下降48.1%，已超过了中国对国际社会承诺的2020年下降40%~45%的目标，基本扭转了温室气体排放快速增长的局面。

应对气候变化表象是环境问题，实质是发展问题。要实现碳达峰、碳中和的目标，本质上是推动经济社会发展与二氧化碳排放逐渐"脱钩"，这就必须坚持以高质量发展为主题，以深化供给侧结构性改革为主线，持续推动经济体系全面绿色升级，要从严格控制高能耗高排放行业新增产能，推动钢铁、石化、化工等传统行业的绿色化改造；要实施重点行业领域减污降碳行动，工业领域要推进绿色制造，建筑领域要提升节能标准，交通领域要加快形成绿色低碳运输方式；要构建清洁低碳安全高效的能源体系，控制化石能源总量，着力提高利用效能，实施可再生能源替代行动，深化电力体制改革，构建以新能源为主体的新型电力系统；要倡导绿色低碳生活，反对奢侈浪费，鼓励绿色出行，营造绿色低碳生活新时尚。只有变革，才有出路，实现碳达峰、碳中和的目标对中国每个行业和地区来说，都是一场重大考验，同时也是发展机遇。

董梅博士多年来一直从事绿色低碳发展问题的教学与研究工作，在学术期刊发表论文二十余篇，其撰写的博士学位论文《碳减排目标的实现机制与政策选择研究：基于行政型与市场型政策的视角》受到了评审专家和答辩专家的高度评价，认为其研究选题具有重要的理论意义和现实意义，资料翔实、论证严谨、实证研究思路清晰、观点新颖、结论可信。目前呈现给各位读者的这部专著，是她在其博士学位论文的基础上，结合近几年来她主持教育部人文社会科学研究青年项目中的一些新探索撰写而成的，在全面介绍中国碳排放发展现状及影响因素的基础上，重点对行政型碳减排政策情景，以及包括碳排放权交易和碳税的市场型碳减排政策情景进行模拟，预测与评价这两类政策情景带来的宏观经济效应、碳减排效应、产业结构优化效应和居民福利效应，并系统性、前瞻性地提出实现碳减排目标的优化策略。这部专著是研究碳减排政策对宏观经济影响预测的良好开端，为碳达峰、碳中和目标实现的相关研究提供借鉴，是一项很有价值的研究成果。我相信，随着促进经济社会发展全面绿色转型的不断推进，董梅博士和学术界的同人一定会在这个领域取得更为丰硕的研究成果，为加快推动绿色低碳发展做出新的更大贡献。

西北大学经济管理学院教授、博士生导师

2021 年 4 月

摘　要

　　应对气候变化是中国经济社会发展战略的重要组成部分，2015年巴黎气候大会上，中国政府承诺到2030年碳强度比2005年下降60%~65%；党的十九大报告中也强调指出"积极参与全球环境治理，落实减排承诺"，显示了中国应对气候变化的智慧与决心。现阶段，中国正处于快速工业化和城镇化的进程中，能源需求带来碳排放快速增加，中国的碳减排形势十分严峻。为形成碳减排的长效机制，中国的碳减排政策正在积极地由行政型向市场型转变。评价与选择符合中国当前与未来发展的碳减排政策，是低碳经济领域的热点研究问题。

　　本书在梳理相关文献的基础上，估算2000~2015年10大类能源和31个生产部门的碳排放，并构建以2012年为基期的分部门经济－能源－碳排放的动态可计算一般均衡模型（CGE），采用GAMS软件模拟中长期预测，在保持经济适度增长的前提下，模拟碳强度目标约束和非化石能源比重提高的行政型碳减排政策情景，模拟碳排放权交易的市场型碳减排政策情景，模拟碳税的市场型碳减排政策情景，分别得到以上两大类共三种政策情景下2012~2030年的宏观经济效应、碳减排效应、产业结构优化效应和居民福利效应。研究得出的主要结论有：（1）中国碳排放量由2000年的32.516亿吨逐步上升到2015年的94.839亿吨，年均增长7.397%；分部门来看，2000~2015年工业部门碳排放占总碳排放的71.57%；分能源来看，煤炭是碳排放的第一碳源，若将煤炭的终端能源消费和火力发电的碳排放合并，煤炭的碳排放超过总碳排放的70%。（2）对2012~2030年的基准情景进行预测，得到中国经济系统各指标都呈不断上升趋势，能源消费和碳排放也随经济增长同步增加。（3）在行政型碳减排政策情景下，碳排放大幅下降，到 2030 年，碳强度与基准情景相比下降了 30.309%，与碳减排目标接近，实现碳减排目标的 66.503%；但该情景下，国内销售价格大幅上涨，总投资额小幅增加，城乡居民福利受到冲击。（4）就市场型碳减排政策的模拟结果来看，到 2030 年，碳交易情景与碳税情景下的碳强度分别比基准情景下降了 24.02% 和 25.754%，分别只实现了减排目标的 54.433% 和 57.798%。在碳交易情景和碳税情景下，国内销售价格均小幅下降，但前者促使总投资额和出口少量增加，并对城乡居民福利产生小幅负向影响；后者促进进口小幅上升，政府收入增幅较大，并对城乡居民福利产生正向推动。

通过行政型和市场型碳减排政策模拟结果的综合比较，提出碳减排政策组合的建议：2025 年之前，尽快实现全国碳交易市场配额的现货交易；自 2025 年起，对碳交易覆盖行业以外的碳排放增长较快的部门征收碳税；2030 年之前，将重点行业全部纳入碳交易体系；2030 年之前仍以行政型碳减排政策为主；在 2030 年碳排放达到峰值之后，逐步缩减行政型碳减排政策的力度和范围，转而以市场型碳减排政策为主，实现行政型向市场型碳减排政策的过渡转换。

本书将经济、能源、碳排放融合在一个框架下进行系统分析，为绿色低碳发展以及碳减排政策的影响评价，提供了较为完整的理论基础，拓宽了碳减排与宏观经济、产业结构以及居民福利相互关联的研究思路，也为决策部门制定更合理的碳减排政策，为国家进一步完善绿色低碳发展战略提供了有益参考。

关键词：碳减排目标；行政型政策；市场型政策；政策模拟；动态 CGE 模型

目录
CONTENTS

第一章

绪　论

第一节　研究背景与意义

一　研究背景

气候变化是当今各国面临的共同挑战。自 19 世纪末，"温室效应"的概念首次被提出后，越来越多的科学家着眼于应对气候变化领域的相关研究。20 世纪末，全球变暖和极端天气出现得更加显著而频繁，各国政府和公众对气候变化问题的关注不断升温。政府间气候变化专业委员会（Inter-governmental Panel on Climate Change，简称 IPCC）作为进行全球应对气候变化评估和建议最客观与最权威的机构，于 1990～2014 年先后发布了五次评估报告，指出全球气候变化的影响正在不断加强，人类活动向大气中排放的温室气体是导致全球气候变化的主要原因。

温室气体的排放空间是全球的公共资源，因此气候变化需要国际间合作共同解决。近年来，各国间气候变化相关协作不断加强，气候变化问题由自然科学问题上升为经济问题、管理问题，甚至政治问题。支持应对气候变化，成为全球公共资源再配置的政治博弈，也为各国解决国家能源安全、优化经济结构和促进可持续发展带来新的契机。

随着国际社会对气候变化的重视程度不断提升，各国通过艰难的谈判形成多个国际公约，为有效解决温室气体排放问题提供了国际框架。1992年 5 月，150 多个国家在巴西的里约热内卢通过《联合国气候变化框架公约》，该公约于 1994 年 3 月 21 日正式生效，由此建立起具有权威性的应对气候变化的国际合作法律基础。1997 年 12 月，包括 192 个缔约方的《联合国气候变化框架公约》补充条款《京都议定书》在日本京都通过，并于2005 年 2 月 16 日正式生效，其目标是主要工业发达国家 2008～2012 年的温室气体排放，要在 1990 年的基础上平均减少 5.2%。随后，联合国气候大会于 2009 年签署的《哥本哈根协议》和 2015 年签署的《巴黎协定》，是继《京都议定书》后两份有法律约束力的气候协议书，为 2012 ~ 2020 年及之后全球应对气候变化的行动做出安排，其中《巴黎协定》有 175 个国家参与签署，并于 2016 年 11 月 4 日正式生效。

应对气候变化已成为中国经济社会发展战略的重要组成部分。中国是最早签署《联合国气候变化框架公约》的国家之一，也是《京都议定书》坚定的支持者和维护者，并在节能减排、推进可持续发展方面做出了大量的努力。党的十九大报告中提出中国经济已转向"高质量发展"的新阶段，"加快生态文明体制改革，建设美丽中国""建立健全绿色低碳循环发展的经济体系""推进能源生产和消费革命，构建清洁低碳、安全高效的能源体系""持续实施大气污染防治行动，打赢蓝天保卫战""积极参与全球环境治理，落实减排承诺"的绿色发展方向是"高质量发展"的内涵之一，为实现中国在 2015 年巴黎大会上的碳强度下降承诺确定方向。

中国现阶段正处于快速工业化和城镇化的进程中，经济高速增长带动能源消费需求快速增加，从而拉动二氧化碳排放持续上升。根据国际能源署（IEA）公布的数据，中国自 2006 年起超过美国成为全球二氧化碳最大排放国，中国面临严峻的减排压力。为符合发展中国家经济增长的需要，中国政府提出了基于单位国内生产总值二氧化碳排放（以下简称"碳强度"）约束的一系列减排目标。在国际上，2009 年哥本哈根气候大会上，中国政府提出到 2020 年，碳强度比 2005 年下降 40% ~ 45%，非化石能源比重达到 15% 左右；2015 年巴黎气候大会上，中国政府承诺到 2030 年碳强度比 2005 年下降 60% ~ 65%，碳排放达到峰值并尽早达到峰值，非化石能源比重达到 20% 左右，森林蓄积量比 2005 年增加 45 亿立方米左右。在国内，《"十三五"控制温室气体排放工作方案》提出，到 2020 年碳强度比 2015 年下降 18%。以上碳减排目标的确立和实施，显示了中国应对气候变化的决心。为有效降低碳强度，并缓解能源的供需矛盾和顺应治理环境的内在要求，中国正在积极制定各项低碳发展政策，大力促进绿色低碳转型和经济可持续发展。为完成碳减排目标，政府需构建符合中国市场经济特征的长效减排机制，在实现碳减排目标的同时，推动经济平稳健康发展。

现阶段，行政型碳减排政策是中国应对气候变化的主要手段之一，"十三五"时期的碳强度目标主要通过行政型政策分解到各省和各行业来实现，而未来中国的碳减排政策正在积极地向市场型政策转变，2017年12月19日全国碳排放权交易体系正式启动，在已有的七个碳交易试点中心的基础上形成的全国碳市场已开始进入基础建设期，未来的碳减排政策正积极地由行政型向以碳交易为主的市场型政策转变，多政策工具协同实施可以使碳减排效率更高且成本更低。此外，中国还在积极推进新能源产业发展，为实现有效降低碳强度，缓解能源的供需矛盾和环境治理等目标，提出有针对性的政策措施，大力促进绿色低碳转型和经济可持续发展。

二 研究意义

绿色低碳发展是中国未来经济转型的主要方向，是应对能源供需矛盾、应对气候变化、经济可持续发展的内在要求。不同减排政策工具会产生不同的经济效应，并将实现不同的减排目标。现阶段，各国除了政府推动型的行政型减排政策外，以碳排放权交易为主的数量型减排工具，和以碳税为主的价格型减排工具在诸多国家和地区得到应用，各国依据国情，侧重选择其中一种或二者协调配合，以提高减排效率。当前，中国的碳减排政策正在积极地由行政约束型向碳交易机制转变，并积累了可贵的减排经验，但也显现出碳交易机制构建难度大，可能发生市场失灵等问题。在此背景下值得思考的是：中国现阶段的行政型碳减排政策是否能够实现碳减排目标？若中国实施市场型碳减排政策（包括以碳税为主的价格型政策和以碳排放权交易为主的数量型政策）能否实现碳减排目标？宏观上，行政型碳减排政策和市场型碳减排政策对未来经济将产生哪些影响？微观上，不同碳减排政策对各部门将产生哪些冲击？不同的碳减排政策有哪些优缺点？市场型与行政型碳减排政策如何衔接？

为解答上述问题，首先，推算符合我国政府承诺的2005～2030年的实际碳强度（以2005年价格为基准）和对应各年碳排放，以此作为评价碳减排政策是否实现的标准。其次，再构建细分31个部门的经济－能源－碳排放动态CGE模型，将能源消费和碳排放与宏观经济模型系统进行融合，采用政策预测模拟的方法，分析行政型和市场型（包括碳税和碳交易）碳减排政策情景下的宏观经济效应、碳减排效应、产业结构优化效应和居民福利效应，进而评价各类政策是否能够实现碳减排目标，调节各类政策的执行起止期、覆盖行业范围、政策力度等方面，据此提出政策修正的建议，并给出较为完善的政策组合。

1. 理论意义

就理论意义而言，本书将经济、能源、碳排放融合在一个框架下进行系统分析，进而用于中长期的政策预测模拟，为不同的减排政策工具对经济系统的影响评价提供较为完整的理论基础，进一步丰富了低碳经济学的研究内容，拓宽了碳减排与宏观经济、产业结构以及居民福利相互关联的研究思路。

2. 应用价值

就应用价值而言，本文基于现阶段中国面临的能源与环境的现实问题，以碳减排目标实现为重要依据，充分考虑各经济主体及部门之间的互动效应，为碳减排政策由行政型向市场型顺利转型，实现碳减排路径的优化，为决策部门制定更合理的低碳政策，为国家进一步完善绿色低碳发展战略提供有益参考。

第二节　研究思路、目标与方法

一　研究思路

本书对我国行政型和市场型碳减排政策进行预测模拟，结合宏观经济效应、碳减排效应、产业结构优化效应和居民福利效应等关键评价因素，分析各类碳减排政策，评价其是否能实现 2030 年碳减排目标，并提出市场型政策对行政型政策衔接的碳减排政策组合形式。以能源经济学、经济增长理论、厂商行为理论、消费者行为理论为基础，以能源供给约束和国内外减排压力为背景，采用"理论分析→模型构建→政策模拟→影响评价"的分析方法，重点刻画政府、企业、居民和国外四类经济主体在各自的约束条件下，通过行为选择推动碳减排目标的实现。为表述简洁，下文若无特殊说明，"碳排放"均指"二氧化碳排放"，"碳强度"均指"单位国内生产总值的二氧化碳排放量"。客观上，"碳排放"和"二氧化碳排放"是不同的，需要前者乘以 44/12 进行分子量转化才等于后者。本书研究的基本思路可以概括为图 1-1。

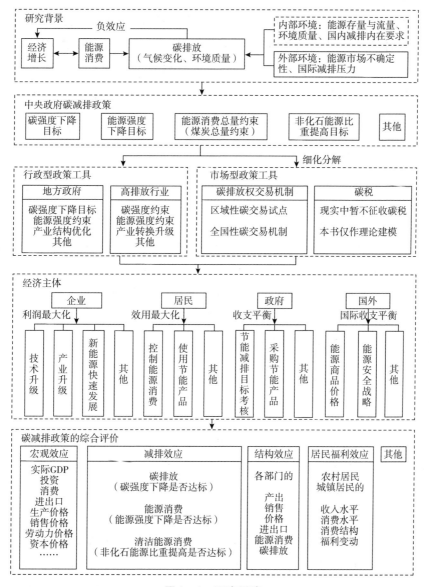

图 1-1　研究思路

二 研究目标

（一）理论目标

通过构建经济－能源－碳排放动态 CGE 模型，将各部门能源消费和碳排放与宏观经济模型系统融合，并对行政型和市场型碳减排政策情景进行合理设计，以此衡量外生扰动因素对宏观模型系统的影响，进而做短期、中长期预测，以及评价碳减排目标是否实现，为绿色低碳经济发展研究和碳减排政策的影响评价提供一个较为完整的系统分析框架。

（二）应用目标

本书在比较行政型和市场型碳减排政策情景模拟的基础上，提出政策的修正、完善的建议，为中国碳减排政策由行政型向市场型转变提供优化路径。基于对现阶段中国面临的能源与环境问题的现实把握，将研究主旨直接服务于绿色低碳发展转型时期的战略目标，对不同发展阶段、不同经济主体，应采取有差异的碳减排政策，充分考虑各经济主体间的互动效应，这有利于决策部门制定更合理的碳减排政策，有效控制减排成本，为完善低碳发展战略提供参考。

（三）研究方法

本书采用的研究方法主要有：

第一，动态 CGE 模型数值模拟法。通过构建经济－能源－碳排放动态 CGE 模型，将宏观经济、产业关联、能源消耗、碳排放整合到一个系统框架下，借助 GAMS 软件对各种低碳政策情景进行模拟预测，并根据模型校准、敏感性分析等方法保证模型预测的准确性。

第二，IPCC 碳排放估算法。碳排放估算参考《2006 年 IPCC 国家温室气体清单指南》提供的三种计算方法，其中"方法 1"根据化石燃料数量和对应的缺省排放因子对二氧化碳排放量进行估算，电力的碳排放量由一次能源的加工转换投入量估算得出。将一次能源终端消费的碳排放，与一次能源加工转换投入量的碳排放进行合计，得到总碳排放。

第三，LMDI 因素分解法。对于碳强度波动的驱动因素分解，采用指数分解法中的 LMDI 方法，其分解形式又分为加法分解和乘法分解两种，将 LMDI 的两种分解方法都用于生产部门碳强度和居民部门人均碳排放的分析中，使分解结果更加直观。

第四，文献分析借鉴法。模型中的部分参数需要事先确定，包括生产模块和贸易模块中的指数参数，这些需要从以往文献中借鉴并最终确定。模型动态机制模块中的技术进步率、劳动力增长率、资本折旧率等也需要通过文献分析借鉴法获得。

第三节　研究内容与结构设计

一　研究内容

本书构建经济 – 能源 – 碳排放动态 CGE 模型，对中国行政型和市场型碳减排政策进行预测模拟，分析 2012～2030 年在不同的碳减排政策工具影响下，宏观经济、减排效应、行业结构优化及城乡居民福利所受到的影响，并提出碳减排政策的优化策略。研究以能源经济学、经济增长理论、厂商行为理论、消费者行为理论为基础，以能源供给约束和国内外碳减排压力为背景，采用"理论分析→模型构建→政策模拟→影响评价"的分析方法，重点刻画以生产部门为主要实施对象的行政型和市场型碳减排政策，借助投入产出和贸易流通等传递作用，针对各类碳减排政策效应提出政策优化策略。具体而言，本书研究涵盖以下六部分。

（一）碳强度目标实现与经济发展的关系

从宏观经济层面出发，将能源消费、碳排放等因素纳入宏观经济联立系统模型，考虑在碳强度目标约束下，测度能源消费和碳排放制约等发展环境变迁过程中对经济增长的影响和互动机制，评价碳减排在经济发展过程中的作用、传导轨迹和发展趋势，阐述绿色低碳发展的必要性、可行性、作用机制等理论基础。

（二）构建动态经济 CGE 模型

首先，构建经济 CGE 模型的基础数据平台，其核心是细分 31 个部门（包括 26 个非能源和 5 个能源部门）的社会核算矩阵（以下简称"SAM 表"），该矩阵借助最新的投入产出表、统计年鉴、财政年鉴和税务年鉴等资料进行编制，并通过统计方法对 SAM 表进行平衡。其次，借助 SAM 表中部门间流量关系，构建基期静态 CGE 模型，包括生产模块、贸易模块、国内经济主体模块、宏观模块、居民福利模块等，并依据各模块间的互动关系，构建基期的经济平衡系统。再次，构建动态 CGE 模型，需要引入重要变量的动态递归关系，将跨期经济运行联系起来，使 CGE 模型动态化而具备预测功能。最后，利用动态 CGE 模型对已有历史期内的主要数据指标进行模拟并与现实数据进行比较，以评价模型的预测的科学性。

（三）扩展动态 CGE 模型：融入能源 – 碳排放模块和推导碳强度目标

构建经济 – 能源 – 碳排放动态 CGE 模型，要将能源消费与碳排放内容融入动态 CGE 模型，并对比政策情景结果是否达到碳减排目标，这就需要能源 – 碳排放模块的融入，以及 2012 ~ 2030 年碳强度目标的显性化。首先，根据《2006 年 IPCC 国家温室气体清单指南》中固定源燃烧计算碳排放提供的"方法 1"，即化石能源消费量和缺省排放因子相乘来估算 2005 ~ 2015 年 5 种能源和 31 个部门的碳排放。其次，确定 2012 年各能源价值型碳排放系数，并通过 SAM 表对应的价值型能源消费与经济系统建立关联。再次，确定 2005 年实际碳强度，并以 2030 年的碳强度比 2005 年减少 60% 为目标，推算 2005 ~ 2030 年的实际碳强度目标和对应各年碳排放目标的具体数值，再以 2016 ~ 2030 年碳排放不超过 2030 年为约束，以此依据评价 2016 ~ 2030 年碳减排政策是否达标。最后，以非化石能源比重提高目标为依据，推导电力的碳排放系数的动态变化值。

（四）设计、模拟行政型碳减排政策情景

1. 模拟基准情景

在没有碳减排政策的情形下，利用经济－能源－碳排放动态 CGE 模型对 2016～2030 年的宏观效应、减排效应、结构效应和居民福利效应进行预测，包括 2016～2020 年的短期预测（与"十三五"规划时期重叠），2021～2030 年的中长期预测（与"巴黎会议"承诺期重叠），以此形成政策情景的参照标准。

2. 设计、模拟行政型碳减排政策情景

将研究聚焦于行政型碳强度目标约束，即假设 2012～2030 年，中国在保持经济适度增长的同时，通过行政型碳减排政策实施碳强度目标约束，并实现非化石能源比重的增长目标，通过动态 CGE 模型，评估宏观效应、减排效应、结构效应和居民福利效应相较于基准情景的变动情况，并判断行政型政策是否能够实现碳减排目标。

（五）设计、模拟市场型碳减排政策情景

市场型碳减排政策包括碳税和碳交易政策，以下分别对这两种政策进行说明。

1. 设计、模拟碳交易政策情景

碳交易情景设定参考欧盟碳交易体系和美国加利福尼亚州（以下简称加州）碳交易项目，对高排放部门（包括石化、能源、建材、钢铁、有色、造纸、电力和航空八大行业，对应本书细分 31 个部门中的 10 个部门）实行碳排放总量约束，分析该情景下的宏观效应、减排效应、结构效应和居民福利效应，评价碳交易政策是否能够实现碳减排目标。

2. 设计、模拟碳税政策情景

碳税的税率设定参考其他已征收碳税的国家的税率进行合理设计及调整，并且将分别对税收不返还和税收返还的情景，以及碳税税率分别为 20 元/吨、40 元/吨、60 元/吨、80 元/吨和 100 元/吨的情景进行模拟，分析各情景下的宏观效应、减排效应、结构效应和居民福利效应，评价碳

税政策是否能够实现碳减排目标。

（六）碳减排政策的评价、修正和完善建议

基于行政型和市场型碳减排政策情景的预测模拟，可对比得出各类减排政策的优势，有针对性地提出最优政策组合，明确各类减排政策的覆盖行业范围、政策实施起点、政策力度，优化减排路径，为碳减排政策制定和评价提供参考。

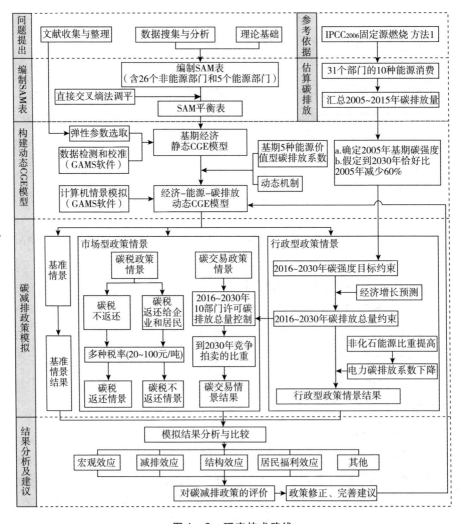

图 1-2　研究技术路线

二　研究结构设计

图 1-2 的技术路线系统地说明了本书的基本思路：编制 SAM 表→构建动态 CGE 模型→对碳减排政策进行情景设计和模拟→对政策效应进行评价→提出政策建议。每一个部分的分析都遵循宏观经济分析的思路框架，使政策的影响结果尽可能科学地反映宏观经济的变动。

第四节　创新之处

一　研究视角创新

（一）行政型碳减排政策作为重要的情景分析

将行政型碳减排政策作为分析视角，在现有文献中极少见，多数文献都聚焦于碳税、碳交易等市场型碳减排政策。尽管中国的碳减排政策正在积极地由行政型向市场型转变，但市场型政策体系建立和有效运行仍需很长一段时间，当前到 2030 年，中国仍会以行政型碳减排政策为主要政策工具实现碳强度下降目标，通过将目标分解到各省和各行业等措施来落实减排承诺。因此，行政型碳减排政策是最接近中国现实的政策工具，这是本研究的第一个视角创新。

（二）将碳强度下降目标转换为各年碳排放约束

中国政府承诺 2030 年碳强度比 2005 年下降 60% ~ 65%，该目标分解至"十三五"规划要求 2020 年比 2015 年碳强度下降 18%，但这些碳强度下降目标都是不确定的，允许碳排放量随经济总量发生变化。本研究在设置行政型碳减排政策情景之前，先对未来经济增长率合理预测，再将各年的目标碳强度和碳排放约束推导出来，不仅为行政型碳减排政策和碳交易情景提供支持，也为居民消费碳排放与碳排放约束之间的数

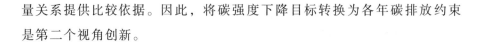

量关系提供比较依据。因此，将碳强度下降目标转换为各年碳排放约束是第二个视角创新。

（三）推导电力碳排放系数的动态值

加大新能源开发和利用，努力提高非化石能源消费比重，是现阶段低碳发展的主要方向，能源消费方式转变，可以在保障能源需求的情况下降低碳排放。这种碳减排效应的叠加，可以通过电力碳排放系数的下降进行量化，使非化石能源比重变动与 CGE 模型产生关联。因此，本研究在预测电力消费和推算碳排放约束的基础上，推导电力碳排放系数的动态变化值，将其作为动态参数加入模型，这是本研究的第三个视角创新。

二 研究方法创新

（一） CGE 模型动态化设计

CGE 模型用于静态分析优势显著，但如果模型的动态化设计不合理，可能使预测不准确，甚至出现时序上的大幅振荡。可靠的动态 CGE 模型，模拟任意一期预测值，都应该形成一张新的 SAM 平衡表。鉴于以上思路，本研究将 CGE 模型中的所有变量分为三类，即内生变量、外生变量和参数，前两者添加时间维度，内生变量由资本、劳动力和技术进步的递归方程影响，外生变量给出合理的增长率，参数可暂设为固定值，而在长期预测中，为反映产业未来发展方向和结构优化趋势，也可以将参数设置为动态化，但不需要添加时间维度，而是通过外生给定。这样的 CGE 模型动态化设置，不仅使预测期 SAM 表保持平衡，提高内生变量预测的可靠性，而且也能反映经济结构优化趋势，拓宽了模型分析维度。因此，CGE 模型动态化设计是第一个方法创新。

（二）碳交易情景中的碳配额设置

碳交易情景设置中，将碳配额的配发模式设置不同的动态情景加入模型。在基于配额交易的"总量控制和交易"机制下，通过研究欧盟碳交易机制和美国加州碳交易机制的设置经验，发现随着碳交易市场的不断完善，免费发放的配额会逐渐减少，而竞价拍卖的部分会不断增加。本研究基于这一经验，将碳配额的免费发放比重设置为到 2030 年逐渐下降至不同的比例，这也是碳交易机制设置过程中可以预先考虑的政策影响。

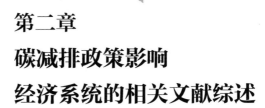

第二章
碳减排政策影响
经济系统的相关文献综述

随着全球能源消费量迅猛增长和气候变化问题日益严峻，自 20 世纪 90 年代以来，利用 CGE 模型模拟政策变动对各子系统的冲击，被大量运用于资源经济、生态环境、气候变化等相关领域。近年来国内外相关研究主要从以下几个方面展开。

第一节　国外相关研究综述

一　与碳税、资源税和碳关税相关的研究

国外近年来基于 CGE 模型对碳税、资源税和碳关税研究较充分。Dong 和 Walley（2009）运用世界 CGE 模型，研究碳关税措施对全球碳排放、贸易和福利的影响很小，但对中国会产生负面影响。[1]Kuik 和 Hofkes（2010）研究欧盟排放交易体系对全球经济的影响，认为碳关税可有效降低钢铁行业的碳泄漏率，但对矿产品部门影响较小。[2]Orlov 和 Grethe（2012）模拟不同碳税对俄罗斯经济产生的不同影响，认为碳税可产生强烈的双重红利，居民的福利收益依赖于劳动供给弹性以及资本、劳动、能源间的替代弹性。[3]Siriwardana 和 Meng 等（2013）对澳大利亚碳税政策进行建模分析，认为在短期内使碳排放减少 12%，但实际 GDP 下降 0.68%，碳税给低收入家庭带来负担。[4]Orecchia（2013）研究非二氧化碳温室气体在减缓气候变化中的作用，针对全部温室气体的碳税政策比仅针对二氧化碳的碳税政策成本更低。[5]Dissou 和 Sun 等（2013）分析了加拿大碳减排政策的影响，评估当碳税收入转移支付给家庭时，政策对就业和福利有负面影响，当碳税收入用来补贴减少的工资收入时效果较好，且收益超过减排成本。[6]Miyata 和 Wahyuni 等（2013）对印度尼西亚东部城市构建 CGE 模型，认为碳税可以减少 8% 的二氧化碳排放，碳税政策后的劳动力需求

下降，但家庭福利在接受碳税转移后增加。[7] Liu 和 Lu（2015）认为碳税有利于减少碳排放，对中国宏观经济产生轻微影响；同时指出，碳税收入使用计划在设计碳税政策时非常重要，好的碳税收入计划有助于降低碳税成本。[8]

二 与碳排放权交易相关的研究

国外学者对碳排放权交易多以欧盟碳交易市场为研究对象。Lokhov 和 Welsch（2008）对俄罗斯与欧盟之间的排放交易进行研究，发现除了对欧盟国家有利之外，俄罗斯的福利水平也显著上升，但俄罗斯的产出水平会大幅下降。[9] Loisel（2009）利用动态 CGE 模型，模拟罗马尼亚在碳交易市场条件下，技术进步对碳排放和经济增长的影响。[10] Abrell（2010）使用静态多区域 CGE 模型，认为将运输纳入欧洲排放交易体系比对交通运输部门实行税收等其他的方法更优，并且免除交通排放管制对福利改革方面最有利。[11] Vöhringer（2012）在对 2012 年后将瑞士排放交易体系纳入欧盟排放交易体系进行模拟，认为大多数行业会从欧洲碳交易体系中获利，但少量高排放行业必须减少更多的排放并支付更高的碳税。[12] He 和 Gao（2012）估算了将国际航空纳入欧洲排放交易体系对中国宏观经济、居民福利、航空工业和二氧化碳排放的影响，结果表明会对中国经济和居民福利有负面影响，同时减少了工业特别是航空工业的产出。[13] Lanzi 和 Wing（2013）研究欧盟排放交易系统，着重分析了资本可流动性对温室气体减排的影响，以及从减排部门到非减排部门的碳排放泄漏对福利的影响，得出资本可流动性可以扩大或减弱福利损失。[14] Alexeeva 和 Anger（2016）认为经济福利或国际竞争力是非欧盟地区加入欧盟碳排放交易的主要动力，如果对这些动力因素加以有效利用，碳市场的全球化将成为可能。[15]

三 与环境和温室气体排放约束相关的研究

国外学者在环境约束研究方面多关注碳减排目标和"双重红利"是否实现。Wang（2009）[16]、Li（2011）[17] 等人认为技术进步可以确保经济增长的同时降低碳强度，是实现碳强度目标的重要保证。Sancho（2010）研究在碳中性条件下征收生态税和其他税收后，发现实现双重红利的最关键因素是劳动力和资本之间的替代弹性，而能源商品的替代弹性会影响二氧化碳排放的变化。[18]Bor 和 Huang（2010）模拟中国台湾在税收中性的假设下，使用能源税可获得双重红利效应，但当能源税收用于政府支出时，双重红利效应并不显著。[19]Ciaschini 和 Pretaroli 等（2012）使用具有不完全劳动力市场的 CGE 模型，评估在意大利引入环境税后，对经济的冲击和双重红利问题。[20]Yuan（2012）[21]、Dai（2011）[22] 等人模拟得出 2020 年中国的碳强度目标是可以实现的。Thepkhun 和 Limmeechokchai 等（2013）以泰国为研究对象，认为国际自由排放交易政策可以减少温室气体排放量并提高碳价，碳捕集与封存技术将会降低能效提高和可再生能源利用。[23]Hoefnagels 和 Banse 等（2013）研究了推广生物质能对减少荷兰温室气体排放的效果，结果表明，生物质能对化石能源的替代具有积极的经济效应，并能够减少温室气体排放和对化石能源的需求。[24]Suttles 和 Tyner 等（2014）认为强制性生物能源生产可以大大减少二氧化碳排放，特别是对电力部门的化石燃料替代效果更好，其次对运输燃料部门生物能源生产的减排也产生显著效果。[25]Bollen（2014）通过对气候变化政策的模拟，认为碳排放约束政策可减少空气污染物排放，但对五个地区共同利益的价值产生负面影响。[26]由于中国各省碳强度目标约束不同，Zhang（2012）通过模拟得出各省所受到的经济影响差异很大。[27]Springmann（2015）认为中国的碳排放有在省际转移的现象。[28]Liu 等（2015）[29] 采用系统动力学仿真，Yi 等（2016）[30] 利用指数分解，Shahiduzzaman 和 Layton（2017）采用因素分解等方法，从多种角度研究碳强度约束对经济系统产生的影响。[31]

四 与能源价格波动、能源效率提高和产业补贴等相关的研究

就能源价格波动的研究而言，国内外学者对能源价格冲击研究更多关注发展中国家。Aydin 和 Acar（2011）分析了国际石油价格波动对土耳其的冲击，结果表明，油价波动对土耳其的宏观经济指标和碳排放有显著的

影响。[32]Doumax（2014）模拟石油价格增长和对化石燃料的税收政策，认为虽然油价上涨提高了生物柴油的普及率，但仍低于10%的目标。[33]Timilsina（2015）分析油价上涨和生物燃料替代的经济影响，认为对依赖石油大规模进口的国家影响很大，但生物燃料替代化石燃料的能力仍然有限。[34]Chen和Xue等（2016）研究认为中国的铁路投资对经济有积极促进作用，但会推动二氧化碳排放较快增长[35]。

就能源效率提高而言，部分国外研究对能源效率提高研究与能源回弹结合。Anson和Turner（2009）检验苏格兰的商业运输部门能源效率提高5%，导致整个经济层面使用石油能源商品的反弹效应和成品油供应部门的能力收缩。[36]Hanley和Mcgregor等（2009）探讨苏格兰能源效率总体提高的重要性，结果发现，虽然最初会产生反弹效应，但能源使用最终会使二氧化碳排放强度下降。[37]

就能源产业补贴而言，研究多关注于发展中国家。Manzoor和Shah-moradi等（2012）研究减少伊朗的隐式和显式能源补贴的影响，会使整体经济活动下降，消费者的福利水平降低，在需求方面，对公共物品和服务产生挤出效应。[38]Zhou和Fridley等（2013）评估在中国过渡到更低的排放轨迹和满足2020年的强度减排目标，其进程会因城市人口增长而放缓。[39]Mahmood和Marpaung（2014）研究碳税和能源效率提高对巴基斯坦经济的影响，认为实施碳税和提高能源效率这两种政策的组合使用对该国的可持续发展产生积极影响。[40]Solaymani和Kari（2014）认为取消马来西亚的能源补贴会降低总能源需求和二氧化碳排放，对家庭福利和能源密集型部门产生重大影响，并减少总出口和进口，但会增加GDP和实际投资。[41]

五 与居民家庭消费的能源消耗和碳排放相关的研究

国外近年来有众多学者对居民能源消费和碳排放问题进行了大量研究。Feng等（2011）对中国城乡居民的历史碳排放进行测算。[42]Dai等（2012）采用动态CGE模型预测2050年的中国居民的能源需求和碳排放量。[43]除了以全国为测算范围外，Gu等（2013）还针对南京市居民采用问卷调查，估算城市维度的家庭居民生活碳排放。[44]就碳排放测算方法而言，Golley 等（2012）采用投入产出法[45]，Saner 等（2013）采用生命周期法[46]，Wang 等（2014）采用消费生活方式法[47]，可见其估算方法比较多元。

第二节　国内相关研究综述

一　与碳税、资源税和碳关税相关的研究

国内学者近年来利用 CGE 模型对碳税、资源税和碳关税的政策模拟是研究热点。毕清华、范英等（2013）认为碳税会有效降低二氧化碳排放，减少化石能源需求，实现 2020 年 45% 的碳排放强度下降目标，使经济向低碳社会转型。[48]鲍勤、汤玲等（2013）模拟美国对中国出口产品征收碳关税，将直接缩减中国企业对美国的出口利润，进而对中国总体经济造成负面影响。[49]梁伟（2013）以山东省为例，模拟环境税的"双重红利"效应。[50]娄峰（2014）认为随着碳税率增加，单位碳排放强度边际变化率减小，并在保持政府财政收入中性时，实现社会福利水平增加，从而实现"双重红利"。[51]张晓娣、刘学悦（2015）基于 OLG - CGE 情景模拟，比较征收碳税与发展可再生能源在未来 35 年对经济增长及居民福利的动态影响。[52]徐晓亮、程倩等（2015）研究认为 10% 资源税率的节能减排效果最佳，但短期内对经济增长有极大负面影响，长期看能够实现节能减排和经济增长的均衡发展。[53]魏文婉、张顺明（2015）认为调整能源净进口量对宏观经济产出、能源投入、社会福利等经济指标产生深远的影响，甚至影响到各产业间的结构调整。[54]宋建新、崔连标（2015）认为碳关税的行业覆盖范围和商品隐含碳核算方式选取对中国经济影响的评估结果作用较大，若考虑发达国家国内的减排措施，碳关税征收对中国经济的负面影响有所减小。[55]梁强、许文等（2016）构建了中国煤控税收政策CGE 模型，分析在环境税、碳税的组合政策下，对 GDP、碳减排、企业税负等宏观指标和行业发展影响。[56]许士春、张文文等（2016）认为碳

税是一种可行的政策选择，可通过能源强度的抑制作用削弱经济产出，若在征收碳税的同时降低个人所得税率，可实现"双重红利"效应。[57]周艳菊等（2017）采用三阶段 Stackelbeg 博弈模型，构建碳税在政府、制造商和零售商间的转嫁和重新分配，以及消费者环保意识和碳价等因素对社会福利的影响。[58]

二 与碳排放权交易相关的研究

国内学者利用 CGE 模型对排放权交易的研究涵盖了碳排放权、排污权、硫排放权等多个领域。金艳鸣、雷明（2012）构建多区域 CGE 模型，分析得出跨区排污权交易对缓解减排约束带来的经济负面影响有积极的作用，同时可促进高能耗部门能源效率的提高。[59]袁永娜、石敏俊等（2013）研究碳排放许可初始分配对区域经济发展的影响，认为免费发放部分配额，对 GDP 和区域经济不平衡造成的负面影响较小，是较优的分配方式。[60]刘宇、蔡松锋等（2013）模拟了广东和湖北单独减排和开展跨省交易的减排成本与经济影响，认为碳市场会对经济造成一定的冲击，尤其是对高排放行业冲击较大，但对服务业影响较小。[61]孙睿、况丹等（2014）研究碳交易过程中的碳价问题，认为碳价越高，减排效果越好，但 GDP 的损失越大，能源部门产出水平降低，但对总体产业结构影响不大。[62]吴洁、夏炎等（2015）考虑六种碳市场情景，研究认为免费分配与拍卖方式的混合分配是我国碳市场建立初期较优的配额分配方式。[63]魏巍贤、马喜立（2015）认为对宏观经济影响最小的政策措施是硫排放权交易与硫税两种政策机制的组合，即在销售环节对化石能源征收硫税，在生产环节对排放量居前十位的产业实行排放权交易。[64]时佳瑞、蔡海琳等（2015）认为碳交易机制能够有效地降低碳强度和能源强度，但随着减排率提高，碳价逐步上升，对经济的冲击作用将不断加强。[65]熊灵等（2016）对中国碳交易试点和欧盟、美国加州碳交易体系的配额分配机制进行比较，剖析中国各碳交易试点存在的问题，为全国碳市场的建设提供经验借鉴。[66]

三 与环境和温室气体排放约束相关的研究

国内学者对环境约束和温室气体排放约束的研究近年来逐渐增多。何建坤（2010）认为碳强度的下降速度取决于能源强度下降速度和能源排放因子下降速度的叠加；非化石能源比重提高，可以有效降低电力对应的排放因子，使碳排放的降幅超过能源消费的降幅。[67]郭正权（2011）用 CGE 模型模拟了中国低碳发展政策对经济社会的影响。[68]李钢、董敏杰等（2012）认为如果提升环境管制强度，会使经济增长率、制造部门就业率、出口量分别下降 1%、1.8% 和 1.7%，中西部地区所受影响比东部地区更大。[69]张友国（2013）比较了碳排放强度约束和总量限制的绩效，认为中国的碳强度约束是适合和有诚意的温室气体减排目标，更适合发展中国家。[70]郭志、周新苗等（2013）认为征收排污税是减排的有效途径，会对经济产生紧缩作用，污染治理补贴给经济带来积极影响，减排效果不明显。[71]魏玮、何旭波（2013）运用动态 CGE 模型，探讨了二氧化碳排放限制和 R&D 补贴政策对宏观层面及部门层面的累积产出、二氧化碳排放等方面的影响。[72]郭正权、郑宇花等（2014）预测我国 2007~2030 年经济增长速度会逐渐放缓，能源消费和碳排放强度逐渐降低，能源消费结构和产业结构逐步得到优化，但能源消耗总量和碳排放总量仍逐步增加。[73]张友国、郑玉歆（2014）认为碳强度约束导致化石能源产品价格上升，对经济增长和国内需求产生负面影响，劳动密集型和技术密集型部门的出口会增加，能源消耗和碳排放总量会大幅下降。[74]石敏俊、周晟吕等（2014）分析认为能源供给约束对未来中国经济的发展空间产生重要作用，若在低碳发展的环境下，碳峰值可提前至 2030 年左右。[75]梁伟、朱孔来等（2014）认为单纯征收环境税很难实现节能减排和经济增长的"双重红利"，在消费环节征收要比生产环节征收效果好。[76]刘宇等（2014）构建 GTAP-E 模型研究碳强度约束以及碳排放达到峰值对经济系统产生的影响。[77]林伯强等人（2015）认为碳强度目标约束对煤炭消费和碳排放起到显著抑制作用，但对宏观经济产生一定的负面影响。[78]范庆泉等（2015）更多关注社会福利的变化，认为碳强度约束对社会福利影响较小。[79]周县华等

（2016）对碳强度约束和总量约束进行比较，认为碳强度约束更适合中国的碳排放控制。[80]

四　与能源价格波动、能源效率提高和产业补贴等相关的研究

国内研究能源价格波动较早的有林伯强和牟敦国（2008），两位学者运用 CGE 模型，模拟石油与煤炭价格上涨对中国经济具有紧缩作用，各产业紧缩程度不同，因此推动产业结构变化。[81]胡宗义、刘亦文（2010）认为提高能源价格在短期和长期显著降低中国的能源强度，但对宏观经济带来较大的负面影响。[82]国内学者对能源效率和能源补贴的研究较少。邹艳芬（2008）借助生态足迹分析法构建 CGE 模型，认为我国能源使用安全状况越来越令人担忧。[83]查冬兰和周德群（2010）通过 CGE 模型，模拟能源效率提高 4% 时，煤炭、石油和电力的能源效率回弹效应分别为32.17%、33.06% 和 32.28%。[84]刘伟、李虹（2014）先估算了 2007 年中国煤炭补贴规模和补贴率，再模拟取消煤炭补贴产生的碳减排效应，认为取消补贴可降低单位碳排放 1.78%。[85]姜春海、王敏等（2014）认为山西在增加"扩送电"投资 30% 的前提下，最优的补贴方案是对原煤部门征收30 亿元"调结构"资金，对农业、制造业、其他服务业应分别补贴 35 亿元、94 亿元和 6 亿元。[86]张国兴等（2015）对中国 1997～2011 年的节能减排政策做量化分析，对政策措施和目标间的协同性给出判断和建议。[87]关于包括资本、劳动力和能源的生产要素组合形式，以及替代弹性选择的研究，魏玮、何旭波（2014）采用 CGE 生产函数估计和比较中国工业部门要素组合形式，认为（资本 + 能源）+ 劳动的函数形式较符合中国工业部门的实际。[88]查冬兰等（2016）认为模型构建中的替代弹性会影响模拟结果，并采用超对数成本函数得出各部门间的多种替代弹性，为模型构建提供重要参考。[89]

五　与居民家庭消费中的能源消耗和碳排放相关的研究

国内学者中，就居民碳排放的测算范围来分，李艳梅等（2013）仅依

据直接能源消费测算直接碳排放，即居民用于炊事、取暖、电器及私家车等活动而直接消费能源商品并产生的碳排放。[90]周平等（2011）[91]、朱勤等（2012）[92]、彭水军等（2013）[93]、姚亮等（2017）[94]都采用投入产出法，认为居民生活消费的间接碳排放高于直接碳排放，并对影响居民碳排放的影响因素进行分解。田旭等（2016）采用 CGE 模型分析了 2020 年上海居民消费支出、能源消费以及碳排放变化之间的关系。[95]王泳璇等（2016）以构建门限 - STIRPAT 模型，测算不同的城镇化率与居民生活碳排放之间的关系。[96]有关碳排放达峰的研究中，曲建升等（2017）预测在低碳情景下，中国城镇居民的碳排放达峰时间为 2046 年，在强化情景下该时间为 2040 年。[97]王善勇等（2017）运用中国电力消费数据，构建个人碳排放权交易体系，这一研究视角非常新颖。[98]

第三节　对已有研究的评述

以上文献为碳减排政策的影响分析提供了较为完整的理论支撑，学者们普遍认为碳减排政策在控制碳排放方面发挥积极作用的同时，对经济系统也将产生一系列的影响。但由于经济快速发展，研究手段的限制，在梳理文献后发现仍有以下不足：一是就政策类别而言，关注行政型碳减排政策影响的文献极少，绝大多数文献都只关注碳交易或碳税等市场型碳减排政策的经济影响。但以中国为主的发展中国家主要采用行政型碳减排政策控制碳排放，以实现碳强度下降目标。二是就研究的部门细分而言，关注产业结构变动及各产业碳减排效果的文献较少。碳减排政策主要针对高排放的重点行业，在投入产出的影响下，政策由高排放行业传导到其他工业行业，再传导到第三产业和农业等各个行业，将导致各行业的产出、销售、产品价格和碳排放等都发生结构变动。三是就研究对象而言，以往文献对居民福利层面的关注较少，少量相关研究主要集中在碳税政策下"双重红利"的实现与否，不区分城镇居民和农村居民的影响差异。现阶段的碳减排政策工具主要针对生产部门，这些政策通过投入产出和贸易流通的传递，对居民收入、消费等各方面将产生哪些影响，即关注碳减排政策对居民消费（以及福利）产生影响的分析视角极少。

第四节 本书的研究视角

在污染治理中，碳减排目标分为总量减排目标和强度减排目标。其中总量减排目标是指在政策期内对碳排放总量进行约束，有效实施该目标可以促使实际碳排放下降。强度减排目标是在政策期内对单位经济总量的碳排放进行约束，在为经济增长留有余地的同时灵活调整碳排放量，当碳排放强度下降的速度超过经济增长速度时，实际碳排放总量会减少。这两种减排目标的差异体现在成本有效性、环境效益和政策可接受性三个方面。发达国家主要承诺总量减排目标，而发展中国家主要承诺强度减排目标。基于以上两种碳减排目标，Fischer 等人认为有两类政策措施分别与之对应：第一类是市场型措施，包括碳排放权交易或碳税政策，发达国家通常采取该类措施实施碳排放总量控制；第二类是行政型措施，以中国为代表的发展中国家现阶段主要采用该类措施控制碳强度。[99] 类似的，郑爽将环境相关的措施分为指令性手段与经济激励手段，前者与行政型措施对应，包括法律、法规、指标、规定技术等手段，后者与市场型措施对应，包括税收、市场创建、财政补贴等手段。[100]

现阶段，中国的碳减排政策正在积极地由行政型向市场型转变，以期未来在碳排放权交易等多种措施下，形成更长效的减排机制。市场型政策的建立和有效运行需要经历和调整很长一段时期。目前，中国尚未实施碳税政策，全国碳交易市场正处于基础建设阶段，"十三五"时期的碳强度目标仍通过行政措施分解到各省和各行业来实现，未来市场型政策对行政型政策的衔接成为碳减排机制设计的重要内容。

通过对碳减排政策的分类，本书拟从核算各能源碳排放的角度入手，首先以 2030 年的碳强度比 2005 年减少 60% 为目标，将 2005 ~ 2030 年的实际碳强度目标和对应各年碳排放约束进行推导，以此作为评价碳减排政策是否实现的依据，再构建细分 31 个部门的经济 – 能源 – 碳排放动态 CGE

模型,用于在保持经济适度增长的前提下,模拟碳强度目标约束和非化石能源比重提高的行政型碳减排政策情景,模拟实施碳排放权交易的市场型碳减排政策情景,以及模拟实施碳税的市场型碳减排政策情景,分别将以上三种政策情景下 2012~2030 年的宏观经济效应、节能减排效应、产业结构优化效应和居民福利效应,与无碳减排政策的基准情景比较,进而做出评价,并提出修正和完善的政策组合建议。

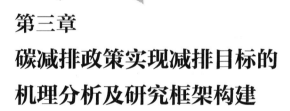

第三章
碳减排政策实现减排目标的
机理分析及研究框架构建

第一节 碳减排政策的分类、特征及政策演进

一 碳减排政策的分类

通过对已有文献的梳理，明确了与环境相关的措施包括指令性措施与经济激励措施。前者涵盖法律、法规、指标、规定技术等，属于行政型措施的范畴；后者涵盖税收、市场创建、财政补贴等，属于市场型措施的范畴。也有学者将碳减排政策分为两类：第一类是市场型政策，包括碳排放权交易和碳税，以该类政策经济激励的方式对碳排放总量实施控制；第二类是行政型政策，即以行政型指令对碳强度进行控制。自2009年，中国政府将碳强度下降目标纳入中长期发展规划，"十二五"和"十三五"的碳强度下降目标主要依靠行政型碳减排政策细化分解到各省市和各行业得以实施。除行政型碳减排政策外，自2013年起，中国先后在深圳等7个地区开展碳排放权交易试点，为全国碳排放权交易市场建设做准备。在可预期的未来十年，中国的碳减排政策会逐渐由行政型政策主导转向以碳交易为主的市场型政策主导。

根据以上分析，将碳减排政策划分为两大类：行政型碳减排政策和市场型碳减排政策，其中，市场型碳减排政策再细分为碳交易和碳税两个子政策。

二 行政型碳减排政策的特征及政策演进

（一）行政型碳减排政策的特征

行政型碳减排政策是通过政府的行政命令和法律法规，对生产部门和居民部门进行约束，引导其提高能源使用效率、优化能源结构、减少能源需求，从而影响生产部门和居民部门能源消费行为的一系列政策措施的统

称。通常行政型碳减排政策由政府强制力或法律法规约束，使能源生产和使用者的行为符合规范要求，从而达到控制能源消费，实现碳减排的目的。

行政型碳减排政策具有以下特征：

第一，短期减排效果显著。例如，中国"十一五"和"十二五"规划均对碳强度下降提出明确要求，并将其细化分解至各省和各行业，同时提出的还有能源强度下降目标，各生产部门只需严格按照管理部门下达的减排目标进行控制，即可完成对应时期的碳减排任务。现实中，"十一五"和"十二五"时期全国碳排放增长速度显著下降。

第二，执行和监督成本较高。为保证行政型碳减排政策顺利实施，通常需要大量的组织、执行和监督成本。例如，生产部门碳强度下降目标的落实，需要各地的发改委、工信局和环保局共同协作、管理和监督才能保证其有效实施。此外，与碳减排相关的法律法规的设立需要经历很长一段时期，其过程非常烦琐。

第三，难以避免减排目标与行业、企业错配，社会减排总成本较高。行政型碳减排政策通过对各生产部门下达对应的减排指标来实现相应目标，但各生产部门具有不同的减排成本，即使同一行业中，不同企业的减排成本也存在显著差异，仅通过行政命令下达统一的减排任务，必定导致减排目标与行业、企业的错配，使社会减排总成本增加。

第四，难以形成碳减排的长效机制。行政型碳减排政策具有强制性，因此能够在较短的时间内影响生产者的生产决策，从而约束其能源消费，但这会使企业的短期利润下降，并很少为企业带来其他收益，因此会引发生产决策者的现实阻力。这些因素决定了行政型碳减排政策难以形成长效机制。

（二）行政型碳减排政策的演进

行政型碳减排政策不仅常用于发展中国家控制碳排放，发达国家也会采用立法等方式在较小范围引导企业和居民的能源消费行为。

就发达国家而言，通过与节能减排相关的立法来约束能源消费行为，属于行政型碳减排政策的范畴。例如，德国 1995 年通过的《排放控制法》，2002 年通过的《能源节约法》，2005 年颁布《联邦控制大气排放条例》和《能源节约条例》；美国 1978 年通过的《国家节能政策法》，2005年颁布的《国家能源政策法》，2007 年的《低碳经济法案》等；日本 1979年推出《节约能源法》，1998 年通过《应对地球变暖对策促进法》，2006年通过《大气污染防治法》，2009 年颁布《推进低碳社会建设基本法案》等。以上发达国家相关的法律实施，有效促进了各国碳减排的约束性和可操作性，是发达国家碳减排的辅助政策。

就发展中国家而言，特别是对气候变化比较重视的发展中国家，主要采取行政型碳减排政策对碳强度进行约束，以实现碳减排目标。例如，印度主要通过法律层面推动碳减排，该国在 2007 年出台《解决能源安全和气候变化问题》，在 2008 年发布《气候变化国家行动计划》，强调通过大力开发新能源来实现减排，并要求应对气候变化的投资不低于当年 GDP 的2%；印度在 2015 年巴黎气候大会上宣布到 2030 年将实现减排 33% ~35%。南非在 2011 年颁布《南非应对气候变化政策》白皮书，明确了碳减排路线图，设定 2020 ~ 2050 年分别经历碳排放上升、稳定和下降三个阶段，并为国内企业编制减排预算。

作为重视气候变化的发展中国家之一，中国自 2009 年起，就将碳强度下降目标纳入中长期发展规划，将行政型碳减排作为现阶段碳减排的主导型政策。从宏观角度而言，行政型碳减排政策的目标是实现中国政府 2030年的碳减排承诺；从微观角度而言，行政型碳减排政策将总目标分时段细化到各产业、各地区，保证了政策的可操作性，即层层下达减排任务，并且以省、行业等为单位进行中期和终期考核来确定减排目标是否完成。例如，"十二五"和"十三五"规划分别提出 2015 年比 2010 年碳强度下降17%，2020 年比 2015 年碳强度下降 18%，这些都是为了保障完成 2020 年和 2030 年碳强度下降总目标。在各期的五年规划指引下，其相关的下级规划和实施方案再将碳强度下降目标分解到各省和各行业。例如，2011 年发布的《"十二五"控制温室气体排放工作方案》提出各地区碳强度下降的目标，降幅最小的是西藏和青海（碳强度下降 10%），降幅最大的是广东（碳强度下降 19.5%）。2016 年发布的《"十三五"控制温室气体排放工作方案》中要求工业领域 2020 年碳强度比 2015 年下降 20%，分地区来看，要求经济欠发达的四省（区）（海南、西藏、青海、新疆）碳强度降幅较小（下降12%），经济较发达的八省市（北京、天津、河北、上海、江苏、浙江、山东、广东）碳强度降幅较大（下降20.5%）。此外，还提出2020年能源消费总量不超过50亿吨标准煤，能源消费强度比2015年下降15%，非化石能源比重达到15%，煤炭消费控制在42亿吨，天然气消费占能源消费比重达到10%左右等众多细化的措施。再例如，《电力发展"十三五"规划（2016~2020年）》中要求2020年电能占终端能源消费的比重达到27%，煤电装机比重达到55%，即比2015年下降10%。除了各级五年规划外，针对行业的相关政策也在陆续出台，如2017年9月27日发布的《乘用车企业平均燃料消耗量与新能源汽车积分并行管理办法》，要求自2018年4月1日起对乘用车企业实行双积分管理，促进新能源汽车快速发展。以上所有较为细致的行政型碳减排措施，近期是为了保障五年规划中碳强度下降目标的顺利完成，中长期是为了实现到2020年和2030年碳强度分别比2005年下降40%和60%的碳减排承诺。

三　市场型碳减排政策的特征及政策演进

市场型碳减排政策是利用市场手段，通过经济激励的方式影响生产部门或居民部门能源消费行为的政策措施的统称。具体而言，市场型碳减排政策通过影响经济成本和经济收益，促使企业和居民主动提高能源使用效率、优化能源结构、减少能源需求，使碳排放的外部成本内部化，从而达到碳减排的目的。

目前，市场型碳减排政策主要包括碳交易政策、碳税政策、补贴政策、价格政策等。其中，碳交易和碳税是各国最常用的市场型碳减排政策，碳减排效果都很显著。具体而言，碳交易政策是对碳排放数量进行干预，在规定的碳排放配额下，由市场交易决定排放权的分配；碳税是在能源消费过程中，通过税收调节商品的相对价格变化，引导生产者和居民调整其能源消费行为，从而降低碳排放。相对比，补贴政策和价格政策是政府通过财政转移和价格标准对碳减排进行小范围干预，具有部分行政型特点。因此，以下分析市场型碳减排政策，仅聚焦于碳交易和碳税政策。

（一）碳交易政策的特征及政策演进

1. 碳交易政策的特征

碳交易政策是在控制碳排放总量的要求下，赋予参与碳交易机制的各个生产者较为灵活的操作空间，以期通过效率更高、减排成本更低的市场性手段，达到碳减排的目标。碳交易机制鼓励那些减排成本较低的企业超额减排，将这些企业剩余的碳排放配额通过竞价拍卖的方式出售给减排成本较高的企业，从而有效控制碳交易机制覆盖行业的总排放不超过碳排放总配额，并有效降低全社会减排成本。

碳交易政策的特征有：

第一，碳减排效果确定且可控。所有纳入碳交易政策覆盖范围的部门，其碳排放总配额是确定的，只需将总配额在各企业之间进行初次分配，企业之间可以进行配额交易，但交易的结果只降低减排成本，对总配额不产生影响。

第二，全社会减排成本较低。由于各企业的减排成本不同，碳交易机制充分鼓励减排成本较低的企业超额减排，将其剩余配额出售给减排成本较高的企业，使碳交易覆盖的所有部门的减排目标都能完成，而交易能够有效降低社会减排总成本。另外，一国的碳交易市场还可以与国际碳交易市场接轨，从而在全球范围对减排目标和减排企业进行有效配置，促使碳减排成本进一步降低。

第三，生产者可形成碳资产，促进节能技术和新能源的开发和推广。碳交易机制促使碳减排成本较低的企业超额减排，将富余配额出售并形成大量的碳资产，为企业带来可观利润，这会激励生产者进一步投入节能技术和新能源的开发和推广，推动更多的减排企业超额减排，形成良性循环。

第四，可形成碳减排的长效机制。在碳交易机制的竞价拍卖中，企业的减排成本可以通过市场报价得到充分反映。各企业都可以依据自身的减排成本和生产特点，明确未来生产决策与节能相关的资金和技术投入，使减排目标具有较好的可预期性。因此，长期来看，碳交易是成本较低和效率明确的政策工具，可形成碳减排的长效机制。

2. 碳交易政策的演进

在全球控制温室气体的相关政策中，碳排放权交易发挥着非常重要的作用，许多发达国家或组织，如欧盟、新西兰、美国、澳大利亚、日本和韩国等都陆续建立了国家或区域层面的碳排放权交易体系，由此推动全球碳市场迅速发展。表 3 - 1 列出了现阶段主要的国家或组织的碳交易市场。

表 3 - 1　国际主要碳交易市场

国际碳交易市场	起始运行时间	目标	模式	成员范围
欧盟碳排放交易体系（EU ETS）	2005 年 1 月 1 日	2020 年比 1990 年减排 20%（比 2005 年减排 13%）	上限 - 贸易	31 个国家（截至 2015 年）
新西兰碳排放交易体系（NZ ETS）	2008 年	2020 年比 1990 年减排 50%	不设上限	单个国家
美国东北部区域温室气体减排行动（RGGI）	2009 年 1 月 1 日	电力部门 2018 年比 2009 年减排 10%	上限 - 贸易	美国 9 个州（截至 2013 年）
美国加州碳排放交易项目（CA C&T）	2013 年 1 月 1 日	2020 年排放量稳定在 1990 年水平	上限 - 贸易	单个州
澳大利亚碳定价机制	2012 年 7 月 1 日	2020 年比 2000 年减排 5%，2050 年比 2000 年减排 80%	2012～2015 年碳价固定（但 2014 年废止）	单个国家
日本东京都碳总量控制与交易体系（TMG）	2010 年 4 月	2020 年比 2000 年减排 25%	上限 - 贸易	单个城市
韩国碳排放交易体系	2015 年 1 月 1 日	2020 年比趋势情景减排 30%（比 2005 年减排 4%）	上限 - 贸易	单个国家

欧盟碳排放交易体系（European Union Emission Trading System，简称 EU ETS）是世界上规模最大、多国家、多行业的交易体系。EU ETS 将 2005～2020 年分三个阶段，设置了严格的配额总量上限。在实施运行过程中，积累了丰富的企业和政府的运作经验，使欧洲成为全球的碳定价中心，完成了碳商品化和金融化的过程。

新西兰是继欧盟后第二个在国家层面上实施碳交易的国家。新西兰碳排放交易体系（New Zealand Emission Trading System，简称 NZ ETS）不设排放权总量上限，采取逐步推进的方式推行。自 2008 年运行以来，NZ ETS 陆续将林业、能源、渔业、工业，甚至连农业也加入了该体系。虽然 NZ ETS 运行时间较短，但对温室气体减排起到了积极的作用。

美国碳交易缺乏联邦层面的支持和约束，因此仅在一些区域或州自发形成了碳交易市场。这些碳交易行动中履行状况良好的有：美国东北部区域温室气体减排行动（Regional Greenhouse Gas Initiative，简称 RGGI）和加州碳排放交易项目（California Cap and Trade，简称 CA C&T）。其中，"RGGI 是唯一一个几乎将所有排放配额以拍卖的形式来分配的交易体系"。[101]CA C&T 的交易体系在 2013 年启动时，覆盖了加州 50% 的总排放，其碳交易机制代表了美国最先进的制度设置方案，在许多方面比 EU ETS 更具进步性。[102]

澳大利亚的碳排放交易机制分两步走，即 2012 年 7 月引入固定碳价机制，到 2015 年 7 月起过渡到碳排放交易机制。但实际到 2014 年，第一阶段的固定碳价机制就宣布废止了。日本东京都于 2010 年 4 月启动碳总量控制与交易体系（TMG），是亚洲首个碳交易体系，也是世界上第一个以单个城市为范围的交易体系。韩国全国碳交易体系于 2015 年启动，将 2015～2020 年划分为两个遵约期，将韩国 68% 的碳排放纳入该体系。

国际上各碳交易市场中，有些市场运作良好，有些市场运作并不顺利，但这些市场都为中国碳交易市场的建立和运行提供了丰富的经验，包括法规体系、管理与核查制度、交易机制覆盖范围、拍卖配额比例和监管体系的建立等，使中国由建立区域碳交易中心，逐步过渡到建立全国性碳交易体系。

中国自 2013 年起，先后在深圳、上海、北京、广东、天津、湖北和重庆 7 个地区开始碳交易试点。2016 年 12 月，福建也成立了区域碳交易中心。经过这 8 个区域碳交易中心的运行，为全国碳市场的配额总量、分配方式、交易覆盖范围、交易规则、市场监管与核查等方面积累了大量宝贵经验。2017 年 12 月 19 日，国家发改委印发《全国碳排放权交易市场建设方案（发电行业）》，标志中国碳排放交易体系完成了总体设计，全国碳排放交易体系已正式启动。

梳理各地区碳交易中心的运行情况（见表 3－2），可以看出自 2013 年试点碳交易以来，截至 2018 年 1 月 26 日共成交 7.28 亿吨，成交金额达 101.2 亿元，总成交均价为 13.9 元/吨。成交总量中，协议交易量占 16.2%，定价转让和现货远期分别占 30.7% 和 36.3%，CCER[①] 交易占 16.3%，一级拍卖仅占 0.4%。碳交易成交额中，协议交易额占 25.6%。分地区来看，碳市场最活跃的是湖北，其成交量和成交额分别占全国总成交量和成交额的 43.5% 和 71.4%。由成交量排序，排第二、第三和第四的分别是上海（25.9%）、广东（10.6%）和北京（7.7%），成交量较低的有重庆（3.2%）和天津（0.6%）。虽然福建的成交量占比仅有 0.7%，但福建碳交易在 2016 年 12 月才正式启动，在运行很短的时间内就超过了天津，说明该市场较为活跃。将总成交额与成交量相除，可计算得到总成交均价，各地区总成交均价在 2.1～22.8 元/吨之间，就协议交易量的均价来看，各地区的成交价在 11～50.4 元/吨之间，总协议平均价格为 22 元/吨。将总成交量由大到小排序，可将 8 个区域碳市场分为 4 个梯队：第一梯队是湖北和上海，这两个交易中心的市场规模最大，其中，湖北的现货远期交易的成交量占本中心的 81.4%，上海的定价转让交易占本中心的 70.75%。第二梯队有广东、北京和深圳，其中，北京和广东 CCER 交易量分别占本中心的 67.14% 和 36.21%，深圳和广东定价转让交易量分别占本中心的 60.28% 和 52.16%。第三梯队只有重庆，该交易中心全部为协商议价交易，且价格最低（11 元/吨）。第四梯队有福建和天津，其中，福建碳交易比天津晚 3 年，而前者成交总量已超过后者，说明福建的市场活跃度远高于天津。各区域市场规模差异较大的原因主要源于配额总量规模的差异。

表 3 - 2　中国碳交易试点概况（截至 2018 年 1 月 26 日）

地区	成交量			成交额			均价（元/吨）		按市场规模分类
	总成交量（万吨）	其中协议交易量（万吨）	市场占比（%）	总成交额（万元）	其中协议交易额（万元）	市场占比（%）	总成交均价	其中协议均价	
湖北	31724.4	4403.5	43.5	722936.6	88885.3	71.4	22.8	20.2	第一梯队
上海	18895.6	1012.7	25.9	38763.8	23957.6	3.8	2.1	23.7	

① CCER 是 Certified Emission Reduction 的简称，即国家核证自愿减排量。

续表

地区	成交量			成交额			均价（元/吨）		按市场规模分类
	总成交量（万吨）	其中协议交易量（万吨）	市场占比（%）	总成交额（万元）	其中协议交易额（万元）	市场占比（%）	总成交均价	其中协议均价	
广东	7725.8	1621.4	10.6	67305.5	28950.1	6.7	8.7	17.9	第二梯队
北京	5632.6	715.4	7.7	36067.4	36067.4	3.6	6.4	50.4	
深圳	5549.9	1094.0	7.6	106081.4	41605.1	10.5	19.1	38.0	
重庆	2359.9	2359.9	3.2	25989.1	25989.1	2.6	11.0	11.0	第三梯队
福建	499.7	336.4	0.7	9803.2	9781.3	1.0	19.6	29.1	第四梯队
天津	422.6	225.5	0.6	5184.7	3562.5	0.5	12.3	15.8	
合计	72810.5	11768.8	100.0	1012131.7	258798.4	100.0	13.9	22.0	—

资料来源：中国碳交易网（http://www.tanjiaoyi.com/）。

截至 2020 年，全国性碳市场仍在基础建设阶段，还需一段建设时期才能实现碳市场的现货交易，但以上地区碳交易试点运行积累了十分重要的探索性和阶段性经验，为全国性碳市场的制度、机构、技术和人才的建设和完善明确了方向。

（二）碳税政策的特征及政策演进

1. 碳税政策的特征

碳税（Carbon tax）是"二氧化碳排放税"的简称，是指针对二氧化碳、甲烷等温室气体排放所征收的税种。从福利经济学的角度分析，碳税针对碳排放的外部不经济问题，以环境保护为目的促使碳排放减少，是环境税中的税种之一，主要针对化石能源的含碳量，或碳排放量来征收。参照环境税按征收环节不同，碳税分为"消费型碳税"和"生产型碳税"，前者遵循使用者付费原则（Users Pay Principle，简称 UPP），后者遵循污染者付费原则（Polluters Pay Principle，简称 PPP）。为了提高能源消费者的节能减排意识，多数国家选择在能源消费环节征收碳税。

碳税政策具有以下特征：

第一，政策实施成本较低。碳税可依托已有的税制体系，无须设置新的机构，且管理成本较低。该政策的实施成本主要是信息成本，即政府为确定合理的税率，需要获得每个行业的碳排放成本，并掌握碳排放对环境的影响程度，从而制定合理的税率水平，确定税率的调整时间表，因此，实施该政策的成本较低。

第二，短期减排效果较好。碳税通过短期的价格信号，引导和激励企业做出减排决策，因此能够促进高排放产业、能源密集型产业尽快实现较大减排，减排见效时间比碳交易机制短，短期减排效果比较显著。

第三，减排效果具有不确定性。碳税的减排效果与税率有关，随着税率提高，减排的不确定性增大，企业可以通过提高其产品价格的方式将税收成本转嫁给下游的消费者，其减排效果与产品的需求价格弹性有关，因此使减排效果不具有明确的预期性。

第四，灵活性高，实施期限和行业覆盖范围可调节。由于碳税实施对市场的技术条件没有特殊要求，不同生产规模的企业均适用。因此，为实现短期或长期减排目标，可以对碳交易覆盖行业之外的行业征收碳税，使其作为碳交易政策的补充，以获得更好的减排效果。

2. 碳税政策的演进

目前，国际上约有 20 多个国家开征碳税。就实施力度划分，可分为两类：第一类是碳税推行力度较大的国家，有芬兰、丹麦、瑞典、挪威等北欧国家，这些国家推行碳税较早，实施力度也较大，构建了较为完备的碳税制度。其中，芬兰在 1990 年就开始征收碳税，征税对象为运输燃料之外的能源产品含碳量，1994 年起，税率按能源含量和含碳量的税率权重分别征收能源税和碳税，1997 年之后，碳税以二氧化碳排放为征税对象，到 2008 年，碳税税率为 20 欧元/吨二氧化碳。丹麦在 1992 年开始对企业和家庭征收碳税，税率由开征初期的 100 丹麦克朗/吨二氧化碳降至 2005 年的 90 丹麦克朗/吨二氧化碳。瑞典自 1991 年开征碳税且税率较高，到 2009 年，税率为 100 欧元/吨二氧化碳，但在其他方面有税收减免。挪威自 1991 年开征碳税，其税率在 110～350 挪威克朗/吨二氧化碳之间浮动。第二类是碳税实施积极性不高的国家，如日本、法国、澳大利亚等国，这些国家虽然开征了碳税，但其执行变动较大。日本于 2007 年实施环境税，税率为 2400 日元/吨，2011 年起，日本对化石燃料征收碳税。法国在 2010 年和 2014 年两次推行碳税，但都未能实施就暂停了。澳大利亚于 2012 年实施碳税，但也未能顺利推行即停止。

现阶段，中国暂不单独设立碳税，其市场型碳减排政策以全国性碳交易市场建设和运行为主。但中国与节能减排和环境保护相关的税种有资源税、环境税和能源税，这三个税种的征税对象都包含化石能源，因此这些税种与碳税之间既有区别也有联系（见表3-3）。

表3-3　碳税、能源税、环境税和资源税之间的区别与联系

区别/联系		碳税	资源税	环境税（环保税）	能源税（能源消费税）
区别	广义含义	对化石能源燃烧产生的碳排放或能源自身的含碳量征收的税种	以自然资源为征税对象的各种税收总称	以环境保护为目的征收的各种税收的总称	对各种能源征收的所有税种的总称
	狭义含义		对资源开采环节征收的资源开采税	对排放污染物行为征收的排污税，也称污染税	能源消费税（例：我国成品油消费税）是在能源消费环节征收的税种
	外延	小（可看作环境税和能源税的分支）	小	大	中
	计征对象	碳排放量或能源含碳量	资源开采量（已由从量计征改为从价计征）	污染物排放量（大气污染物、水污染物、固体废物、噪声）	能源消费量
	目的	减少碳排放	调节资源级差收入	保护环境	提高能源利用效率
	功能	环保功能	财政功能、环保功能	环保功能	财政功能、环保功能
	鼓励作用	减少碳排放	合理利用、开发资源	消除污染物	减少能源消耗
	减排效果	更好	不明显	不明显	不明显
	校正外部性方式	直接校正：对碳排放征税；间接校正：对含碳量征税	间接校正：源泉管理	直接校正：污染物管理	间接校正：源泉管控
联系		①征税对象都含有化石能源；②都有节能减排的作用；③都有校正环境外部性的功能；④都是间接税，最终会转化为产品价格的一部分；⑤可能存在交叉、重叠，存在替代性			

就资源税而言，该税种是为了保护和促进国有自然资源合理开发与利用而适当调节资源级差的税收，我国自 1984 年开始征收资源税，自 2011 年 11 月 1 日起，原油、天然气由从量计征改为从价计征，税率为 5%～10%。2014 年 12 月 1 日起，煤炭资源税由从量定额征收改为从价计征，税率在 2%～10% 之间，由各省级政府根据本地区具体情况确定，税率较低的省份有辽宁和河南（税率 2%），煤炭资源丰富的内蒙古（9%）和陕西（8%）税率较高。2016 年 5 月，原油、天然气的资源税率可扣除综合减征率，实际征收的资源税税率在 3.6%～6% 之间。

就成品油消费税而言，我国自 1994 年 1 月 1 日起，仅对汽柴油征收消费税。后经过多次调整，成品油消费税的税目补充为七种，即消费者在消费汽油、柴油、石脑油、溶剂油、航空煤油、润滑油、燃料油七种成品油时缴纳消费税，并且税率也有大幅提高。

就排污费而言，自 1982 年 7 月 1 日起，依据《征收排污费暂行办法》，在全国范围内开征排污费。之后，对排污费的征收对象、征收标准进行过多次调整。2018 年 1 月 1 日起，《环境保护税法》在全国范围内实施，原排污费更改为环境税，应税污染物为大气污染物、水污染物、固体废物和噪声，其中应税大气污染物的税额为每单位污染当量 1.2～12 元，各省市根据本地区环境承载能力确定使用税额。

通过以上分析来看，资源税的征税对象为煤炭、原油和天然气，成品油消费税的征税对象是成品油，环保税的征税对象有大气污染物。从税种的计征对象、目的、功能、鼓励作用、减排效果和校正外部性的方式来看，碳税与以上三种税都是不同的。但由于各税种的征税对象都含有化石能源，因此四个税种存在一定的关联。

第二节　碳减排政策实现减排目标的机理分析

一　行政型碳减排政策实现减排目标的机理分析

行政型碳减排政策实现碳强度目标约束，是将一定时期内的碳强度下降目标分解到各省和各行业，通过部门间的投入产出关系对整个经济系统产生影响。该政策下实现碳减排，是现阶段中国经济发展可接受的能源成本和能源结构的共同作用，是能源价格上升和能源效率提高等多种因素的自然结果，最直接地体现在经济整体对煤炭依赖度的下降。[103]

就供给而言，资本、劳动力、各类能源和非能源中间投入通过一定的生产关系形成总产出，而碳强度目标约束对生产者的生产决策产生影响。其影响过程为：第一，碳强度目标分解到各省和各行业，使生产者进行生产决策时，将其作为生产约束，在成本最小化目标下制定生产方案；其中，能源生产者在碳强度约束下，预测未来市场的能源需求量，选择成本最小的供应方式，使部分能源供给减少。由于各类能源的碳排放系数不同，碳强度约束对碳排放系数较大的能源（如煤炭）产生的约束也较强，使该类能源供给下降；而随着非化石能源比重提高，清洁电力因其受碳强度约束较小而供应将不断增加。第二，在中国工业化阶段，能源需求具有刚性特征，价格对能源需求的影响较小，因此能源供给的变化会助推部分能源价格上涨（主要影响碳排放系数较大的化石能源）。第三，能源价格上升，使能源投入密集的生产部门增加生产成本，从而影响这类部门的生产决策，使其对中间投入结构进行调整。第四，能源成本上升，促使各行业投入更多节能减排设备，提高能源利用效率。因此，碳强度目标约束可以实现能源结构优化，促使生产部门降低化石能源消费，特别是对煤炭的依赖度下降，使碳排放得到有效控制。

就需求而言，能源和非能源商品的消费、投资、进口和出口也会受到碳强度约束的影响。首先，由于碳强度约束使部分能源价格上升，增加了居民和政府能源消费的成本，进而抑制能源消费；能源价格上升使能源投入密集的生产部门所提供商品的价格也会提升，在效用最大化的条件下，居民会降低能源密集商品消费，实现消费商品结构的优化。其次，能源商品和能源密集商品的价格变化，也会影响企业将商品作为实物投资的数量结构。最后，通过与其他国家的贸易关系，各类商品出口和进口也会发生变化。

因此，研究行政型政策实现碳强度目标约束，通过构建动态 CGE 模型，对经济系统受到的影响（包括宏观经济效应、碳减排效应、结构效应和居民福利效应）进行动态模拟，以期对行政型碳减排政策效应给出预判。

二 市场型碳减排政策实现减排目标的机理分析

（一）碳交易政策实现减排目标的机理分析

一般认为，与环境污染相关的经济理论，源于经济学中的外部性理论。而外部性理论最早源于 1890 年英国经济学家阿弗里德·马歇尔在《经济学原理》中提出的"外部经济"的概念。1920 年，马歇尔的学生，英国经济学家阿瑟·塞西尔·庇古在《福利经济学》一书中，扩充了"外部经济"的内容，对外部性理论进行了完善和发展，提出了边际个人成本和收益，边际社会成本和收益等概念。"外部性"是指"一方的生产或消费对其他方给予了无须补偿的收益或强征了不可补偿的成本"，该理论倾向于政府用"看得见的手"干预和解决环境问题。[104]为解决环境污染的外部经济内部化问题，科斯定理被认为是排污权交易的理论基础。科斯第一定理指出只要产权明晰，在交易费用为零的情况下，无论初始产权如何分配，都可通过市场交易实现资源的最优化配置。科斯第二定理指出在交易费用为正的情况下，产权的初始分配会影响资源配置效率。碳交易机制正是在以上理论的指引下，通过排放权的初次分配和交易，实现减排目标和减排企业间的最优配置。

碳交易是利用市场机制实现碳减排目标的政策工具。由于各个企业所处的行业、技术和管理水平存在较大差异，使这些企业的减排成本也各不相同，企业可以通过自身节能减排，使实际排放量不超过初始配额分配量，也可选择购买其他企业富余的配额完成碳排放指标，这一机制充分鼓励减排成本较低的企业超额减排，将其获得的剩余配额出售给减排成本较高的企业，使各企业的减排目标总额能够实现，并且还能减少全社会减排成本。

国际上，碳交易主要分为基于配额的交易（Allowance-based Maket）和基于项目的交易（Project-based Market）两大类。其中，基于配额的交易采用"总量控制和交易"（Cap-and-Trade）的机制，也称"上限－贸易"机制；基于配额的交易又分为强制碳排放交易和自愿碳排放交易。基于项目的交易采用"基准用户信用"（Baseline-Andcredit）的机制，其又分为清洁发展机制（Clean Development Mechanism，简称 CDM）和联合履约机制（Joint Implementation，简称 JI）。

　　"上限－贸易"机制，是碳交易机制对覆盖行业的碳排放总额设定限制，并事前对所有履约企业分配排放指标，即"配额"。现阶段，全球的碳交易市场运行均以配额交易为主，以 CDM 和 JI 为主的项目交易较少。图 3－1 和表 3－4 举例说明"上限－贸易"机制的碳交易原理。

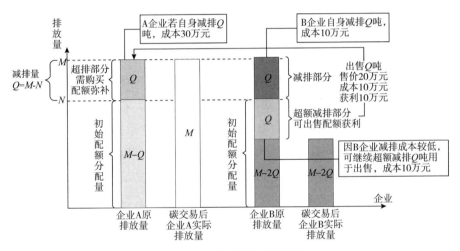

图 3－1　碳交易原理示意图

表 3－4　碳交易量与减排成本对比

企业	原排放量	无碳交易		有碳交易				
		减排量	减排成本	减排量	减排成本	交易量	交易金额	减排总成本
A	M	Q	30 万元	0	0 万元	$+Q$	-20 万元	20 万元
B	M	Q	10 万元	$2Q$	20 万元	$-Q$	$+20$ 万元	0 万元
合计	$2M$	$2Q$	40 万元	$2Q$	20 万元	—		20 万元

　　假设企业 A 与企业 B 每年的原碳排放均为 M 吨，但所获得的配额均为 N 吨，因此两个企业都需减排 Q 吨。但企业 A 减排 Q 吨需要付出成本 30 万元，而企业 B 仅需付出 10 万元。若两个企业均采用自身加强节能管理，

一年后各自减排 Q 吨，则共计减排 $2Q$ 吨，减排成本 40 万元。但由于企业 B 的减排成本较低，可以通过超额减排使企业获利，因此企业 B 一共减排 $2Q$ 吨，减排成本也仅有 20 万元，而企业 A 可以完全不减排，仅需要支付 20 万元购买企业 B 富余的 Q 吨配额，企业 A 在完成减排任务的同时，减排成本比原来的 30 万元减少了 10 万元，而企业 B 通过出售配额，20 万元的减排成本全部得到了补偿。因此两个企业一共减排 $2Q$，但总的减排成本从 40 万元下降到 20 万元，有效降低了实际的减排成本。

以上仅为两个企业碳交易的例子，而碳交易市场的实际运作的规则设定、覆盖行业范围、初始配额分配、拍卖交易机制等复杂得多。但其作为一种非常重要的市场型碳减排方式，能够将覆盖行业的碳排放权进行高效的、低成本的配置，从而达到碳排放总量控制和各企业排放权资源合理化配置的双重目标。

就全球而言，世界上任何一个地方产生的温室气体减排，影响不仅仅是区域性的，其对全球产生的效果是一样的。《京都议定书》规定了基于市场的灵活三机制，包括联合履约机制、清洁发展机制和排放权贸易机制。图 3-1 不仅可以看作两个企业间的碳交易，也可以将其看作两个国家减排时，减排成本较高的国家可以寻求在减排成本较低的国家完成减排任务，并支付相对低的成本，由此，在全球范围内形成包含 CDM 和 JI 项目市场。这些灵活履约的方式，为在全球范围控制温室气体排放，提供了更多可行的减排渠道。

（二）碳税政策实现减排目标的机理分析

就碳税的理论演进而言，碳税与碳交易类似，也起源于外部性理论，但对于庇古在《福利经济学》针对环境污染造成的负外部性，庇古提出政府应该向污染者征税，其税收用于弥补个人（和企业）边际成本与社会边际成本之间的差异，实现外部成本的内部化，消除外部成本带来的效率损失，这就是"庇古税"的理论。基于庇古对环境税收的研究，戈登·图洛克 1967 年在考虑环境税收的用途时，提出了通过环境税收弥补或替代以收入为动机的税收，以改善环境质量并且降低税收扭曲产生的福利成本。[105] 1991 年，Pearce 提出了"双重红利"的概念，认为环境税一方面可以约束经济行为对环境的损害，另一方面，能够减少税负的扭曲性，使社会福利增加。[106]之后的很长一段时期，学者们对"双重红利"的探讨主要以碳税为主题展开。

通过以上理论梳理可知，碳税源于"庇古税"，该税种所要解决的问题，正是碳排放产生的外部性。企业生产过程中的碳排放，以及居民生活中产生的碳排放，均会形成温室效应，造成环境破坏，形成一系列气候变化问题。企业为了追求利润最大化，通常会将二氧化碳直接排入大气，这使得边际社会成本高于个人（企业）成本，形成了环境污染。通过"庇古税"的理论，向碳排放企业征收碳税，无论碳税的征税对象是碳排放还是化石能源的含碳量，都会对企业产生约束，提高企业使用化石能源的成本，在该约束下，企业会采取可行的措施，通过提高能源效率、增加节能减排设备和技术等手段，把碳排放控制在一定范围。若对居民也征收碳税，居民会增加使用清洁能源，逐渐转为低碳生活方式。

以上分析可以看出，碳税能够通过增加企业使用化石能源的成本，来约束其碳排放。与碳交易不同的是，碳税只需要额外增加很少的管理成本即可以实现，而碳交易机制需要设置复杂的系统交易体系。碳税的税率过高，可能影响本国经济增速；税率过低，可能起不到促使企业降低碳排放的作用。合理的碳税税率，能够在增加企业生产成本的同时，降低能源要素的使用，或提高能源效率来减少碳排放，从而达到实现碳减排目标的最终目的。

第三节　行政型与市场型碳减排政策的比较

一　政策实施主体与参与主体比较

行政型碳减排政策的实施主体是政府部门、立法部门，这些部门通过颁布国家法律法规、规章条例、指令、规划、实施办法等，对生产部门和居民部门的能源消费进行约束。例如，2014年9月国务院印发《国家应对气候变化规划（2014—2020 年）》；2015 年 4 月，国家能源局印发了《煤炭清洁高效利用行动计划（2015—2020 年）》；2017 年 9 月 27 日发布的《乘用车企业平均燃料消耗量与新能源汽车积分并行管理办法》等。行政型碳减排政策的参与主体，是各政策针对的生产部门或下级行政部门等。由于行政型碳减排政策依靠行政命令执行，则通过各政策的不断细化，将总碳减排任务层层分解至生产企业，以及部分事业单位、基层政府等。

市场型碳减排政策的实施主体也是政府部门，但与行政型碳减排政策相比，政府部门主要实行主管和监管的职责，其管理权限和范围都有缩减。

就碳交易政策而言，在实施初期，需要国家发改委相关部门确定碳排放配额，并制定合理的配额分配方案，在碳交易市场正式运行后，政府主要履行主管和监管职责，不干预碳市场正常运行。如自 2018 年 3 月起，根据我国第十三届人大一次会议批准成立的生态环境部就将成为碳排放权交易的主管部门，而各碳交易中心为企业碳配额提供交易平台。碳交易政策的参与主体（即交易主体），是碳交易机制覆盖行业的各企业。

就碳税政策而言，其实施主体为税权划分的政府部门和财税部门。碳税的参与主体，是碳税政策覆盖的依法纳税的企业或居民。

二　政策传导过程比较

行政型碳减排政策主要从供给角度，对生产部门的能源消费行为进行约束，进而影响其生产决策。行政型碳减排政策的主要传导过程为：碳强度目标分解至各省和各行业→能源生产部门调整生产方案→化石能源供给减少→化石能源价格上升→碳密集部门调整生产方案→化石能源需求减少→控制碳排放。

碳交易政策在企业正常生产成本之外，增添了碳排放成本，该成本可以是正值，也可以是负值（即碳资产）。碳交易政策的主要传导过程为：对于碳减排成本较低的企业，碳配额初次分配→超额完成减排→在碳市场出售富余配额→形成碳资产→激励其进一步超额减排；对于碳减排成本较高的企业→完成部分减排任务→未完成减排量从碳交易市场购买→完成碳减排任务。

碳税政策是对生产部门或居民部门在能源消费环节进行征税，用以提高生产者或消费者的节能减排意识。以生产部门为例，碳税政策的主要传导过程为：在生产过程消费能源→依据征税对象缴纳碳税→生产成本增加→提高产品销售价格→消费者购买含碳商品成本上升→消费者减少含碳商品需求→生产者降低含碳商品供给→生产中能源需求降低→控制碳排放。

第四节　碳减排目标实现的政策研究分析框架

通过行政型和市场型碳减排政策的特征、发展现状、影响机理、实施主体和传导过程对比后发现，各类减排政策会从不同渠道影响经济系统（见图 3 - 2），在控制碳排放的同时，宏观经济、部门结构和居民消费及福利都会产生相应变化，即宏观效应、结构效应和福利效应，因此需要构建包含能源消费、碳排放和宏观经济各部门的综合分析框架。

基于以上分析，形成本书对于碳减排目标实现的政策研究框架，将能源消费、碳排放与经济系统有效融合。其中，行政型碳减排政策，可以通过影响生产者的生产决策，对能源投入产生约束，通过经济系统各部门间的投入产出关系，最终使企业、居民、政府、国外部门等各经济主体的相关指标都发生变化；碳交易政策控制重点排放部门的碳配额总量，由此影响企业的生产成本（即在正常生产成本之外，增添了碳排放成本），并依据企业自身减排成本特点和碳交易过程完成减排任务，进而通过投入产出关系影响整个经济系统和居民福利等；碳税政策提高了企业和居民消费能源的成本，以此抑制生产部门和居民对能源消费的需求，并通过一系列投入产出关系，影响整个经济系统。

能够容纳经济系统、能源消费和碳排放等研究内容，并实现碳减排政策的预测模拟，动态 CGE 模型是一个较好的选择。因此，本书第四章估算历史期（2000～2015 年）碳排放，为第五章构建动态 CGE 模型提供碳排放数据基础；在不加入任何碳减排政策的情景下，对第五章的动态 CGE 模型进行模拟，可获得第六章 2012～2030 年经济系统、能源消费和碳排放各指标的模拟预测结果，并以此作为基准情景，为第七、第八章的碳减排政策模拟结果提供对照基础；第七章的行政型碳减排政策情景和第八章涵盖碳交易和碳税的市场型碳减排政策情景，都依据图 3-2 中减排政策与经济系统之间的影响途径设计完成。通过政策模拟，可以获得预测期（2016～2030 年）的宏观经济效应、节能减排效应、产业结构优化效应和居民福利效应与基准情景的比较，进而对各类政策做出评价，并提出政策组合建议。

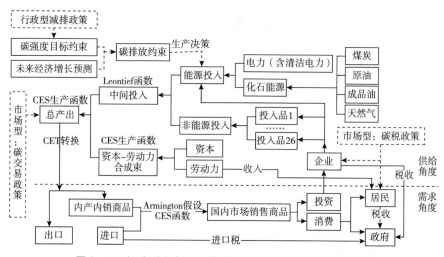

图 3-2　行政型和市场型碳减排政策影响经济系统的途径

第四章

中国碳排放估算及碳强度变动的
影响因素分析（2000~2015年）

第一节　碳排放估算及中国碳排放变化趋势

一　碳排放的估算方法

（一）估算一次能源终端消费的碳排放

温室气体排放量通常以化石能源消费量推算得出。《2006年IPCC国家温室气体清单指南》（以下简称IPCC$_{2006}$）提供三种计算方法，其中"方法1"根据化石燃料数量和对应的缺省排放因子对二氧化碳排放量进行估算，此种方法相对简单，本书即采用"方法1"。参考目前的各类研究，确定各种能源对应的二氧化碳排放量计算如下：

$$C_j = E_j \cdot EC_j = E_j \cdot CFE_{ipcc-j} \cdot NCV_j \cdot COF_j \qquad (4.1)$$

式（4.1）中对应指标的解释说明如表4-1所示。

表4-1　碳排放计算指标及说明

指标	指标说明
C_j	消费第 j 种能源产生的碳排放
E_j	第 j 种能源的终端能源消费量（实物量）
EC_j	第 j 种能源的碳排放系数（实物量系数）
CFE_{ipcc-j}	IPCC$_{2006}$的碳排放缺省排放因子，实际为二氧化碳排放系数，单位：kgCO$_2$/tJ
NCV_j	第 j 种能源的平均低位发热值，单位：kJ/kg 或 kJ/m^3，参考《中国能源统计年鉴2016》附录4
COF_j	碳氧化因子，本书取煤炭类为0.98，油及油产品为0.99，天然气为0.995

表4-1中指标的取值如表4-2所示，本书选取8种一次能源消费实物量与转换系数的单位进行折算统一后对应相乘，可推算出各能源的二氧化碳排放系数 EC_j。

表 4-2 8 种一次能源二氧化碳排放实物量系数 EC_j 推算过程

燃料类型	CFE_{ipcc-j}	NCV_j		COF_j	EC_j	
		发热量	单位		系数	单位
原煤	101000	20908	kJ/kg	0.980	2.069	kgCO$_2$/kg
焦炭	107000	28435	kJ/kg	0.980	2.982	kgCO$_2$/kg
原油	73300	41816	kJ/kg	0.990	3.034	kgCO$_2$/kg
汽油	74100	43070	kJ/kg	0.990	3.160	kgCO$_2$/kg
煤油	71500	43070	kJ/kg	0.990	3.049	kgCO$_2$/kg
柴油	74100	42652	kJ/kg	0.990	3.129	kgCO$_2$/kg
燃料油	77000	41816	kJ/kg	0.990	3.188	kgCO$_2$/kg
天然气	56100	37259.5	kJ/m^3	0.995	2.080	kgCO$_2$/m^3

注：间接推算热力的二氧化碳排放实物量系数在 0.121~0.147kgCO$_2$/10^{3}kJ 间波动，标准量系数在 3.55~4.322kgCO$_2$/kg. ce 之间波动；电力的二氧化碳排放实物量系数在 7.263~9.797kgCO$_2$/10kwh 间波动，标准量系数在 5.909~7.979kgCO$_2$/kg. ce 之间波动。

在以往研究中，碳排放系数多由研究机构或学者估算而得，如国家发改委能源研究所和日本能源经济研究所对中国化石燃料的碳排放系数推荐值分别为 0.67tC/t. ce 和 0.66tC/t. ce，将其乘以 44/12 转化为二氧化碳排放系数分别为 2.457kgCO$_2$/kg. ce 和 2.42kgCO$_2$/kg. ce；朱帮助等[107]研究中所用原煤、原油、天然气的碳排放系数分别为 0.756tC/t. ce、0.586tC/t. ce 和 0.448tC/t. ce，折合为二氧化碳排放系数分别为 2.772kgCO$_2$/kg. ce、2.148kgCO$_2$/kg. ce 和 1.644 kgCO$_2$/kg. ce。

将 31 个部门分别消费 8 种一次能源的终端能源消费量 E_j 与 EC_j 相乘并汇总，可得终端能源消费对应的碳排放。

(二) 估算热力和电力生产对应的碳排放

在终端能源消费中，热力和电力占了较大比重。虽然热力和电力消费过程中不产生碳排放，但其生产过程以煤炭燃烧为主，加工转换过程中产生大量碳排放。本章根据 8 种一次能源加工转换为供热和火力发电的能源投入量，分别计算出生产热力和电力的碳排放，再参照各部门对热力和电力的消费比重，将碳排放在各部门中分配，这种分配方式避免了碳排放的重复计算。根据热力和电力的碳排放量，可以间接推算其碳排放系数，由于每年生产电力和热力的一次能源投入不固定，且另有水电、风电、核电等非化石能源发电以及热力循环利用方式提供部分电力和热力，因此不同年份对应的热力和电力的碳排放系数也不固定。将一次能源终端能源消费对应的碳排放与热力、电力对应的碳排放相加，即可获得碳排放总量。

二　中国碳排放变化历程：2000～2015年

（一）碳排放变化趋势

依据式（4.1）和历年《中国能源统计年鉴》中各能源终端实物消费量的数据，计算出中国2000～2015年碳排放总量的变化情况，如表4-3所示。

中国目前尚未公布碳排放量数据，以往文献和国际机构对中国的碳排放核算方法、涵盖能源种类和部门划分各有不同，对热力和电力的碳排放分摊处理方法也各异，因此核算结果差异较大。本章估算的碳排放总量由2000年的32.516亿吨逐步上升到2015年的94.839亿吨，年均增长7.397%，该碳排放水平和变化趋势与美国橡树岭国家实验室二氧化碳信息分析中心（CDIAC）、国际能源署（IEA）以及美国能源信息署（EIA）公布的中国碳排放数据近似[①]。此外，本章估算的碳排放与以往文献中部分学者估算的碳排放也近似，如涂正革（2013）[108]估算2011年碳排放为80亿吨，鲁万波等（2013）[109]估算2008年碳排放为67.6亿吨，王峰等（2010）[110]估算2007年碳排放为59亿吨。

（二）碳强度变化趋势

碳强度，是指单位GDP伴生的碳排放量，其倒数为碳生产力，也就是单位碳排放所产出的GDP（即碳排放效率，简称"碳效率"）。碳强度越小，说明随着经济发展，相同数量的GDP增加带来的碳排放增量越少，从侧面反映了一个地区经济结构的合理性，以及科技水平和创新能力在经济

---

① CDIAC数据来源于网站：http://cdiac.ess-dive.lbl.gov/trends/emis/meth_reg.html；IEA数据来源于网站：https://www.iea.gov/；EIA数据来源于网站：https://www.eia.org/t&c/termsandconditions/。

发展中的应用。

通过估算历年碳排放，可计算出对应年份的碳强度（见表4-3）。中国政府承诺的中长期碳强度下降目标均以2005年为基准，因此本章将碳强度换算为2005年基准价格，以此对比中国碳强度的变动情况。2000~2015年碳强度逐渐下降，当年价格碳强度由2000年的3.243吨/万元下降到2015年的1.383吨/万元，年均下降5.52%。自2009年起，中国政府提出了一系列基于碳强度约束的减排目标，均以2005年碳强度为基年进行参照，因此计算2005年价格的碳强度由2005年的3.067吨/万元下降至2015年的2.029吨/万元，年均下降4.05%，累计下降33.862%。

表4-3　2000~2015年碳强度及增长率

年份	碳排放（亿吨）	当年价格GDP（万亿元）	当年价格碳强度（吨/万元）	2005年价格GDP（万亿元）	2005年价格碳强度（吨/万元）	2005年价格碳强度增长率（%）	2005年价格碳强度累积增长率（%）
2000	32.516	10.028	3.243	—	—	—	—
2001	34.382	11.086	3.101	—	—	—	—
2002	37.128	12.172	3.050	—	—	—	—
2003	43.787	13.742	3.186	—	—	—	—
2004	50.471	16.184	3.119	—	—	—	—
2005	57.456	18.732	3.067	18.732	3.067	—	—
2006	63.656	21.944	2.901	21.111	3.015	-1.696	-1.696
2007	68.671	27.023	2.541	24.109	2.848	-5.536	-7.137
2008	71.164	31.952	2.227	26.447	2.691	-5.531	-12.274
2009	76.491	34.908	2.191	28.933	2.644	-1.749	-13.808
2010	81.185	41.303	1.966	32.000	2.537	-4.036	-17.287
2011	89.069	48.930	1.820	35.040	2.542	0.192	-17.128
2012	92.957	54.037	1.720	37.808	2.459	-3.275	-19.843
2013	96.414	59.524	1.620	40.757	2.366	-3.786	-22.877
2014	94.108	64.397	1.461	43.733	2.152	-9.033	-29.844
2015	94.839	68.551	1.383	46.750	2.029	-5.727	-33.862
年均增速（%）	7.397	13.672	-5.520	9.577	-4.050	—	—

为验证表4-3中碳强度的可靠性，查找2011~2015年《中国应对气候变化的政策与行动》[111-115]中公布的碳强度下降率（见表4-4）。将

本章估算的碳排放结合国内生产总值，换算为对应年份的碳强度，其下降情况与该表基本一致，因此本章计算各年碳强度是合理的，特别是以 2005 年价格的碳强度 3.067 吨/万元作为以后各年碳强度约束的参照，是可靠的。

表 4－4　2011～2015 年《中国应对气候变化的政策与行动》中碳强度变动总结

年份	2011	2012	2013	2014	2015
比上年	—	下降 5.02%	下降 4.3%	下降 6.1%	—
比 2005 年	—		下降 28.5%		
比 2011 年	—			下降 15.8%	下降 20%

三　中国与世界各国碳排放比较

不同国际机构对全球各经济体的碳排放核算方法、涵盖化石能源种类、经济体领土范围都存在一定差异，因此所公布的数据略有不同。表 4－5 对比了美国能源信息署（EIA）、国际能源署（IEA）和美国橡树岭国家实验室二氧化碳信息分析中心（CDIAC）公布的 2014 年碳排放前 20 位经济体的碳排放水平，以及各经济体占全球总排放的比重。通过对比可以看出，CDIAC 的数据略高，IEA 的数据略低，EIA 的数据介于两者之间，但这三个机构关于各经济体的碳排放水平以及所占比重数值都非常接近。相比而言，EIA 涵盖的经济体为 218 个，且该机构公布的中国碳排放数值与本章计算结果最为接近，因此下文的分析均参照 EIA 的数据。

2014 年全球 218 个经济体共产生碳排放 329.77 亿吨，其中前 20 位经济体碳排放合计占 80.05%，可见全球碳排放主要是由这 20 个经济体产生的。将 2014 年碳排放超过 10 亿吨的经济体看作第一梯队，碳排放 5 亿～10 亿吨的经济体看作第二梯队，5 亿吨以下的经济体看作第三梯队，便于对比各梯队间经济体的碳排放变化情况。第一梯队仅有中国、美国、印度、俄罗斯和日本五个经济体，但却产生全球 58.12% 的碳排放，中国碳排放占全球 27.38%，高出碳排放第二的美国 10.95 个百分点，由此可见，中国当前的碳减排形势十分严峻。第二梯队的 6 个经济体和第三梯队的 9

个经济体分别产生 11.33% 和 10.62% 的碳排放。除了这 20 个经济体以外的其他所有经济体合计产生的碳排放总和不足 20%。因此，如果这 20 个经济体采取有效的减排措施，能够极大促进应对全球气候变化的工作进程。

表 4-5 2014 年碳排放前 20 位经济体的排放水平和比重

梯队名称	序号	EIA 数据			IEA 数据			CDIAC 数据		
		经济体	碳排放（亿吨）	比重（%）	经济体	碳排放（亿吨）	比重（%）	经济体	碳排放（亿吨）	比重（%）
第一梯队	1	中　国	90.28	27.38	中　国	90.87	28.06	中　国	102.91	30.16
	2	美　国	54.17	16.43	美　国	51.76	15.99	美　国	52.54	15.40
	3	印　度	18.69	5.67	印　度	20.20	6.24	印　度	22.38	6.56
	4	俄罗斯	16.90	5.13	俄罗斯	14.68	4.53	俄罗斯	17.05	5.00
	5	日　本	11.57	3.51	日　本	11.89	3.67	日　本	12.14	3.56
第二梯队	6	德　国	7.41	2.25	德　国	7.23	2.23	德　国	7.20	2.11
	7	伊　朗	6.48	1.97	韩　国	5.68	1.75	伊　朗	6.49	1.90
	8	韩　国	6.32	1.92	伊　朗	5.56	1.72	沙特阿拉伯	6.01	1.76
	9	加拿大	6.03	1.83	加拿大	5.55	1.71	韩　国	5.87	1.72
	10	沙特阿拉伯	5.69	1.72	沙特阿拉伯	5.07	1.56	加拿大	5.37	1.57
	11	巴　西	5.42	1.64	巴　西	4.76	1.47	巴　西	5.30	1.55
第三梯队	12	印度尼西亚	4.92	1.49	南　非	4.37	1.35	南　非	4.90	1.44
	13	南　非	4.50	1.36	印度尼西亚	4.37	1.35	墨西哥	4.80	1.41
	14	英　国	4.43	1.34	墨西哥	4.31	1.33	印度尼西亚	4.64	1.36
	15	墨西哥	4.42	1.34	英　国	4.08	1.26	英　国	4.20	1.23
	16	澳大利亚	3.70	1.12	澳大利亚	3.74	1.15	澳大利亚	3.61	1.06
	17	意大利	3.41	1.03	意大利	3.20	0.99	土耳其	3.46	1.01
	18	法　国	3.27	0.99	土耳其	3.07	0.95	意大利	3.20	0.94
	19	泰　国	3.18	0.96	法　国	2.86	0.88	泰　国	3.16	0.93
	20	土耳其	3.18	0.96	波　兰	2.79	0.86	法　国	3.03	0.89

续表

梯队名称	序号	EIA 数据			IEA 数据			CDIAC		
		经济体	碳排放（亿吨）	比重（%）	经济体	碳排放（亿吨）	比重（%）	经济体	碳排放（亿吨）	比重（%）
合计	第一梯队合计		191.61	58.12	—	189.39	58.49	—	207.02	60.67
	一、二梯队合计		228.96	69.43	—	223.24	68.94	—	243.26	71.29
	一、二、三梯队合计		263.97	80.05	—	256.02	79.06	—	278.27	81.55
	218 个经济体合计		329.77	100	148 个经济体合计	323.81	100	220 个经济体合计	341.23	100

由第一梯队 5 个经济体的碳排放变动来看（见图 4 - 1），中国碳排放快速增加，在 2006 年，中国碳排放超过美国，成为全球碳排放第一的经济体，2012 年中国碳排放达到最高值 92.22 亿吨，之后的两年略有回落，这是由于工业化和城镇化的不断加快，经济增长需要相应的化石能源做支撑，因此中国碳排放快速上升。美国的碳排放相对平稳，2000～2008 年间稳定在 58 亿吨到 60 亿吨之间，2009 年后略有下降，截至 2014 年，美国碳排放为 54.17 亿吨。碳排放排名第三、第四和第五位的印度、俄罗斯和日本，这三个经济体的碳排放水平比较接近。其中，印度的碳排放在 2000 年排名第五（8.74 亿吨），但作为经济增长较快的发展中国家，其碳排放稳步上升，自 2009 年起超过俄罗斯和日本，成为碳排放第三的经济体，2012 年碳排放达到 20 亿吨，其后的两年略有下降。俄罗斯和日本的碳排放水平比较稳定，其中，俄罗斯的碳排放在 14.61 亿～17.66 亿吨之间波动，日本的碳排放稳定在 11.1 亿～12.52 亿吨之间。

由第二梯队各经济体的碳排放能够看出（见图 4 - 2），虽然德国的碳排放高于其他几个经济体，但其呈现显著的下降趋势，2014 年比 2004 年碳排放下降了 1 亿吨。而其余 6 个经济体的碳排放在这段时期都有不同程度的上升。

由第三梯队经济体的碳排放趋势可知（见图 4 - 3），英国的碳排放在 2008 年前稳定在 5.7 亿吨左右，自 2009 年起逐步下降，到 2014 年降至 4.43 亿吨。意大利、法国、南非、墨西哥和澳大利亚的碳排放在 2000～

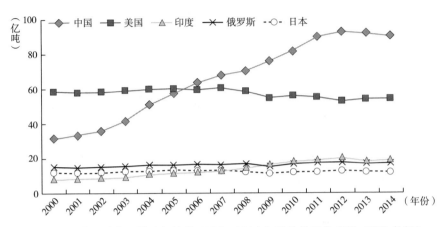

图 4 - 1　碳排放第一梯队经济体 2000～2014 年碳排放变化趋势（EIA 数据）

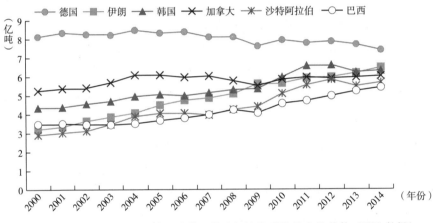

图 4 - 2　2000～2014 年碳排放第二梯队经济体碳排放变化趋势（EIA 数据）

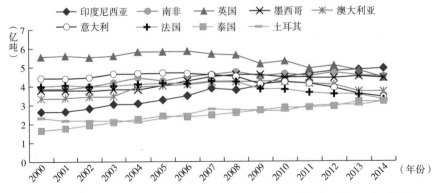

图 4 - 3　2000～2014 年碳排放第三梯队经济体碳排放变化趋势（EIA 数据）

2014 年间稳定在 3 亿～5 亿吨之间，土耳其和泰国虽然碳排放水平较低，但呈现逐渐增加的趋势。

通过以上比较可以得出，在 2000～2014 年间，中国在保持经济高速增长的同时，对化石能源需求增加，使得碳排放快速上升。现阶段，中国已成为全球第一大碳排放经济体，碳减排的任务非常艰巨。

第二节　中国碳排放和碳强度的特征分析

一　碳排放和碳强度的部门结构特征

（一）部门范围划分

从部门层面对中国的碳排放进行分解，有助于明确主要的碳排放领域。从碳排放产生部门分布规律而言，主要集中在工业、电力、交通运输部门，这些部门都是能源密集型行业，其碳排放强度都比较高。

本章依据历年《中国能源统计年鉴》中部门划分（工业分 41 个子部门）计算各部门碳排放，再按照《中国投入产出表 2012》中工业子部门的划分，合并为 26 个工业子部门，再加上农业、建筑业等其他 7 个部门，最终形成 33 个部门。其中将"农、林、牧、渔、水利业"简称为"农业"，将"交通运输、仓储和邮政业"简称"交邮仓储"[①]，将"批发、零售业和住宿、餐饮业"简称"批零餐住"。划分后的部门范围如下（见图 4-4）。

（二）分部门碳排放及碳强度比较

1. 碳排放趋势

由分部门的碳排放来看（见表 4-6），工业产生的碳排放最多，其碳排放从 2000 年的 22.71 亿吨，逐渐上升到 2015 年的 65.78 亿吨，由于工

---

① 有学者将交邮仓储部门的碳排放按照 IPCC$_{2006}$ 的移动源进行单独估算。本书考虑到交通工具种类和运输路线种类差异较大，难以统一计算，因此将该部门看作固定源进行碳排放估计。

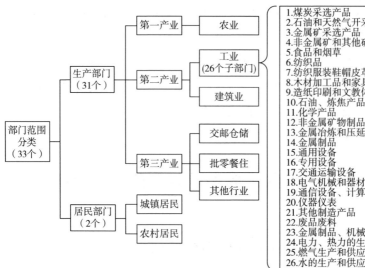

图4-4 部门范围结构划分

业是最大的能源使用部门，其产生的碳排放远高于其他部门。其次，交邮仓储部门的碳排放仅次于工业，由2000年的2.48亿吨上升到2015年的7.85亿吨。最后，其他行业、城镇居民和农村居民产生的碳排放紧随其后，截至2015年，这三个部门分别产生的碳排放为5.07亿吨、6.02亿吨和4.54亿吨。批零餐住、农业和建筑业产生的碳排放都较少。

表4-6 2000~2015年我国分部门碳排放量

单位：亿吨

年份	第一产业	第二产业		第三产业			生活消费		总碳排放
	农业	工业	建筑业	交邮仓储	批零餐住	其他行业	城镇	农村	
2000	0.99	22.71	0.38	2.48	0.79	1.45	1.99	1.71	32.52
2001	1.06	24.19	0.37	2.56	0.85	1.50	2.06	1.78	34.38
2002	1.15	26.19	0.38	2.76	0.95	1.63	2.18	1.87	37.13
2003	1.34	31.00	0.43	3.23	1.15	1.96	2.59	2.09	43.79
2004	1.48	35.90	0.48	3.81	1.32	2.20	2.92	2.35	50.47
2005	1.58	41.38	0.54	4.08	1.41	2.51	3.38	2.58	57.46
2006	1.66	46.08	0.60	4.46	1.54	2.79	3.73	2.80	63.66
2007	1.63	50.03	0.62	4.76	1.62	2.95	4.05	3.01	68.67
2008	1.59	51.74	0.65	5.05	1.69	3.16	4.18	3.10	71.16

续表

年份	第一产业	第二产业		第三产业			生活消费		总碳排放
	农业	工业	建筑业	交邮仓储	批零餐住	其他行业	城镇	农村	
2009	1.67	55.80	0.73	5.13	1.86	3.45	4.49	3.37	76.49
2010	1.69	59.35	0.81	5.68	1.95	3.65	4.61	3.44	81.19
2011	1.77	65.04	0.92	6.21	2.25	4.08	5.00	3.79	89.07
2012	1.80	66.87	0.94	6.81	2.46	4.47	5.56	4.05	92.96
2013	1.87	68.64	1.03	7.24	2.64	4.80	5.76	4.45	96.41
2014	1.82	66.73	1.03	7.35	2.56	4.65	5.64	4.33	94.11
2015	1.85	65.78	1.03	7.85	2.69	5.07	6.02	4.54	94.84
年均增速（％）	4.23	7.35	6.83	7.97	8.49	8.72	7.67	6.71	7.40

从各部门2000～2015年碳排放的年均增速来看，首先，第三产业的碳排放增长较快，其内部三个子部门的碳排放增速均超过了总碳排放增速，这是由于我国第三产业发展十分迅速，由此带动碳排放快速增长。其次，生活消费部门的碳排放也快速增加，特别是城镇居民的碳排放增速（7.67％）超过总碳排放增速，说明随着居民收入水平的提高，能源消费也逐步增加。再次，由于工业生产过程中的技术进步使能源效率不断提高，第二产业的碳排放增速略低于总碳排放增速，其中工业碳排放的年均增速为7.35％。最后，农业部门能源使用较少，其碳排放增速比较缓慢。

2. 碳排放结构

在四个重点年份中，对比各部门碳排放占总碳排放的比重，能够区分碳源排序情况（见表4-7）。依据2000～2015年各部门碳排放份额的平均值排序来看，首先，工业是第一碳源，其平均份额高达71.57％，这与我国产业结构，以及工业领域的能源利用效率相关。其次，生活消费部门是第二碳源，城镇和农村居民合计产生的碳排放平均份额为10.53％，说明除了工业部门外，居民生活消费能源的数量也不容忽视。再次，交邮仓储和其他行业分别为第三、第四碳源，分别占总排放的7.32％和4.58％，特别是交邮仓储部门，是成品油消费的主要部门。批零餐住和农业的碳排放平均份额非常接近，建筑业平均碳排放份额最少。

从各部门重点年份的碳排放份额变动来看，工业碳排放份额先上升后下降。通过分析 2000～2015 年逐年的碳排放份额变化也得出这一结论，2000～2007 年间，工业碳排放份额不断上升，这是重工业不断扩张的一段时期；2007～2011 年，工业碳排放份额稳定在 73% 左右，在 2011 年之后，其份额不断下降，说明工业结构在逐步优化，且技术进步在工业碳排放中起到了积极的作用。

表 4–7　三次产业重点年份碳排放比重及碳源排序

单位：%

年份	第一产业	第二产业		第三产业			生活消费		总计
	农业	工业	建筑业	交邮仓储	批零餐住	其他行业	城镇	农村	
2000	3.06	69.85	1.17	7.64	2.44	4.45	6.12	5.27	100
2005	2.75	72.02	0.94	7.09	2.45	4.38	5.88	4.49	100
2010	2.08	73.10	1.00	6.99	2.41	4.50	5.68	4.24	100
2015	1.95	69.36	1.08	8.27	2.84	5.35	6.35	4.79	100
2000～2015 年平均*	2.45	71.57	1.01	7.32	2.54	4.58	5.92	4.61	100
碳源排序	第六碳源	第一碳源	第七碳源	第三碳源	第五碳源	第四碳源	第二碳源		—

＊为避免各行业在 4 个重点年份的碳排放存在特殊性，在计算"2000～2015 年平均"的指标时，是以 2000～2015 年的 16 个年份的碳排放比重进行平均，并非将 2000 年、2005 年、2010 年和 2015 年这 4 个年份的比重进行平均。

除了工业外，交邮仓储和生活消费部门的碳排放都出现先下降后增加的趋势。其他行业的碳排放份额有增加趋势，农业的碳排放份额显著下降，建筑业和批零餐住部门的碳排放份额较为稳定。

3. 生产部门碳强度

碳强度反映了碳生产率，也反映了碳效率。若仅考察生产部门的碳排放，将其除以各自部门的增加值，可比较各部门的碳强度。由表 4–8 可以看出，生产部门总碳强度呈现逐年下降趋势，2003～2007 年碳强度均在 3.0 吨/万元及以上，但其后碳强度显著下降，到 2015 年达到 2.12 吨/万元，年均下降 2.05%，可见生产部门整体的碳减排进程卓有成效。

在生产部门内部，碳强度最高的是工业，平均碳强度达到 5.3 吨/万元，远高于其他部门，但工业部门的碳强度在持续下降，年均下降 2.55%，由于工业的碳排放份额超过 70%，可看出工业碳强度下降，即碳生产率的提高，对整个生产部门的碳强度下降起到推动作用。

表 4－8 2000～2015 年三次产业碳强度

单位：吨/万元，%

年份	第一产业	第二产业		第三产业			生产部门 总碳强度
	农业	工业	建筑业	交邮仓储	批零餐住	其他行业	
2000	0.66	5.69	0.69	4.03	0.77	0.63	2.89
2001	0.69	5.57	0.63	3.82	0.76	0.59	2.83
2002	0.73	5.49	0.60	3.85	0.78	0.57	2.80
2003	0.83	5.76	0.59	4.24	0.85	0.62	3.01
2004	0.86	5.98	0.62	4.37	0.90	0.64	3.16
2005	0.87	6.18	0.60	4.20	0.85	0.65	3.24
2006	0.87	6.10	0.57	4.18	0.79	0.63	3.18
2007	0.83	5.76	0.51	3.99	0.70	0.57	3.00
2008	0.76	5.42	0.48	3.95	0.64	0.56	2.83
2009	0.77	5.37	0.46	3.88	0.64	0.55	2.78
2010	0.75	5.08	0.45	3.92	0.59	0.54	2.68
2011	0.75	5.02	0.46	3.91	0.61	0.55	2.68
2012	0.73	4.78	0.43	4.04	0.61	0.56	2.58
2013	0.73	4.56	0.43	4.03	0.60	0.56	2.48
2014	0.68	4.15	0.39	3.82	0.53	0.50	2.25
2015	0.67	3.86	0.37	3.90	0.53	0.50	2.12
平均	0.76	5.30	0.52	4.01	0.70	0.58	2.78
年均增速	0.01	－2.55	－4.14	－0.22	－2.47	－1.51	－2.05

交邮仓储部门的碳强度紧随其后，2000～2015 年平均碳强度为 4.01 吨/万元，但该部门在这期间的碳强度下降较少，年均下降率仅为 0.22%，可以看出交邮仓储部门的碳效率提高的空间比较有限。

农业、建筑业、批零餐住和其他行业这四个部门的碳强度在 0.52 吨/万元到 0.76 吨/万元之间，相比而言，这些部门的碳效率较高，原因是这些部门的能源消费较小。从这四个部门的碳强度变化来看，建筑业的碳强度年均下降率最高（4.14%），其次是批零餐住（2.47%）和其他行业

（1.51%），农业部门的碳强度变动很小。

4. 居民部门人均碳排放

居民部门仅包括城镇居民和农村居民，居民部门没有对应的产出，无法计算居民的碳强度。将居民部门的碳排放除以人口，可得到人均碳排放，该指标也可看作是居民部门的碳强度指标。

由图4-5可以看出，居民部门的人均碳强度从2000年的0.29吨/人上升到2015年的0.77吨/人，年均增长6.66%，说明随着居民生活水平的提高，居民生活能源消费量也在持续增加，由此推动居民部门碳排放上涨。将城乡居民分开来看，城镇居民的人均碳排放显著高于农村居民，2000年城镇和农村居民的人均碳排放分别为0.43吨/人和0.21吨/人，但2000～2015年农村居民人均碳排放年均增速（8.81%）显著高于城镇居民（4.01%），到2015年城镇和农村居民的人均碳排放已十分接近，分别为0.78吨/人和0.75吨/人，说明农村居民的能源消费产生了很大的变化，且与城镇居民的能源消费差异逐步缩小，这也从一个侧面反映了农村居民生活水平显著提高。

图4-5 2000～2015年居民部门人均碳排放变化趋势

（三）工业子部门的碳排放及碳强度比较

1. 碳排放比较及分类

工业是生产部门中碳排放的主要来源，其碳排放变动直接影响生产部门的碳排放。但工业内子部门较多，各子部门的碳排放和碳强度差异巨大，因此将工业内部26个子部门的碳排放和碳强度做横向对比，可明确碳减排的重点部门。

依据工业26个子部门2015年的碳排放分别占工业总碳排放的份额，可以将其划分为四个碳排放梯队（见表4-9）。第一梯队中包括金属冶炼和压延加工品（占35.17%，主要包含钢铁业和有色金属业）、化学产品（17.91%）和非金属矿物制品（占14.08%，主要包含建材业，其中水泥行业占比较高），这三个子部门碳排放占工业总排放的67.17%，是碳减排的重点部门。第二梯队碳排放总份额为15.14%，包括电力、热力的生产和供应（5.23%），煤炭采选产品（3.54%），食品和烟草（3.37%）与石油、炼焦产品和核燃料加工品（3%），其中电力、热力的生产和供应行业主要包含火力发电行业，其煤炭消费量很大。第三梯队的碳排放总份额为11.84%，包含7个子部门。第四梯队的碳排放总份额为5.86%，包含12个子部门。

对比工业子部门在2000年、2005年、2010年和2015年的碳排放变化可以发现，除了石油和天然气开采产品、专用设备、其他制造产品这三个子部门外，其余部门的碳排放均有显著增加趋势，特别是金属冶炼和压延加工品与化学产品这两个子部门的碳排放增长很快。

通过对比各工业子部门的碳排放份额和碳排放增加趋势能够看出，工业内部的碳排放主要集中在第一梯队以及第二梯队的电力、热力的生产和供应部门，这为碳排放治理明确了行业方向。

表4-9 工业子部门重点年份碳排放及分类

工业子部门名称	碳排放（亿吨）				2015年占工业排放份额（%）	份额合计（%）	梯队名称
	2000年	2005年	2010年	2015年			
金属冶炼和压延加工品	5.66	12.34	20.00	23.14	35.17		第一梯队
化学产品	4.15	7.82	9.94	11.78	17.91	67.17	
非金属矿物制品	3.06	6.58	8.67	9.26	14.08		
电力、热力的生产和供应	1.80	2.47	3.25	3.44	5.23		第二梯队
煤炭采选产品	0.95	1.20	2.04	2.33	3.54	15.14	
食品和烟草	1.01	1.58	2.13	2.21	3.37		
石油、炼焦产品和核燃料加工品	0.96	1.20	1.83	1.97	3.00		

工业子部门名称	碳排放（亿吨）				2015年占工业排放份额（%）	份额合计（%）	梯队名称
	2000年	2005年	2010年	2015年			
纺织品	0.77	1.55	1.90	1.88	2.86		
造纸印刷和文教体育用品	0.68	1.15	1.45	1.38	2.09		
金属制品	0.31	0.61	0.97	1.09	1.65		
交通运输设备	0.39	0.51	0.95	0.97	1.47	11.84	第三梯队
通用设备	0.33	0.64	1.00	0.88	1.33		
金属矿采选产品	0.21	0.49	0.79	0.83	1.26		
石油和天然气开采产品	0.75	0.79	0.78	0.77	1.17		
通信设备、计算机和其他电子设备	0.17	0.38	0.64	0.65	0.98		
电气机械和器材	0.16	0.34	0.58	0.59	0.90		
非金属矿和其他矿采选产品	0.24	0.28	0.41	0.57	0.86		
专用设备	0.22	0.32	0.48	0.44	0.67		
纺织服装鞋帽皮革羽绒及其制品	0.14	0.26	0.35	0.39	0.59		
木材加工品和家具	0.12	0.26	0.39	0.39	0.59	5.86	第四梯队
其他制造产品	0.34	0.30	0.35	0.32	0.49		
水的生产和供应	0.15	0.19	0.25	0.27	0.41		
燃气生产和供应	0.10	0.06	0.08	0.11	0.17		
仪器仪表	0.04	0.06	0.09	0.08	0.12		
废品废料	—	0.01	0.03	0.04	0.06		
金属制品、机械和设备修理服务	—	—	—	0.01	0.02		
工业合计	22.71	41.38	59.35	65.78	100	100	—

2. 碳强度比较及分类

根据工业 26 个子部门的碳排放和增加值，可以计算得到各子部门的碳强度（见表 4 - 10），该指标可以比较工业子部门的碳效率。依据 2015 年各子部门的碳强度降序排列，可将 26 个子部门分为四个梯队。第一梯队碳强度在 8 吨/万元以上，包括金属冶炼和压延加工品（11.96 吨/万元）、非金属矿物制品（10.47 吨/万元）和其他制造产品（8.11 吨/万元），这三个子部门的碳效率较低。第二梯队碳强度在 3.9~8 吨/万元之间，包括化学产品（5.33 吨/万元）、煤炭采选产品（4.99 吨/万元）、非金属矿和其他

表 4 - 10　工业子部门重点年份碳强度及分类

工业子部门名称	碳强度（吨/万元）				梯队名称
	2000 年	2005 年	2010 年	2015 年	
金属冶炼和压延加工品	17.33	15.77	14.95	11.96	第一梯队
非金属矿物制品	17.53	26.90	16.15	10.47	
其他制造产品	—	5.58	3.67	8.11	
化学产品	7.65	9.64	7.04	5.33	第二梯队
煤炭采选产品	15.79	7.91	5.51	4.99	
非金属矿和其他矿采选产品	14.33	13.60	7.78	4.96	
石油和天然气开采产品	5.09	4.71	4.69	4.37	
电力、热力的生产和供应	8.28	5.22	4.79	3.92	
金属矿采选产品	7.68	8.68	4.81	3.45	第三梯队
纺织品	3.18	4.61	3.98	3.19	
石油、炼焦产品和核燃料加工品	4.59	3.75	3.74	3.11	
造纸印刷和文教体育用品	5.07	6.09	5.05	2.53	
金属制品	2.56	3.48	2.88	1.94	第四梯队
燃气生产和供应	12.60	4.19	2.05	1.40	
食品和烟草	2.54	2.93	2.08	1.31	
木材加工品和家具	2.30	3.04	1.99	1.22	
通用设备	2.28	2.28	1.69	1.21	
金属制品、机械和设备修理服务	—	—	—	1.12	
专用设备	2.12	1.97	1.34	0.82	
交通运输设备	1.52	1.22	1.02	0.73	
纺织服装鞋帽皮革羽绒及其制品	0.82	1.15	1.03	0.72	
废品废料	—	1.22	0.91	0.71	
仪器仪表	0.96	0.76	0.85	0.60	
电气机械和器材	0.71	0.93	0.79	0.58	
通信设备、计算机和其他电子设备	0.46	0.53	0.70	0.49	
水的生产和供应*	9.95	12.05	13.02	10.13	
工业总碳强度	5.69	6.18	5.08	3.86	—

*　"水的生产和供应"部门碳排放很低，但由于该部门属于公共事业部门，其增加值很低，因此计算而得的碳强度很高，但不能将该部门划归到碳强度较高的梯队，因此该表将其划归到"第四梯队"。

矿采选产品（4.96 吨/万元）、石油和天然气开采产品（4.37 吨/万元）与电力、热力的生产和供应（3.92 吨/万元）。第三梯队碳强度在 2.5 ~ 3.5 吨/万元之间，包括四个子部门。第四梯队的其余 14 个部门（除水的生产和供应部门外）碳强度均在 2 吨/万元以下。

由于 2000 ~ 2005 年重工业扩张，工业部门碳强度整体上升。对比 2005 年、2010 年和 2015 年这三个重点年份各工业子部门的碳强度变化情况可知，2005 年后，只有其他制造产品碳强度显著上升，仪器仪表，通信设备、计算机和其他电子设备，水的生产和供应这三个部门碳强度先增加后下降，其余 22 个子部门碳强度均显著降低，说明随着能源效率的提高，这些部门的碳效率也持续上升。

由工业子部门的碳排放和碳强度综合对比可以得到，碳排放和碳强度都较高的子部门包括以下五个：①金属冶炼和压延加工品，②化学产品，③非金属矿物制品，④电力、热力的生产和供应，⑤煤炭采选产品。这些部门的总排放量占工业总排放的 75.94%，且碳强度均在 3.92 吨/万元以上，碳强度最高的金属冶炼和压延加工品的碳强度高达 11.96 吨/万元。这五个子部门集中了水泥、钢铁、有色、化工、电力、煤炭开采等重点部门，是典型的高排放行业，其对工业碳强度变动产生重要影响。因此，提高这些子部门的能源效率是降低工业碳强度，乃至经济总体碳强度的主要途径。

二　碳排放的能源结构特征

（一）生产部门碳排放的能源结构特征

就总碳排放的能源结构来看（见表 4 - 11），电力、煤炭和焦炭带来的碳排放占比居前三位，柴油、热力和汽油产生的碳排放占比居第四到第六位，天然气、燃料油、煤油和原油的碳排放占比很小。其中，电力产生碳排放的占比由 2000 年的 36.72% 逐渐上升至 2015 年的 39.79%，煤炭产生的碳排放的占比由 2000 年的 32.14% 逐渐下降至 2015 年的 26.09%，但值得注意的是，电力和热力消费本身并不产生碳排放，本章中电力和热力的碳排放是由一次能源加工转换折算而来，其主要由火力发电产生，若将电力和热力的碳排放近似看作是煤炭加工转换而产生的，则煤炭产生的碳排放的总占比由2000年的74.85%逐渐下降至2015年的71.42%，可见煤炭燃烧是中国碳排放最主要的来源。此外，焦炭产生的碳排放也不容忽视，其碳排放占比由2000年的9.81%逐渐上升至2015年的14.4%。由于柴油、汽油、燃料油和煤油在内的成品油消费量相对较少，这类能源产生的碳排放均不超过7%。天然气的碳排放占比很低，但其有显著的上升趋势，由2000年的1.37%上升至2015年的2.83%。原油是加工成品油的主要原料，但其本身作为最终能源消费的量极少，因此其产生的碳排放占比不超过1%。

表4-11　重点年份碳排放的能源结构比较

单位：%

类别		煤炭	焦炭	原油	汽油	煤油	柴油	燃料油	天然气	热力	电力	合计
总碳排放	2000年	32.14	9.81	0.74	3.40	0.82	6.33	2.69	1.37	5.99	36.72	100
	2005年	31.11	12.91	0.52	2.67	0.57	5.93	1.66	1.47	5.06	38.11	100
	2010年	29.26	14.17	0.36	2.71	0.66	5.65	0.94	1.95	4.63	39.67	100
	2015年	26.09	14.40	0.21	3.80	0.86	5.77	0.71	2.83	5.54	39.79	100
生产部门	2000年	30.20	10.93	0.83	3.59	0.85	6.95	3.03	1.31	5.67	36.64	100
	2005年	30.67	14.35	0.58	2.66	0.62	6.37	1.85	1.32	4.35	37.24	100
	2010年	29.89	15.71	0.40	2.48	0.73	5.94	1.05	1.52	3.98	38.30	100
	2015年	27.07	16.19	0.24	3.31	0.96	6.12	0.79	2.30	4.69	38.34	100
生活消费部门	2000年	47.24	1.10	—	1.94	0.59	1.51	—	1.82	8.46	37.34	100
	2005年	34.87	0.45	—	2.78	0.13	2.13	—	2.77	11.23	45.64	100
	2010年	23.54	0.16	—	4.76	0.08	3.00	—	5.86	10.53	52.08	100
	2015年	18.31	0.09	—	7.75	0.08	2.93	—	7.08	12.35	51.40	100

生产部门的碳排放约占总碳排放的90%，因此该部门碳排放的能源结构与总碳排放的结构基本一致。生产部门电力产生碳排放的占比由2000年的36.64%逐渐上升至2015年的38.34%，煤炭产生的碳排放由2000年的30.2%逐渐下降至2015年的27.07%。若将生产部门电力和热力的碳排放近似看作由煤炭加工转化产生的，则2000年生产部门煤炭产生的碳排放占比为72.51%，到2015年下降至70.1%。此外，2015年焦炭、柴油、热力

和汽油消费产生的碳排放占比分别为16.19%、6.12%、4.69%和3.31%，且焦炭的碳排放占比有显著的上升趋势，柴油的碳排放占比有下降趋势。天然气和燃料油的碳排放占比一般不超过3%，煤油和原油的碳排放占比不超过1%。

（二）居民部门碳排放的能源结构特征

由表4-11中居民部门碳排放的能源结构可以看出，居民生活不消费原油和燃料油，对焦炭和煤油消费产生的碳排放也极少（一般不超过1%）。首先，居民电力消费产生的碳排放最高，从2000年占总碳排放的37.34%上升到2015年的51.4%，增长速度很快。其次，居民煤炭消费产生的碳排放份额排第二，但从2000年到2015年，居民煤炭消费产生的碳排放急剧下降，到2015年仅占总碳排放的18.31%。再次，居民消费热力产生的碳排放份额排第三，由2000年的8.46%逐渐上升至2015年的12.35%。居民消费天然气、汽油和柴油产生的碳排放紧随其后，这三种能源在2000~2015年平均产生碳排放的份额分别为4.4%、4%和2.45%，且都有显著增加的趋势。

由于城镇和农村居民的能源消费存在显著差异，图4-6和图4-7分别显示了2000~2015年城镇和农村居民能源消费差异引起分能源的碳排放份额变动过程。通过对比，可得出以下结论：一是城镇居民的能源消费结构比农村居民更多元。截至2015年，城镇居民消费电力、热力、天然气和汽油产生的碳排放分别为48.9%、21.66%、12.37%和9.46%，消费煤炭和柴油产生的碳排放仅为4.68%和2.85%。但农村居民2015年消费电力和煤炭产生的碳排放分别为54.71%和36.38%，而其他能源的消费均在5%以下，且基本没有热力和天然气消费。二是城乡居民煤炭消费产生的碳排放份额快速下降，但农村居民的煤炭消费仍然占据较大份额。城镇居民的煤炭消费的碳排放份额由2000年的30.42%迅速下降至2015年的4.68%。与此同时，农村居民煤炭消费的碳排放份额也从66.77%下降至36.38%，但其仍超过居民碳排放的三分之一。三是城乡居民消费汽油和柴油的碳排放份额逐渐增加，城镇居民消费天然气的碳排放份额增加迅速。其中，城镇和农村居民消费汽油的碳排放份额分别由2000年的2.94%和

0.78%，逐渐上升到 2015 年的 9.16% 和 5.49%，城镇居民消费柴油的碳
排放份额在 2%～4% 之间波动，农村居民该指标则由 2000 年的 0.9% 上升
到 2015 年的 3.04%。城镇居民天然气消费的碳排放份额由 2000 年的
3.38% 快速上升至 2015 年的 12.37%。

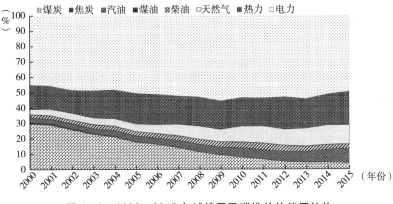

图 4-6 2000～2015 年城镇居民碳排放的能源结构

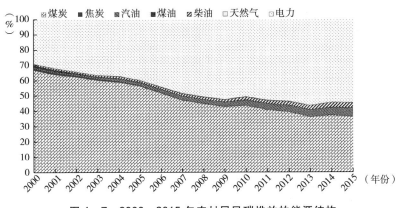

图 4-7 2000～2015 年农村居民碳排放的能源结构

第三节 中国碳强度变动的影响因素分析

为了明确中国碳排放的增长路径，需要从总效应中分离出主要的驱动
因素，探明推动碳排放增长的原因。以往文献研究中，碳排放因素分解的
方法主要有两种：第一种是指数分解方法 IDA（Index Decomposition Analy-

sis），如 Wu 等[116]、Zhang 等[117]、Sun 等[118]、Chen 等[119]、Ren 等[120] 都采用指数分解法中的对数平均迪氏指数（LMDI），对碳排放因素进行分解，国内学者中，王峰等[110]、陈诗一[121]、王栋等[122]、涂正革[108]、赵志耘和杨朝峰[123]、孙作人和周德群[124]、鲁万波等[109]、朱帮助等[107] 也采用 LMDI 分解法，对中国碳强度或碳排放的变动因素进行分析。第二种方法是结构分解法 SDA（Structural Decomposition Analysis），该方法的数据基础是投入产出表，对数据要求较高，郭朝先[125]、张友国[126]、籍艳丽和邹元兴[127]、宗刚等[128]、Li 等[129] 都采用结构分解法，用于识别碳排放或碳强度的不同效应。

对以往文献梳理后发现，各学者对模型分解中的碳排放系数的变化原因均未做解释，认为该系数应该是固定的，其变动结果是由计算误差引起。但本章将能源碳排放系数引起的碳强度变动归因于内在能源结构效应，对应非化石能源消费比重变动的影响，经测算主要是电力占终端能源消费比重增加，且非煤能源发电比重逐渐下降导致的，其对碳强度的抑制作用潜力较大。

本小节采用 LMDI 乘法和加法分解形式，分别考察四种驱动因素对碳强度变动的影响，对比各因素的减排空间，最后给出结论和建议。

一　碳强度变动因素分解模型

碳强度变动因素的研究中，指数分解法的应用较广，Laspeyres 指数和 Divisia 指数是最常用的两种方法，分解形式又分为乘法和加法，乘法形式衡量各因素作用的相对量，加法形式衡量各因素作用的绝对量，两种方法能够相互转化。其中，迪氏指数又分为平均迪氏指数（AMDI）和对数平均迪氏指数（LMDI）。其中，LMDI 方法能有效地解决残差、零值和负值的问题，本书采用乘法和加法两种形式的 LMDI 方法对碳强度进行分解，从相对量和绝对量两个角度综合比较。LMDI 分解过程对零值的处理，参照 Ang 等[130] 提供的方法，其中 C_{ij} 的零值用 10^{-20} 替代，E_{ij} 的零值用 10^{-15} 替代，E_j 的零值用 10^{-10} 替代。

从碳排放的构成来看，生产部门占总碳排放的 90%，而居民部门仅占

10%，并且生产部门碳强度以单位产出的碳排放衡量，人均碳排放是居民部门常用的单位碳排放指标，实际衡量了生活碳强度。两种碳强度的分解结构不同，因此下文将两个部门分别说明，公式中各指标含义见表4－12。

表4－12　生产部门碳强度和生活消费部门人均碳排放驱动因素分解模型中变量的含义

变量	含义	变量	含义
CII	生产部门碳强度（吨/万元）	C_{ij}	部门i消费能源j产生的碳排放（万吨）
Y	总产出（亿元）	Y_i	部门i的产出（亿元）
E_{ij}	部门i对能源j的消费量（万吨标准煤）	E_i	部门i的能源消费总量（万吨标准煤）
CI_{ij}	部门i消费能源j的能源碳强度（吨/吨标准煤）	ES_{ij}	能源j在部门i中的消费比例
EI_i	部门i的能源强度（吨标准煤/万元）	YS_i	部门i产出占总产出的比例
CIH_i	第i个居民部门人均碳排放（吨/人）	HP_i	第i个居民部门人口（亿人）
EIH_i	居民i的生活能源强度（吨标准煤/万元）	TI_i	第i个居民部门总收入（亿元）
AI_i	第i个居民部门人均收入（元/人）		

（一）生产部门碳强度分解

对2000～2015年中国生产部门碳强度的确定，需要对31个部门碳排放与产出相除，得出各部门的碳强度。需要说明的是，各部门的产出均换算为2000年不变价格的实际产出，由此计算的碳强度均为实际碳强度。以下为生产部门碳强度分解的公式：

$$CII = \frac{\sum_{i=1}^{31}\sum_{j=1}^{10} C_{ij}}{Y} = \sum_{i=1}^{31}\sum_{j=1}^{10} \frac{C_{ij}}{E_{ij}} \cdot \frac{E_{ij}}{E_i} \cdot \frac{E_i}{Y_i} \cdot \frac{Y_i}{Y} =$$
$$\sum_{i=1}^{31}\sum_{j=1}^{10} CI_{ij} \cdot ES_{ij} \cdot EI_i \cdot YS_i \tag{4.2}$$

式（4.2）中，$i=1,2,\cdots,31$，表示生产部门的各子部门，$j=1,2,\cdots,10$，为10种能源，即8种一次能源加热力和电力。假定从$t-1$期到t期，实际碳强度从CII^{t-1}变为CII^t，该增量以乘法形式的总分解公式为：

$$D_{tot} = CII^t/CII^{t-1} = D(CI) \cdot D(ES) \cdot D(EI) \cdot D(YS) \tag{4.3}$$

式（4.3）中各子项的详细分解式如下：

$$D(CI) = \exp\left[\sum_{ij} \frac{L(w_{ij}^t, w_{ij}^{t-1})}{L(w^t, w^{t-1})} \cdot \ln\left(\frac{CI_{ij}^t}{CI_{ij}^{t-1}}\right)\right] \tag{4.4}$$

$$D(ES) = \exp\left[\sum_{ij} \frac{L(w_{ij}^t, w_{ij}^{t-1})}{L(w^t, w^{t-1})} \cdot \ln\left(\frac{ES_{ij}^t}{ES_{ij}^{t-1}}\right)\right] \tag{4.5}$$

$$D(EI) = \exp\left[\sum_{ij} \frac{L(w_{ij}^t, w_{ij}^{t-1})}{L(w^t, w^{t-1})} \cdot \ln\left(\frac{EI_{ij}^t}{EI_{ij}^{t-1}}\right)\right] \tag{4.6}$$

$$D(YS) = \exp\left[\sum_{ij} \frac{L(w_{ij}^t, w_{ij}^{t-1})}{L(w^t, w^{t-1})} \cdot \ln\left(\frac{YS_{ij}^t}{YS_{ij}^{t-1}}\right)\right] \tag{4.7}$$

碳强度增量以加法形式的总分解公式为：

$$\Delta CII = CII^t - CII^{t-1} = \Delta CII(CI) + \Delta CII(ES) + \Delta CII(EI) + \Delta CII(YS) \tag{4.8}$$

对上式中子项的详细分解如下：

$$\Delta CII(CI) = \sum_{ij} L(w_{ij}^t, w_{ij}^{t-1}) \cdot \ln\left(\frac{CI_{ij}^t}{CI_{ij}^{t-1}}\right) \tag{4.9}$$

$$\Delta CII(ES) = \sum_{ij} L(w_{ij}^t, w_{ij}^{t-1}) \cdot \ln\left(\frac{ES_{ij}^t}{ES_{ij}^{t-1}}\right) \tag{4.10}$$

$$\Delta CII(EI) = \sum_{ij} L(w_{ij}^t, w_{ij}^{t-1}) \cdot \ln\left(\frac{EI_{ij}^t}{EI_{ij}^{t-1}}\right) \tag{4.11}$$

$$\Delta CII(YS) = \sum_{ij} L(w_{ij}^t, w_{ij}^{t-1}) \cdot \ln\left(\frac{YS_{ij}^t}{YS_{ij}^{t-1}}\right) \tag{4.12}$$

式（4.2）～式（4.12）中，$w_{ij}^t = CII_{ij}^t$，$L(w_{ij}^t, w_{ij}^{t-1})$ 称为对数平均权数。当 $w_{ij}^t \neq w_{ij}^{t-1}$ 时，$L(w_{ij}^t, w_{ij}^{t-1}) = (w_{ij}^t - w_{ij}^{t-1})/\ln(w_{ij}^t/w_{ij}^{t-1})$；当 $w_{ij}^t = w_{ij}^{t-1}$ 时，$L(w_{ij}^t, w_{ij}^{t-1}) = w_{ij}^t$。同理，$w^t = CII^t$，即为不细分行业和能源的生产部门各时期总碳强度。

（二）人均碳排放变动分解

人均碳排放量表示居民生活碳强度。居民人均碳排放波动分解中，除 CI 和 ES 与生产部门解释相同外，EIH 是居民生活中单位收入对应的碳排放，是居民生活能源利用效率的反映，以下简称"生活能源强度"，若该强度指标下降，说明居民能源效率提高，与生产部门中能源强度下降意味着能源效率提高相对应。

$$CIH_i = \frac{\sum_{j=1}^{10} C_{ij}}{HP_i} = \sum_{j=1}^{10} \frac{C_{ij}}{E_{ij}} \cdot \frac{E_{ij}}{E_i} \cdot \frac{E_i}{TI_i} \cdot AI_i =$$

$$\sum_{j=1}^{10} CI_{ij} \cdot ES_{ij} \cdot EIH_i \cdot AI_i \qquad (4.13)$$

式（4.13）中，$i=32$ 表示城镇居民，$i=33$ 表示农村居民，$j=1, 2, \cdots,$ 10，为 10 种能源。以下对人均碳排放的分解方法与生产部门类似。

乘法形式的总分解公式为：

$$DH_{i.tot} = CIH_i^t / CIH_i^{t-1} = DH_i(CI) \cdot DH_i(ES) \cdot DH_i(EIH) \cdot DH_i(AI) \qquad (4.14)$$

碳强度增量以加法形式的总分解公式为：

$$\Delta CIH_i = CIH_i^t - CIH_i^{t-1} = \Delta CIH_i(CI) + \Delta CIH_i(ES) +$$

$$\Delta CIH_i(EIH) + \Delta CIH_i(AI) \qquad (4.15)$$

以下仅列出第 i 个居民部门关于 CI 的乘法和加法的详细分解：

$$DH_i(CI) = \exp\left[\sum_j \frac{L(w_{ij}^t, w_{ij}^{t-1})}{L(w^t, w^{t-1})} \cdot \ln\left(\frac{CI_{ij}^t}{CI_{ij}^{t-1}} \right) \right] \qquad (4.16)$$

$$\Delta CIH_i(CI) = \sum_j L(w_{ij}^t, w_{ij}^{t-1}) \cdot \ln\left(\frac{CI_{ij}^t}{CI_{ij}^{t-1}} \right) \qquad (4.17)$$

乘法形式的总分解公式中的其余子项 $DH_i(ES)$、$DH_i(EIH)$ 和 $DH_i(AI)$ 的详细分解形式与式（4.16）一致，加法形式的总分解公式中的其余子项 $\Delta CIH_i(ES)$、$\Delta CIH_i(EIH)$ 和 $\Delta CIH_i(AI)$ 的详细分解过程与式（4.17）的形式一致，此处不再逐一列出。

二　生产部门碳强度变动分解

通过生产部门碳强度变动可以看出（见表 4－13），该指标 2000～2015 年在 2.117～3.236 吨/万元间波动，总体呈下降趋势。根据生产部门碳强度增量的方向，可将其分为四个时期：第一时期（2000～2002 年）为下降期（$\Delta CII < 0$），碳强度从 2.888 吨/万元下降至 2.804 吨/万元；第二时期（2002～2005 年）为上升期（$\Delta CII > 0$），碳强度由 2.804 吨/万元上升到 3.236 吨/万元；第三时期（2005～2010 年）为下降期，碳强度由

3.236 吨/万元下降到 2.68 吨/万元；第四时期（2010～2015 年）为反弹后的下降期，其中 2010～2011 年碳强度有微量反弹（$\Delta CII = 0.002$），其后年份碳强度持续下降，到 2015 年下降至 2.117 吨/万元。

表 4-13　2000～2015 年生产部门碳排放及碳强度变动情况

年份	生产部门碳排放（亿吨）	2000 年价格总产出（万亿元）	生产部门碳强度（吨/万元）	时期	碳强度变动绝对量 ΔCII	碳强度变动相对量 D_{tot}
2000	28.812	9.978	2.888	—	—	—
2001	30.544	10.809	2.826	2000～2001	-0.062	0.979
2002	33.077	11.795	2.804	2001～2002	-0.021	0.992
2003	39.106	12.979	3.013	2002～2003	0.209	1.074
2004	45.193	14.294	3.162	2003～2004	0.149	1.049
2005	51.500	15.915	3.236	2004～2005	0.074	1.024
2006	57.131	17.955	3.182	2005～2006	-0.054	0.983
2007	61.607	20.546	2.999	2006～2007	-0.183	0.942
2008	63.883	22.548	2.833	2007～2008	-0.165	0.945
2009	68.639	24.649	2.785	2008～2009	-0.049	0.983
2010	73.134	27.291	2.680	2009～2010	-0.105	0.962
2011	80.280	29.932	2.682	2010～2011	0.002	1.001
2012	83.351	32.275	2.583	2011～2012	-0.100	0.963
2013	86.204	34.779	2.479	2012～2013	-0.104	0.960
2014	84.143	37.325	2.254	2013～2014	-0.224	0.910
2015	84.272	39.815	2.117	2014～2015	-0.138	0.939

（一）生产部门碳强度变动的驱动因素分类

生产部门碳强度变动的驱动因素可分为四类：

第一，能源强度效应，即能源强度（EI）对碳强度变动的影响程度，包括影响碳强度指数变动和碳强度绝对值变动。由于碳排放实质是能源燃烧的结果，因此碳强度的降低根本取决于能源强度的降低，即能源效率的提高，能源强度变动是影响碳强度变动的直接因素。

第二，经济结构效应，即产出比重（YS）对碳强度变动的影响。若生产要素向低能耗、低排放的行业重新配置，能够有效降低碳强度，这是影响碳强度变动的间接因素。

第三，外在能源结构效应，即能源结构（*ES*）对碳强度变动的影响。*ES* 是某种能源消费占总能源消费的比重。例如，在总能源消费中，若煤炭消费比重下降，天然气消费比重上升，由于煤炭的碳排放系数远高于天然气，因此总碳排放会下降，进而有效降低碳强度，这里的"外在"是指煤炭和天然气的消费比重发生变化，即能源消费结构变化引起的碳强度变化。

第四，内在能源结构效应，即能源碳强度（*CI*）对碳强度的影响。*CI* 实际上是能源的碳排放系数，若假设每一种燃料都充分燃烧，其碳排放系数是不变的，ΔCII（*CI*）与 D（*CI*）也应该不发生变化。但本章 ΔCII（*CI*）和 D（*CI*）有显著变化，这其中有两个原因：一是热力和电力生产方式的演进。热力和电力的碳排放是根据 8 种一次能源加工转换投入量计算的，而热力的终端能源消费量中不仅包括一次能源燃烧生产转化的部分，也包括工业余热的循环利用，如北方地区热电联产的发电余热对城区集中供热的大量普及，工业园区内对企业余热的循环利用等；电力的终端能源消费中不仅包括火力发电，也包括水电、核电、风电、太阳能发电、生物质发电等非化石能源发电，即清洁电力对电力消费已形成有效补充，而电力生产的碳排放仅计算了火力发电的一次能源燃烧部分。因此，若 ΔCII（*CI*）< 0 或 D（*CI*）< 1，说明在能源消费量不变的情况下，碳排放系数下降，主要表现在消费等量热力和电力过程时，更少的燃烧一次能源，更多使用了热力循环利用技术和非化石能源发电，这是 ΔCII（*CI*）和 D（*CI*）变动的主要原因。"内在"是指能源消费结构不变，但碳强度产生变化。二是煤炭消费量实为煤合计。以《中国能源统计年鉴》2015 年数据为例，煤合计是原煤、洗精煤、其他洗煤、型煤、煤矸石消费量之和，而各种煤品的碳排放系数略有差异，并且折算的煤合计标准量也不同，因此虽然本章煤炭的碳排放实物量系数固定取 $2.069 kgCO_2/kg$，以此折算的标准量碳排放系数却在 $2.393 \sim 4.267 kgCO_2/kg.ce$ 之间波动。但不同煤品间的替代对 ΔCII（*CI*）的影响极微弱，这种影响可忽略不计。

（二）生产部门碳强度变动的驱动因素分析

分别以乘法和加法分解形式对生产部门碳强度变动进行分解，得出在

2000～2015 年间，碳强度指数平均下降了 26.7%（见表 4–14 中，源于 1 – 0.733 = 0.267），每万元产出碳排放减少 0.771 吨，说明碳生产力总体显著提高。在样本期内，只有 2002～2005 年碳强度指数上升，即 $D_{tot} > 1$，并且 $\Delta CII > 0$，这是由"十五"时期出现重工业化的过程，房地产和汽车工业迅速发展，基础设施投资持续增加，资源密集型产品出口增加，因此带动了采掘业、钢铁、建材、设备制造等行业的急剧扩张，使能源强度在这一时期上升，进而碳强度也显著增加，说明该时期节能减排政策未能有效执行，因此导致碳强度急剧增加。2005～2010 年碳强度指数 D_{tot} 持续下降，这是由于"十一五"时期（2006～2010 年）首次制定能源强度下降 20% 的约束指标，加大节能减排力度，最终使碳强度下降了 17.19%。"十二五"时期（2011～2015 年）制定了碳强度下降 17%、能源强度下降 16% 的双目标，将碳强度和能源强度作为约束指标纳入国民经济发展规划，对碳强度的下降起到积极作用，这一时期的碳强度下降了 21.02%，完成了该时期的减排目标。

由于工业部门对生产部门总的碳排放和碳强度影响最大，因此将生产部门划分为工业部门和非工业部门进行对比（见表 4–15），可以看出工业部门的碳强度指数下降了 22.7%（源于 1 – 0.773 = 0.227），但非工业部门仅下降了 5.2%（源于 1 – 0.948 = 0.052）。另外，工业部门每万元产出的碳排放下降了 0.624 吨，而非工业部门仅下降了 0.147 吨。由此说明，生产部门的碳强度下降主要是由工业部门推动的，非工业部门的贡献较小。

表 4–14　2000～2015 年生产部门碳强度变化的驱动因素逐年分解结果

单位：吨/万元

时期	乘法分解结果					加法分解结果				
	D_{tot}	D (EI)	D (YS)	D (ES)	D (CI)	ΔCII	ΔCII (EI)	ΔCII (YS)	ΔCII (ES)	ΔCII (CI)
2000～2001	0.979	0.976	0.998	1.009	0.996	– 0.062	– 0.071	– 0.006	0.025	– 0.010
2001～2002	0.992	1.009	0.989	1.007	0.988	– 0.021	0.024	– 0.030	0.018	– 0.034
2002～2003	1.074	0.805	1.341	0.996	0.999	0.209	– 0.630	0.852	– 0.011	– 0.003
2003～2004	1.049	1.001	1.064	1.003	0.983	0.149	0.003	0.190	0.010	– 0.054
2004～2005	1.024	1.032	0.997	1.000	0.995	0.074	0.100	– 0.010	– 0.001	– 0.014

续表

时期	乘法分解结果					加法分解结果				
	D_{tot}	D（EI）	D（YS）	D（ES）	D（CI）	ΔCII	ΔCII（EI）	ΔCII（YS）	ΔCII（ES）	ΔCII（CI）
2005～2006	0.983	0.960	1.004	1.012	1.008	－0.054	－0.133	0.014	0.040	0.025
2006～2007	0.942	0.928	1.016	1.014	0.987	－0.183	－0.232	0.048	0.042	－0.042
2007～2008	0.945	0.943	1.012	0.999	0.991	－0.165	－0.172	0.034	－0.003	－0.025
2008～2009	0.983	0.977	0.975	1.008	1.023	－0.049	－0.066	－0.071	0.023	0.065
2009～2010	0.962	0.929	1.012	1.021	1.003	－0.105	－0.203	0.032	0.058	0.008
2010～2011	1.001	0.985	1.024	1.005	0.987	0.002	－0.040	0.064	0.013	－0.035
2011～2012	0.963	0.954	1.004	1.006	0.999	－0.100	－0.124	0.011	0.015	－0.002
2012～2013	0.960	0.950	0.996	1.012	1.003	－0.104	－0.130	－0.011	0.031	0.007
2013～2014	0.910	0.953	0.985	1.009	0.961	－0.224	－0.115	－0.036	0.021	－0.095
2014～2015	0.939	0.938	0.994	1.001	1.006	－0.138	－0.139	－0.013	0.002	0.012
总2000～2015	0.733	0.497	1.432	1.107	0.930	－0.771	－1.925	1.068	0.284	－0.198
"十五"时期	1.121	0.818	1.403	1.015	0.961	0.348	－0.574	0.996	0.042	－0.116
"十一五"时期	0.828	0.761	1.018	1.056	1.012	－0.556	－0.805	0.058	0.159	0.031
"十二五"时期	0.790	0.798	1.002	1.033	0.956	－0.563	－0.547	0.015	0.082	－0.113

注："乘法分解结果"列对应行"总2000～2015""'十五'时期""'十一五'时期""'十二五'时期"分别是各列对应区间连乘的指数；"加法分解结果"列对应的以上四行分别是各列对应区间连加的绝对值变动。

1. 能源强度效应分析

能源强度效应是碳强度波动的第一负向驱动因素（见表4－15），样本期内能源强度指数平均下降了50.3%（源于1－0.497＝0.503），每万元产出碳排放减少1.925吨。在碳强度波动的大多数时期，能源强度对碳强度都产生抑制作用，仅有2001～2002年和2003～2005年的能源强度指数D（EI）＞1。能源强度效应体现了技术进步带来的能源效率上升对碳排放产生有效抑制。2005～2010年，碳强度指数下降23.88%，已完成"十一五"规划中能源强度下降20%的目标。2010～2015年碳强度下降20.16%，也完成了"十二五"规划能源强度下降16%的目标。生产部门能源强度下降能有效地减少碳排放，这是各部门能源利用效率提高带来的，包括研发支出增加所推动的技术进步和工业企业所有制结构变化带来的能源效率提高，王峰等[110]认为非国有企业的快速发展能够带来更高的技术效率和能源利用效率。然而，能源强度不可能无限下降，涂正革[108]指出，与发达国家相比，现阶段中国通过提高技术水平来降低能源强度的低碳发展路径仍有较大的空间和潜力。

表4-15 碳强度变动的因素分类

驱动因素		总生产部门	其中工业部门	其中非工业部门	因素分类
碳强度	总指数 D_{tot}	0.733	0.773	0.948	—
	总变动 ΔCII	-0.771	-0.624	-0.147	
能源强度效应	指数 $D(EI)$	0.497	0.509	0.977	第一负向驱动因素
	变动 $\Delta CII(EI)$	-1.925	-1.860	-0.065	
经济结构效应	指数 $D(YS)$	1.432	1.467	0.976	第一正向驱动因素
	变动 $\Delta CII(YS)$	1.068	1.137	-0.068	
外在能源结构效应	指数 $D(ES)$	1.107	1.093	1.013	第二正向驱动因素
	变动 $\Delta CII(ES)$	0.284	0.246	0.038	
内在能源结构效应	指数 $D(CI)$	0.930	0.947	0.981	第二负向驱动因素
	变动 $\Delta CII(CI)$	-0.198	-0.147	-0.051	

注：本表是2000~2015年的总因素分解，与表4-14中"总2000~2015"对应。

工业部门的能源强度指数下降了49.1%（源于 $1-0.509=0.491$），这与总生产部门的指标很接近，而非工业部门的能源强度指数仅下降了2.3%（源于 $1-0.977=0.023$），由于能源强度下降，工业部门每万元产出的碳排放下降了1.86吨，而非工业部门仅下降了0.065吨。这说明技术进步在工业生产中的应用，有效提高了工业部门的能源效率，这对生产部门总的能源强度下降起到推动作用，而技术进步在非工业部门的应用相对较少。

2. 经济结构效应分析

经济结构效应是碳强度波动的第一正向驱动因素，2000~2015年经济结构指数平均上升了43.2%，使每万元产出增加碳排放1.068吨，这表明经济结构的调整并没有对碳强度下降产生积极作用，由于生产部门中对能源消费需求较大的行业扩张，对碳强度产生显著正向驱动作用。在2000～2015年的大多数年份中，经济结构指数 $D(YS)$ 都大于1，特别是在"十五"时期，经济结构指数上升了40.31%，印证了该时期重工业的扩张，推动每万元产出的碳排放上升，说明经济结构变动是造成该时期碳强度和能源强度上升的主要原因。"十一五"和"十二五"时期，经济结构指数分别上升1.84%和0.24%，指数上升大幅度减小，说明经济结构的低碳化变动对碳强度的下降逐渐产生积极作用。

2000～2015年，工业部门的经济结构变动使碳强度增加了46.74%，每万元工业产出的碳排放上升了1.137吨，而非工业部门的经济结构变动使能源强度下降2.4%（源于1-0.976=0.024）。说明工业部门的经济结构变动对整个生产部门的碳强度变动的影响起到重要作用。

3. 外在能源结构效应分析

外在能源结构效应是碳强度波动的第二正向驱动因素，其指数平均上升10.7%，每万元产出碳排放增加0.284吨。各时期该指数都有不同程度上升，"十五"、"十一五"和"十二五"时期分别上升了1.48%、5.57%和3.33%，说明具有高碳排放系数的能源消费比例有所增加，外在能源结构没有得到优化。煤炭是我国生产部门最主要的能源，但由于煤炭的清洁化利用不足，使其碳排放系数高于其他能源，因此煤炭燃烧是造成中国碳排放较高的主要原因。由于能源结构调整受到资源禀赋的制约，中国以煤炭为主的能源消费结构在短时期内难以改变，因此通过外在能源结构调整降低碳强度的潜力不大。

工业部门和非工业部门的外在能源结构指数分别上升9.3%和1.3%，每万元产出的碳排放分别上涨0.246吨和0.038吨，说明工业部门能源消费结构中的高碳能源的比重增加较多。

4. 内在能源结构效应分析

内在能源结构效应是碳强度波动的第二负向驱动因素，其指数在2000～2015年平均下降7%（源于1-0.93=0.07），每万元产出碳排放减少0.198吨。除了"十一五"时期该指数小幅上升1.19%，"十五"和"十二五"时期的内在能源结构指数分别下降3.9%和4.4%。在生产部门总体中，工业部门的内在能源结构指数下降5.3%（源于1-0.947=0.053），非工业部门的该指数下降 1.9% （源于 1 - 0.981 = 0.019）。

内在能源结构效应对碳强度产生抑制作用，主要是由热力循环利用和清洁电力带来的。以电力生产量的结构变动为例（见表 4 - 16），火电的比例从 2000 年的 82.19% 下降至 2015 年的 73.68%，同期水电的比例由 16.41% 上升至 19.44%，核电的比例也略有上升，风电起步较晚，但其比例从 2010 年的 1.06% 上升到 2015 年的 3.19%，已超过核电的生产量。

表 4 - 16 重点年份电力生产量的结构对比

单位：%

年份	火电	水电	核电	风电	其他电力	合计
2000	82.19	16.41	1.23	—	0.17	100
2005	81.88	15.88	2.12	—	0.11	100
2010	79.20	17.17	1.76	1.06*	0.82	100
2015	73.68	19.44	2.94	3.19	0.75	100

资料来源：由《中国能源统计年鉴 2016》表 5 - 14 数据计算而得。

尽管现阶段内在能源结构效应对碳强度抑制作用力度较小，但若进一步提高能源的循环利用水平，扩大清洁能源的使用范围，提高风电、水电、太阳能发电的比例，有效解决清洁电力的消纳瓶颈，提高现有非化石能源发电设备的利用效率，内在能源强度效应对碳强度的抑制将发挥更大的作用。"十二五"期间，非化石能源占一次能源消费的比重已达到 12%，"十三五"规划提出这一比重上升到 15% 的目标，未来以低碳能源满足新增能源需求的发展路径有很大空间和潜力。

三 居民部门人均碳排放变动分解

（一）居民部门人均碳排放变动的驱动因素分类

居民部门人均碳排放的驱动因素也可分为四类：

第一，生活能源强度效应，即生活能源强度（*EIH*）变动对人均碳排放的影响程度，若该强度指标下降，说明居民能源效率提高，与生产部门中的"能源强度效应"相对应。

第二，人均收入效应，即居民人均收入（AI）变动对人均碳排放的影响程度。若该指标上升，说明随着居民收入增加，会消费更多能源，从而导致碳排放上升。

第三，外在能源结构效应，即能源结构（ES）对人均碳排放变动的影响，与生产部门该指标一致。

第四，内在能源结构效应，即能源碳强度（CI）对人均碳排放的影响，与生产部门该指标一致。

（二）居民部门人均碳排放变动的驱动因素分析

尽管居民部门碳排放只占总碳排放的10%，但由于居民人均收入水平增加，居民的能源消费结构不断发生变化，居民的低碳意识和消费习惯都将影响人均碳排放变动。需要指出的是，农村居民使用柴薪、秸秆等传统生物质能源并未列入官方统计，而柴薪、秸秆燃烧也产生大量碳排放，因此农村居民生活实际产生碳排放会高于本小节计算结果。

由表4-17可以看出，2015年城镇和农村居民人均碳排放分别是2000年的1.803倍和3.55倍，城乡居民人均碳排放分别增加0.348吨和0.541吨，说明农村居民的人均碳排放上涨显著高于城镇居民。其中，"十五"期间人均碳排放增长较快，城镇和农村居民人均碳排放指数分别为1.387和1.63（见表4-18），其余两个时期人均碳排放增加程度逐渐减小。

表4-17　2000～2015年城镇和农村居民人均碳排放变动相关指标

年份	人口（亿人）		人均收入（元/人）		人均碳排放（吨/人）		人均碳排放变动绝对量 ΔCIH		人均碳排放变动相对量 DH_{tot}	
	城镇	农村	城镇	农村	城镇	农村	城镇	农村	城镇	农村
2000	4.591	8.084	6280	2253	0.433	0.212	—	—	—	—
2001	4.806	7.956	6860	2366	0.428	0.224	-0.005	0.012	0.988	1.054
2002	5.021	7.824	7703	2476	0.435	0.239	0.006	0.015	1.015	1.067
2003	5.238	7.685	8472	2622	0.495	0.272	0.060	0.033	1.138	1.140
2004	5.428	7.571	9422	2936	0.539	0.311	0.044	0.039	1.088	1.144
2005	5.621	7.454	10493	3255	0.601	0.346	0.063	0.035	1.116	1.112
2006	5.829	7.316	11760	3587	0.639	0.382	0.038	0.037	1.063	1.106

年份	人口（亿人）		人均收入（元/人）		人均碳排放（吨/人）		人均碳排放变动绝对量 ΔCIH		人均碳排放变动相对量 DH_{tot}	
	城镇	农村	城镇	农村	城镇	农村	城镇	农村	城镇	农村
2007	6.063	7.150	13786	4140	0.668	0.422	0.029	0.039	1.045	1.103
2008	6.240	7.040	15781	4761	0.670	0.440	0.002	0.019	1.003	1.045
2009	6.451	6.894	17175	5153	0.695	0.488	0.026	0.048	1.038	1.109
2010	6.698	6.711	19109	5919	0.688	0.513	-0.007	0.024	0.990	1.050
2011	6.908	6.566	21810	6977	0.723	0.577	0.035	0.065	1.051	1.126
2012	7.118	6.422	24565	7917	0.781	0.630	0.057	0.053	1.079	1.092
2013	7.311	6.296	26955	8896	0.787	0.708	0.006	0.077	1.008	1.122
2014	7.492	6.187	29381	9892	0.752	0.700	-0.035	-0.008	0.956	0.989
2015	7.712	6.035	31790	10772	0.781	0.753	0.029	0.053	1.039	1.076

资料来源：城乡居民人口和人均收入数据均来自《中国统计年鉴》（2001~2016年），人均碳排放与其变动的绝对量、相对量均由本章计算而得。

1. 生活能源强度效应

居民生活能源强度是人均碳排放波动的第一负向驱动因素，2000~2015年城镇和农村居民每万元收入的能源消费下降使人均碳排放分别减少58.9%（源于 1 - 0.411 = 0.589）和32.4%（源于 1 - 0.676 = 0.324），人均分别减少碳排放 0.577 吨和 0.229 吨，说明随着居民收入水平的提高，能源消费占居民收入的比重正在减少。生活能源强度的下降实际反映了居民能源利用效率的提高，城镇居民生活能源强度对人均碳排放抑制作用显著高于农村居民，说明农村居民能源利用效率没有得到显著的改善。这与朱帮助等（2015）[107] 的结论一致。孙作人等（2013）[124] 也认为城镇能源供给和消费模式相对集中、多元和先进，由此产生了规模效益和集约效益，从而提高居民能源利用率，使人均碳排放降低。现阶段农村能源消费由生物质能源向商品能源消费转化，并且商品能源消费迅速增加，但其能源利用效率远落后于城镇，因此农村居民能源利用效率的提升仍有很大的空间。

2. 人均收入效应

居民人均收入提高是人均碳排放波动的第一正向驱动因素，其中，

2000～2015年城镇和农村居民人均碳排放因人均收入提高而分别增加了4.058倍（源于5.058－1）和3.778倍（源于4.778－1）。一般而言，居民能源消费不会随收入的大幅增加而增长，即居民能源收入弹性较低，但收入的提高会带动城乡居民对耐用消费品的需求，增加能源消费，进而促进人均碳排放。因收入上涨，居民生活消费结构也随之变化，居民对耐用消费品的需求会随之提高，从而使能源消费上升。然而城镇居民人均收入效应显著高于农村居民，这是由于城乡居民的人均收入水平差异和购买使用耐用品的消费结构差异造成的。从"十五"、"十一五"和"十二五"时期的变动趋势比较，可发现城乡居民人均碳排放变动的人均收入效应有逐渐增加趋势。

3. 居民外在能源结构效应

外在能源结构效应是人均碳排放波动的第二正向驱动因素，使2000～2015年间城镇和农村人均碳排放分别上升0.7%和29.9%，说明由于城乡居民能源消费的结构变化，特别是城镇和农村居民的用电量增加，以及私人汽车保有量的增长，都会促使人均碳排放上升。其中，农村居民外在能源结构指数显著增加主要是由电力使用的大幅上升引起的。从"能源阶梯"（Energy Ladder）理论的角度分析，农村能源结构演进分为三个阶段：第一阶段，农户主要依赖生物质能源；第二阶段，随着收入水平有所提高，农户转向使用煤和木炭等过渡型能源；第三阶段，随着收入水平的进一步提高，农户更多地使用电力。这一理论印证了现阶段中国农村居民已处于"能源阶梯"的第三阶段。

从"十五"、"十一五"和"十二五"时期的变动趋势比较，城镇居民的外在能源结构效应有下降趋势，而农村居民该指标有上升趋势，这主要是由于城镇居民天然气和热力的不断推广，使得能源结构低碳化趋势比农村居民更显著。

4. 居民内在能源结构效应

由于内在能源结构的优化，分别使城镇和农村居民2000～2015年人均能源消费下降13.9%（源于1－0.861＝0.139）和15.4%（源于1－0.846＝0.154），这是居民人均碳排放下降的第二负向驱动因素。由于居民生活能源消费中，电力占比最高，因此该效应对居民部门生活碳强度的抑制作用比生产部门更显著。随着电力生产中清洁电力比例增加，会促使人均碳排放进一步下降。

表4-18 城镇和农村居民人均碳排放变动因素分类

驱动因素		人均碳排放		生活能源强度效应		人均收入效应		外在能源结构效应		内在能源结构效应	
	时期	DH tot		DH（EI）		DH（AI）		DH（ES）		DH（CI）	
		城镇	农村	城镇	农村	城镇	农村	城镇	农村	城镇	农村
乘法分解结果	总2000~2015年	1.803	3.550	0.411	0.676	5.058	4.778	1.007	1.299	0.861	0.846
	"十五"期间	1.387	1.630	0.830	1.118	1.670	1.444	1.037	1.076	0.965	0.938
	"十一五"期间	1.145	1.483	0.681	0.746	1.821	1.818	0.987	1.140	0.935	0.959
	"十二五"期间	1.135	1.468	0.728	0.811	1.663	1.820	0.983	1.059	0.954	0.940
	区间	ΔCIH		ΔCIH（EI）		ΔCIH（AI）		ΔCIH（ES）		ΔCIH（CI）	
		城镇	农村	城镇	农村	城镇	农村	城镇	农村	城镇	农村
加法分解结果	总2000~2015年	0.348	0.541	-0.577	-0.229	1.027	0.742	-0.002	0.108	-0.101	-0.080
	"十五"期间	0.168	0.134	-0.082	0.028	0.248	0.102	0.020	0.019	-0.018	-0.017
	"十一五"期间	0.087	0.167	-0.255	-0.121	0.396	0.259	-0.009	0.051	-0.045	-0.022
	"十二五"期间	0.093	0.240	-0.239	-0.136	0.382	0.380	-0.012	0.037	-0.038	-0.041
因素分类				第一负向驱动因素		第一正向驱动因素		第二正向驱动因素		第二负向驱动因素	

第四节 本章小结

本章对中国2000~2015年碳排放量进行估算，并按33个部门、10种能源进行基于对数平均迪氏指数（LMDI）的乘法和加法因素分解，分时段考察四种驱动因素对生产部门碳强度波动的影响，以及对居民部门人均碳排放波动的影响。

实现 2030 年碳减排目标需要能源强度大幅下降作为重要支撑，同时需要内生能源结构优化和经济结构优化共同辅助。

能源强度效应是生产部门碳强度下降的主要驱动因素，现阶段通过工业部门提高技术水平降低能源强度的低碳发展路径仍有较大空间，其中，水泥、钢铁、有色、化工、电力和煤炭部门的能源效率提高对生产部门碳强度下降起到主要推动作用。

经济结构效应是生产部门碳强度上升的主要驱动因素，特别是"十五"期间高排放行业的产出扩张，是推动该时期碳强度上升的主要动力。未来应继续推动产业结构优化升级，促进生产要素由高能耗高排放的资源密集型产业向深加工的技术密集型产业流动，降低高排放行业在经济中的比重，特别是化解钢铁、煤炭、化工和有色金属行业过剩产能，有效推进供给侧结构性改革，促进战略新兴产业和服务业在国民经济中的比重，适度控制工业增长速度，从而减少经济对能源的依赖性，在稳增长和去产能的过程中有效降低碳强度。

外在能源结构调整也是影响碳强度的因素之一，但受资源禀赋限制，短期内通过能源结构调整抑制碳强度的空间不足。但内在能源结构优化对生产部门碳强度下降有巨大潜力。电能占终端能源消费比重的增加趋势明显，同时，非化石能源的发电装机比例也在增加，截至 2015 年底，全国发电装机容量 15.3 亿千瓦，化石能源装机占 65%，非化石能源装机占 35%，其中，水电、风电、太阳能发电装机分别占 20.91%、8.59% 和 2.75%，核电和生物质发电装机分别占 1.77% 和 0.85%。但 2015 年实际电力生产中，火电超过 75%，而非化石能源发电不到 25%，若按装机容量合理分配电力生产，有 10% 的电力生产可由火电转向清洁电力，将可能大幅降低碳强度。然而电力装机与电力生产的不平衡是由于现阶段中国电力供应相对宽松，局部过剩，电力设备利用效率不高导致的，特别是"三北"地区风电消纳困难，西南地区水电消纳困难，致使部分地区弃风、弃光、弃水现象突出。若能进一步合理布局电力富集地区的电力外送，弃风、弃光、弃水将有效缓解。能源消费的中长期发展规划对非化石能源消费比重提升设定了明确目标，可促使内在能源结构效应对碳强度的抑制作用有更大提升，长远来看，加快清洁能源开发利用和化石能源的清洁化利用成为低碳发展的必然趋势。

生活能源强度效应是人均碳排放波动的第一负向驱动因素，城镇居民的该效应显著高于农村居民，农村居民能源利用效率仍有很大提升潜力；内在能源结构效应是第二负向驱动因素，由于居民部门的电力消费比例较高，内在能源结构效应对人均碳排放的抑制作用更加显著；人均收入提高是人均碳排放变动的第一正向驱动因素，因城乡居民人均收入差异和消费结构差异，使收入对城镇居民碳排放的影响显著高于农村居民；外在能源结构效应是居民部门人均碳排放的第二正向驱动因素，农村居民能源供给缺乏多元性和高效性，使其能源选择很有限，农村居民电力消费大幅增加是推动其人均碳排放上升的主要原因。由于城镇居民能源利用效率高于农村居民，在中国城镇化进程中，城镇居民比例增加对人均碳排放的降低有积极作用。同时应不断加强城乡居民低碳意识的宣传，树立绿色低碳的价值观和消费观，引导和培养居民低碳消费模式和生活方式，建立低碳社会。

第五章

碳减排目标实现的评价模型：
经济–能源–碳排放动态CGE模型

第一节　编制经济－能源－碳排放
社会核算矩阵（SAM 表）

一　社会核算矩阵（SAM 表）

社会核算矩阵（Social Accounting Matrix，简称 SAM 表）是以矩阵形式描述经济系统运行的核算表，反映了特定时期国民经济核算各账户间的交易关系，能够链接经济系统内各部门间所有的经济交易过程。SAM 表包括生产、收入分配、商品的流通和消费、储蓄以及投资等内容，对生产活动、生产要素、国内经济主体部门、国外部门等各类经济主体进行分解，并定量描述所有经济主体之间的要素流动关系。简而言之，SAM 表是将整个国民经济体系通过矩阵形式表现出来。

SAM 表是 CGE 模型的数据基础。一张科学而完备的 SAM 表，能够为 CGE 模型提供逻辑清晰、结构完整、数据平衡的分析框架和数据支持。

二　编制、平衡基期宏观 SAM 表

编制 SAM 表的主要数据来源于《中国投入产出表》。我国自 1987 年起，每 5 年进行一次全国投入产出表的调查和编制工作。本章将 2012 年定为基期，以 2012 年《中国投入产出表》中的 "42 部门投入产出表基本流量表"为主，结合 2013 年的《中国统计年鉴》《中国财政年鉴》《中国税务年鉴》等数据资料，编制 2012 年 SAM 表。

根据数据的可得性，本章编制的 SAM 表结构如图 5－1 所示，包含了活动、商品、劳动力、资本、农村居民、城镇居民、企业、非税部门、政府、国外部门、储蓄和投资共 12 个账户。其中，活动和商品账户细分为 31 个部门，这与第四章中图 4－4 所列的生产部门一一对应。为了在 CGE

模型构建中将经济系统与能源－碳排放进行链接，SAM 表将 31 个生产部门中的 5 个能源部门单独列出，分别与 5 种能源（煤炭、原油、成品油、天然气和电力）对应，与其余 26 个非能源部门划分开来。SAM 表的每一行表示对应账户的收入，每一列表示对应账户的支出，矩阵的各行合计与各列合计是相等的，即总收入等于总支出。

图 5－1 中 SAM 表的阴影部分表示数值为 0，即对应行和列部门没有价值量往来关系。其余标注数字的单元对应数据来源及简要计算说明如表 5－1 和表 5－2 所示。

类别		a		c		LAB	CAP	HR	HU	ENT	NTAX	GOV	ROW	SAV	INV	TOT
		ao	ae	co	ce											
a 活动	ao（非能源26部门）			1-1									1-2			1-T
	ae（能源5部门）															
c 商品	co（非能源26部门）	2-1a					2-2a				2-3a			2-4a	2-5a	2-T
	ce（能源5部门）	2-1b					2-2b				2-3b			2-4b	2-5b	
LAB（劳动力）		3-1														3-T
CAP（资本）		4-1														4-T
HR（农村居民）						5-1	5-2			5-3		5-4	5-5			5-T
HU（城镇居民）																
ENT（企业）							6-1									6-T
NTAX（非税部门）		7-1														7-T
GOV（政府）		8-1		8-2				8-3	8-4				8-5			8-T
ROW（国外）		9-1					9-2					9-3		9-4		9-T
SAV（储蓄）								10-1	10-2	10-3	10-4	10-5				10-T
INV（投资）														11-1		11-T
TOT（合计）		T-1		T-2		T-3	T-4	T-5	T-6	T-7	T-8	T-9	T-10	T-11		

图 5－1　SAM 表的基本结构

表 5－1　SAM 表单元格含义对照及数据来源说明

序号	单元格含义	数据来源	指标简要说明
1－1	内产内销商品	投入产出表[①]	总产出
1－2	出口额	收支平衡表[②]	货物和服务贷方，转换为人民币
2－1b	非能源/能源中间投入	投入产出表	中间投入
2－2b	居民非能源/能源消费	投入产出表	居民消费支出
2－3b	政府非能源/能源消费	投入产出表	政府消费支出
2－4b	非能源/能源资本形成	投入产出表	固定资本形成总额
2－5b	非能源/能源存货增加	投入产出表	暂时填入存货增加，在 SAM 平衡时，该项为平衡项

续表

序号	单元格含义	数据来源	指标简要说明
3－1	劳动者报酬	投入产出表	劳动者报酬
4－1	资本收益	投入产出表	固定资产折旧与营业盈余合计
5－1	居民劳动收入	投入产出表	劳动者报酬
5－2	居民资本收入	资金流量表③	住户部门财产收入来源项
5－3	企业对居民支付	—	平衡项
5－4	政府对居民支付	财政年鉴④	社会保障和就业决算数扣除人社管理事务和民政管理事务，再加国内债务利息
5－5	居民国外收益	收支平衡表	经常项目项下经常转移的其他部门贷方减借方，转换为人民币
6－1	企业资本收益	—	平衡项
7－1	政府非税收入	财政年鉴	非税收入决算数
8－1	生产型增值税	财政年鉴	税收收入决算扣除个人所得税、企业所得税、进口税
8－2	进口税	统计年鉴⑤	国家财政收入中进口货物增值税、消费税和关税合计
8－3	个人所得税	财政年鉴	个人所得税
8－4	企业所得税	财政年鉴	企业所得税
8－5	政府的国外收入	收支平衡表	经常项目项下经常转移中各级政府的贷方，转换为人民币
9－1	进口额	收支平衡表	货物和服务借方，转换为人民币
9－2	国外资本收益	收支平衡表	投资收益项下贷方与借方差值，转换为人民币
9－3	政府对国外支付	收支平衡表	经常项目项下经常转移中各级政府的借方，转换为人民币
9－4	国外净投资	—	当其转置"国外净储蓄"为负时，将其绝对值记入此单元
10－1	居民储蓄	资金流量表	住户部门总储蓄来源项
10－2	企业储蓄	—	平衡项
10－3	非税结余	—	同7－1"政府非税收入"
10－4	政府储蓄	—	平衡项

续表

序号	单元格含义	数据来源	指标简要说明
10－5	国外净储蓄	—	平衡项，若此项为负值，将其正值记入"国外净投资"
11－1	存货变动	—	平衡项，同2－5a，2－5b列合计

注：①为了简化表格内信息，将"2012年《中国投入产出表》"简称为"投入产出表"。

②将2013年《中国统计年鉴》中的"国际收支平衡表（2012年）"简称为"收支平衡表"。

③将2014年《中国统计年鉴》中的"资金流量表（实物交易），2012年"简称为"资金流量表"。

④将2013年《中国财政年鉴》简称为"财政年鉴"。

⑤将2013年《中国统计年鉴》简称为"统计年鉴"。

表 5－2　SAM 表单元格含义对照（汇总部分）

序号	单元格含义	序号	单元格含义	序号	单元格含义
1－T	总产出	9－T	外汇支出	T－6	企业总支出
2－T	总需求	10－T	总储蓄	T－7	非税部门结余
3－T	劳动要素收入	11－T	存货变动	T－8	政府总支出
4－T	资本要素收入	T－1	总投入	T－9	外汇收入
5－T	居民总收入	T－2	总供给	T－10	总投资
6－T	企业总收入	T－3	劳动要素支出	T－11	存货变动
7－T	政府非税总收入	T－4	资本要素支出		
8－T	政府总税收	T－5	居民总支出		

若将 SAM 表中的"活动"和"商品"不做部门细分，仅将其分别看作一个账户，则可得到宏观 SAM 表。在 SAM 表编制过程中，由于数据来源不同，数据统计口径不一致，使所编制的 SAM 表行列加总不相等，本章采取交叉熵法（CE 法），借助 GAMS 23.8.2 软件对 SAM 表进行平衡处理，将平衡后的 SAM 作为 CGE 模型建立的基础。表 5－3 即为 2012 年宏观 SAM 表，该表为 13×13 的矩阵（包括合计）。

表 5－3　2012 年宏观 SAM 平衡表

单位：万亿元

类别	活动	商品	劳动力	资本	农村居民	城镇居民	企业	非税部门	政府	国外	投资储蓄	存货变动	合计
活动		157.39								13.91			171.31
商品	115.14				4.68	15.93		7.58			24.98	3.24	171.54

续表

类别	活动	商品	劳动力	资本	农村居民	城镇居民	企业	非税部门	政府	国外	投资储蓄	存货变动	合计
劳动力	27.52												27.52
资本	20.81												20.81
农村居民			6.37	0.59			0.09		0.12				7.17
城镇居民			21.15	1.96			3.26		1.31	0.04			27.73
企业				17.88									17.88
非税部门	1.75												1.75
政府	6.09	1.72				0.60	2.03			0.01			10.45
国外		12.43		0.38					0.03		1.13		13.97
投资储蓄					2.50	11.20	12.50	1.75	1.40				29.36
存货变动											3.24		3.24
合计	171.31	171.54	27.52	20.81	7.17	27.73	17.88	1.75	10.44	13.96	29.36	3.24	

注："政府"与"国外"的行合计与列合计有少量差异，是由SAM平衡时数值的进位造成的。

三 编制、平衡基期微观 SAM 表

编制微观 SAM 表的重点是"活动"和"商品"账户的部门细分。细分部门数据来源主要是 2012 年《中国投入产出表》中的"42 部门投入产出表基本流量表"，而第四章核算各部门碳排放的数据来源是各年的《中国能源统计年鉴》，这两种统计资料中有关生产部门的划分存在差异。本书在微观 SAM 表"活动"和"商品"账户对部门细分时，与第四章碳排放核算的部门一一对应，最终形成的 31 个部门见表 5 - 4。需要说明的是：第一，5 种能源（部门序号第 27 ~ 31 部门）括号中的名称与《中国投入产出表》中部门相对应，"石油和天然气开采产品"部门开采的天然气仅为初级产品，不用于终端消费，因此将该部门对应"原油"；"电力、热力的

生产和供应"部门的热力多为热电联产，因此该部门对应"电力"。第二，
表 5 - 4 中"其他行业"是将《中国投入产出表》"42 部门投入产出表基
本流量表"中的 11 个子部门（包括：①信息传输、软件和信息技术服务，
②金融，③房地产，④租赁和商务服务，⑤科学研究和技术服务，⑥水
利、环境和公共设施管理，⑦居民服务、修理和其他服务，⑧教育，⑨卫
生和社会工作，⑩文化、体育和娱乐，⑪公共管理、社会保障和社会组
织）合并得到的。

表 5 - 4　微观 SAM 表中的部门分类

序号	部门名称	序号	部门名称
1	农林牧渔产品和服务	17	通信设备、计算机和其他电子设备
2	金属矿采选产品	18	仪器仪表
3	非金属矿和其他矿采选产品	19	其他制造产品
4	食品和烟草	20	废品废料
5	纺织品	21	金属制品、机械和设备修理服务
6	纺织服装鞋帽皮革羽绒及其制品	22	水的生产和供应
7	木材加工品和家具	23	建筑业
8	造纸印刷和文教体育用品	24	交通运输、仓储和邮政业
9	化学产品	25	批发、零售业和住宿、餐饮业
10	非金属矿物制品	26	其他行业
11	金属冶炼和压延加工品	27	煤炭（煤炭采选产品）
12	金属制品	28	原油（石油和天然气开采产品）
13	通用设备	29	成品油（石油、炼焦产品和核燃料加工品）
14	专用设备	30	天然气（燃气生产和供应）
15	交通运输设备	31	电力（电力、热力的生产和供应）
16	电气机械和器材		

注：序号 1~26 为非能源部门，与图 5 - 1"活动"中的 ao，以及"商品"中的 co 对应；序
号 27~31 为能源部门，与图 5 - 1 中"活动"中的 ae，以及"商品"中的 ce 对应。

通过将宏观 SAM 表中"活动"和"商品"中对部门细分，最终形成
74 × 74 矩阵的微观 SAM 表［见附录 1　中国 2012 年微观 SAM 平衡表（细
分 31 部门）］，该表是 CGE 模型构建的数据基础。

第二节 构建动态 CGE 模型及选取参数

一 构建模型

本章以张欣的 CGE 经济模型为基础[131]，构建包含生产模块、贸易模块、国内经济主体模块、能源与碳排放模块、居民福利模块、动态机制模块和宏观闭合模块在内的七大模块。模型中使用的各种替代弹性系数，是通过参考国内外同类文献并做适当调整后得到的。

（一）生产模块

在 CGE 模型构建中，将煤炭、原油、成品油和天然气作为化石能源部门，并与电力部门构成 5 种能源投入，再连同 26 个非能源部门，采用列昂剔夫（Leontief）函数形成中间投入。这种中间投入函数设定认为各部门间的投入产出关系（即投入产出系数）是固定的。而能源作为生产中的投入要素之一，各类能源之间存在一定的替代性，碳排放和能源存量的约束，以及技术的进步，非化石能源消费比重不断增加，导致电力生产中清洁电力的比重不断扩张，电力对化石能源的替代程度越来越高，各类能源之间的替代关系可以通过控制设定五类能源的投入产出系数来实现。资本和劳动力通过不变替代弹性（Constant Elasticity of Substitution，CES）函数形成资本－劳动力合成束，即增加值层。中间投入和资本－劳动力合成束再通过 CES 生产函数形成总产出。生产模块的方程和指标说明如下（见表 5－5）。

1. 顶层总产出

顶层生产函数中总产出的数量：

$$QA_a = \alpha_a^q \left[\delta_a^q QVA_a^{\rho_a^q} + (1 - \delta_a^q) QINTA_a^{\rho_a^q} \right]^{\frac{1}{\rho_a^q}} a \in A \qquad (5.1)$$

总产出的最优要素投入：

$$\frac{PVA_a}{PINTA_a} = \frac{\delta_a^q}{1 - \delta_a^q} \left(\frac{QINTA_a}{QVA_a} \right)^{1 - \rho_a^q} \tag{5.2}$$

总产出的价格关系：

$$PA_a \cdot QA_a = PVA_a \cdot QVA_a + PINTA_a \cdot QINTA_a \tag{5.3}$$

以上方程中，$a = 1,2,\cdots,31$，表示生产集 A 的 31 个部门，$\rho_a^q = \frac{\sigma_a^q - 1}{\sigma_a^q}$，

σ_a^q 为 QVA_a 与 $QINTA_a$ 之间的替代弹性系数，参数 δ_a^q 和 α_a^q 计算如下：

$$\delta_a^q = \frac{PVA_a \cdot QVA_a^{1-\rho_a}}{PVA_a \cdot QVA_a^{1-\rho_a} + PINTA_a \cdot QINTA_a^{1-\rho_a}} \tag{5.4}$$

$$\alpha_a^q = \frac{QA_a}{\left[\delta_a^q QVA_a^{\rho_a^q} + (1 - \delta_a^q) QINTA_a^{\rho_a^q} \right]^{\frac{1}{\rho_a^q}}} \tag{5.5}$$

2. 中间投入层

中间投入的数量为：

$$QINT_{c,a} = ica_{c,a} \cdot QINTA_a, \quad a \in A, \quad c \in C \tag{5.6}$$

中间投入价格：

$$PINTA_a = \sum_c ica_{c,a} \cdot PQ_c \tag{5.7}$$

以上方程中，$c = 1,2,\cdots,31$，表示生产集 C 的 31 个部门。

3. 资本 – 劳动力增加值层

资本 – 劳动力合成束的投入数量：

$$QVA_a = \alpha_a^v \left[\delta_a^v QLD_a^{\rho_a^v} + (1 - \delta_a^v) QKD_a^{\rho_a^v} \right]^{\frac{1}{\rho_a^v}} \tag{5.8}$$

资本 – 劳动力合成束的最优要素投入：

$$\frac{WL}{WK} = \frac{\delta_a^v}{1 - \delta_a^v} \left(\frac{QKD_a}{QLD_a} \right)^{1 - \rho_a^v} \tag{5.9}$$

资本 – 劳动力合成束的价格关系：

$$PVA_a \cdot QVA_a = (1 + tvat_a)(WL \cdot QLD_a + WK \cdot QKD_a), \quad a \in A \tag{5.10}$$

以上方程中，$\rho_a^v = \frac{\sigma_a^v - 1}{\sigma_a^v}$，$\sigma_a^v$ 为 QLD_a 与 QKD_a 之间的替代弹性系数，

参数 δ_a^v 与 α_a^v 的计算如下：

$$\delta_a^v = \frac{WL \cdot QLD_a^{1-\rho_a^v}}{WL \cdot QLD_a^{1-\rho_a^v} + WK \cdot QKD_a^{1-\rho_a^v}} \tag{5.11}$$

$$\alpha_a^v = \frac{QVA_a}{\left[\delta_a^v QLD_a^{\rho_a^v} + (1-\delta_a^v) QKD_a^{\rho_a^v}\right]^{\frac{1}{\rho_a^v}}} \tag{5.12}$$

表5-5　生产模块变量及参数说明对照表

参变量	说明	参变量	说明
QA_a	生产活动 a 的产量	PA_a	生产活动 a 的价格
QVA_a	资本-劳动力中活动 a 的投入数量	PVA_a	资本-劳动力中活动 a 的价格
$QINTA_a$	中间投入中活动 a 的总数量	$PINTA_a$	中间投入中活动 a 的总价格
α_a^q	顶层生产函数技术参数	δ_a^q	顶层生产函数份额参数
ρ_a^q	顶层生产函数指数参数	$QINT_{c.a}$	商品 c 对活动 a 的中间投入数量
$ica_{c.a}$	投入产出系数	QLD_a	活动 a 的劳动需求
QKD_a	活动 a 的资本需求	WL	劳动价格
WK	资本价格	$tvat_a$	活动 a 的生产型增值税率
α_a^v	增加值层生产函数的技术参数	δ_a^v	增加值层生产函数的份额参数
ρ_a^v	增加值层生产函数的指数参数		

（二）贸易模块

贸易模块体现国内总产出与国外部门在商品贸易过程中的替代关系。其中，国内总产出以 CET（Constant Elasticity of Transformation）转换函数形式分配为内产内销商品和出口商品，而内产内销商品和进口商品在阿明顿（Armington）假设基础上形成了国内销售商品。贸易模块的方程和指标说明如下（见表5-6）。

1. 国内总产出 CET 函数分配

国内总产出在内产内销和出口之间的 CET 函数分配为：

$$QA_a = \alpha_a^t \left[\delta_a^t QDA_a^{\rho_a^t} + (1-\delta_a^t) QE_a^{\rho_a^t}\right]^{\frac{1}{\rho_a^t}}, \rho_a^t > 1, a \in A \tag{5.13}$$

内产内销商品与出口之间的最优分配关系：

$$\frac{PDA_a}{PE_a} = \frac{\delta_a^t}{1-\delta_a^t}\left(\frac{QE_a}{QDA_a}\right)^{1-\rho_a^t}, a \in A \tag{5.14}$$

国内总产出的价格方程：

$$PA_a \cdot QA_a = PDA_a \cdot QDA_a + PE_a \cdot QE_a, \ a \in A \qquad (5.15)$$

出口商品的价格关系：

$$PE_a = pwe_a \cdot EXR, \ a \in A \qquad (5.16)$$

以上方程中，$\rho_a^t = \dfrac{\sigma_a^t + 1}{\sigma_a^t}$，$\sigma_a^t$ 为 QDA_a 与 QE_a 之间的替代弹性系数，参

数 δ_a^t 和 α_a^t 的计算为：

$$\delta_a^t = \frac{PDA_a \cdot QDA_a^{1-\rho_a^t}}{PDA_a \cdot QDA_a^{1-\rho_a^t} + PE_a \cdot QE_a^{1-\rho_a^t}} \qquad (5.17)$$

$$\alpha_a^t = \frac{QA_a}{\left[\delta_a^t QDA_a^{\rho_a^t} + (1 - \delta_a^t) QE_a^{\rho_a^t}\right]^{\frac{1}{\rho_a^t}}} \qquad (5.18)$$

2. 阿明顿假设下的国内销售商品来源

国内销售商品来源的 CES 函数形式：

$$QQ_c = \alpha_c^q \left[\delta_c^q QDC_c^{\rho_c^q} + (1 - \delta_c^q) QM_c^{\rho_c^q}\right]^{\frac{1}{\rho_c^q}}, \ c \in C \qquad (5.19)$$

内产内销商品与进口之间的最优价格关系：

$$\frac{PDC_c}{PM_c} = \frac{\delta_c^q}{1 - \delta_c^q} \left(\frac{QM_c}{QDC_c}\right)^{1-\rho_c^q}, \ c \in C \qquad (5.20)$$

国内销售商品的价格关系：

$$PQ_c \cdot QQ_c = PDC_c \cdot QDC_c + PM_c \cdot QM_c, \ c \in C \qquad (5.21)$$

进口商品的价格方程：

$$PM_c = pwm_c(1 + tm_c) \cdot EXR, \ c \in C \qquad (5.22)$$

以上方程中，$\rho_c^q = \dfrac{\sigma_c^q - 1}{\sigma_c^q}$，$\sigma_c^q$ 为 QDC_c 与 QM_c 之间的替代弹性系数，参

数 δ_c^q 和 α_c^q 的计算为：

$$\delta_c^q = \frac{PDC_c \cdot QDC_c^{1-\rho_c^q}}{PDC_c \cdot QDC_c^{1-\rho_c^q} + PM_c \cdot QM_c^{1-\rho_c^q}} \qquad (5.23)$$

$$\alpha_c^q = \frac{QQ_c}{\left[\delta_c^q QDC_c^{\rho_c^q} + (1 - \delta_c^q) QM_c^{\rho_c^q}\right]^{\frac{1}{\rho_c^q}}} \tag{5.24}$$

内产内销商品的活动和商品之间的数量转换：

$$QDC_c = \sum_a IDENT_{ac} \cdot QDA_a , \ a \in A, c \in C \tag{5.25}$$

内产内销商品的活动和商品之间的价格转换：

$$PDC_c = \sum_a IDENT_{ac} \cdot PDA_a , \ a \in A, c \in C \tag{5.26}$$

表 5-6　贸易模块变量及参数说明对照表

参变量	说明	参变量	说明
QDA_a	内产内销商品 a 的数量	PDA_a	内产内销商品 a 的价格
QE_a	活动 a 的出口数量	PE_a	活动 a 的出口价格
pwe_a	活动 a 的国际价格	EXR	汇率
α_a^t	CET 函数的技术参数	δ_a^t	CET 函数的份额参数
ρ_a^t	CET 函数的指数参数	PQ_c	国内销售商品 c 的价格
QQ_c	国内销售商品 c 的数量	QDC_c	内产内销商品 c 的数量
PDC_c	内产内销商品 c 的价格	QM_c	进口商品 c 的数量
PM_c	进口商品 c 的价格	pwm_c	进口商品 c 的国际价格
tm_c	进口税率	α_c^q	国内销售商品的技术参数
δ_c^q	国内销售商品的份额参数	ρ_c^q	国内销售商品的指数参数
$IDENT_{ac}$	内产内销商品转换单位矩阵		

（三）国内经济主体模块

国内经济主体主要包括居民、企业和政府，其中居民分为农村居民和城镇居民。各经济主体都具有收入、支出、储蓄和转移支付的行为，且税收也在该模块中体现。该模块假定：①居民的效用函数为柯布－道格拉斯函数形式；②政府收入由非税收入、税收和国外对政府的转移支付共同构成；③投资总额和政府支出由外生给定。国内经济主体模块的方程和指标说明如下（见表 5-7）。

1. 居民部门

居民的收入方程为：

$$YH_h = WL \cdot shif_{h-l} \cdot QLS_{tot} + WK \cdot shif_{h-k} \cdot QKS_{tot} +$$
$$transf_{h-ent} + transf_{h-gov} + transf_{h-row} , h \in H \qquad (5.27)$$

居民对商品 c 的消费方程:

$$PQ_c \cdot QH_{ch} = shrh_{ch} \cdot mpc_h \cdot (1 - ti_h) \cdot YH_h , h \in H, c \in C \qquad (5.28)$$

居民的总消费方程为:

$$CH_h = \sum_c PQ_c \cdot QH_{ch} , h \in H, c \in C \qquad (5.29)$$

以上方程中, $h = HR, HU$, 分别表示农村居民和城镇居民。

2. 企业部门

企业的收入方程为:

$$YENT = WK \cdot shif_{ent-k} \cdot QKS_{tot} \qquad (5.30)$$

企业的储蓄方程为:

$$ENTSAV = (1 - ti_{ent}) YENT - \sum_h transf_{h-ent} \qquad (5.31)$$

企业的实物投资方程为:

$$EINV = \sum_c PQ_c \cdot \overline{QINV_c} \qquad (5.32)$$

3. 政府部门

政府的收入(含非税部门收入)方程为:

$$YG = \sum_a [YNTAX_a + tvat_a \cdot (WL \cdot QLD_a + WK \cdot QKD_a)] +$$
$$\sum_c tm_c \cdot pwm_c \cdot QM_c \cdot EXR + \sum_h ti_h \cdot YH_h +$$
$$ti_{ent} \cdot YENT + transf_{gov-row} \cdot EXR \qquad (5.33)$$

政府总支出方程为:

$$EG = \sum_c PQ_c \cdot \overline{QG_c} + \sum_h transf_{h-gov} + transf_{row-gov} \qquad (5.34)$$

政府储蓄方程为:

$$GSAV = YG - EG \qquad (5.35)$$

表 5 - 7　国内经济主体模块变量及参数说明对照表

参变量	说明	参变量	说明
YH_h	居民 h 群体的收入	QLS_{tot}	居民劳动量总供应
QH_{ch}	居民 h 群体对商品 c 的需求	QKS_{tot}	居民资本量总供应
$transf_{h-ent}$	企业对居民 h 群体的转移	$transf_{h-gov}$	政府对居民 h 群体的转移
$transf_{h-row}$	国外对居民 h 群体的转移	$shif_{h-l}$	居民 h 群体所占劳动力份额
$shif_{h-k}$	居民 h 群体所得资本收入份额	$shrh_{ch}$	居民 h 群体消费商品 c 的份额
mpc_h	居民 h 群体的边际消费倾向	ti_h	居民 h 群体的个人所得税税率
CH_h	居民 h 群体的总消费	$YENT$	企业总收入
$ENTSAV$	企业储蓄	$shif_{ent-k}$	资本收入分配给企业的份额
$EINV$	投资总额	ti_{ent}	企业所得税
YG	政府总收入	$QINV_c$	对商品 c 的投资需求
$YNTAX_a$	政府对 a 部门的非税收入	QG_c	政府对商品 c 的需求数量
$transf_{row-gov}$	政府对国外的支付	$transf_{gov-row}$	国外对政府的转移支付
$GSAV$	政府储蓄	EG	政府总支出

（四）居民福利模块

居民福利模块能够测算低碳政策实施对居民效用的影响。假设居民效用函数为柯布-道格拉斯形式，以此来计算政策实施前后的等价性变化和补偿性变化。居民福利模块的方程和指标说明如下（见表 5 - 8）。

政策实施前，居民群体 h 的效用函数为：

$$UH_h^b = \prod_c (QH_{ch}^b)^{shrh_{ch}} \tag{5.36}$$

政策实施后，居民群体 h 的效用函数为：

$$UH_h^s = \prod_c (QH_{ch}^s)^{shrh_{ch}} \tag{5.37}$$

居民 h 群体对商品 c 消费份额的约束条件为：

$$\sum_c shrh_{ch} = 1 \tag{5.38}$$

政策实施后，居民 h 群体福利变动的等价性变化量 EV_h 的表达式为：

$$EV_h = e(PQ_c^b, UH_h^s) - e(PQ_c^b, UH_h^b) = (UH_h^s - UH_h^b) \cdot \prod_c \left(\frac{PQ_c^b}{shrh_{ch}}\right)^{shrh_{ch}} \tag{5.39}$$

政策实施后，居民 h 群体福利变动的补偿性变化量 CV_h 的表达式为：

$$CV_h = e(PQ_c^s, UH_h^s) - e(PQ_c^s, UH_h^b) = (UH_h^s - UH_h^b) \cdot \prod_c \left(\frac{PQ_c^s}{shrh_{ch}}\right)^{shrh_{ch}} \quad (5.40)$$

表 5 - 8   居民福利模块变量及参数说明对照表

参变量	说明	参变量	说明
UH_h^b	政策实施前居民 h 的效用	QH_{ch}^b	政策实施前居民 h 对商品 c 的消费量
UH_h^s	政策实施后居民 h 的效用	QH_{ch}^s	政策实施后居民 h 对商品 c 的消费量
PQ_c^b	政策实施前商品 c 的价格	PQ_c^s	政策实施后商品 c 的价格
CV_h	居民 h 的福利补偿性变化量	EV_h	居民 h 的福利等价性变化

（五）宏观闭合模块

本章采用新古典主义闭合，假设资本和劳动力的要素供给等于要素禀赋，并假定固定汇率。宏观闭合模块的方程和指标说明如下（见表 5 - 9）。

国内商品市场出清：

$$QQ_c = \sum_a QINT_{c.a} + \sum_h QH_{ch} + \overline{QG_c} + \overline{QINV_c}, \ a \in A, c \in C \quad (5.41)$$

要素市场出清：

$$\sum_a QLD_a = QLS_{tot} \quad (5.42)$$

$$\sum_a QKD_a = QKS_{tot} \quad (5.43)$$

国际收支平衡（原 SAM 表国外净储蓄为负值，因此将其绝对值调整至转置位置的国外净投资，并将 $FSAV$ 放在等号左侧）：

$$\sum_c pwm_c \cdot QM_c + shif_{row-k} \cdot WK \cdot QKS_{tot} + transf_{row-gov} + FSAV =$$

$$\sum_a pwe_a \cdot QE_a + \sum_h transf_{h-row} + transf_{gov-row} \quad (5.44)$$

$$EXR = \overline{EXR} \quad (5.45)$$

投资与储蓄平衡（因个别商品的存货列数值为负，因此将其绝对值调整到存货行的转置位置）：

$$EINV + FSAV \cdot EXR = \sum_h (1 - mpc_h) \cdot (1 - ti_h) \cdot YH_h +$$

$$ENTSAV + GSAV + VBIS \qquad (5.46)$$

新古典主义闭合：

$$QLS_{tot} = \overline{QLS_{tot}} \qquad (5.47)$$

$$QKS_{tot} = \overline{QKS_{tot}} \qquad (5.48)$$

名义 GDP 方程：

$$GDP = \sum_c \left(\sum_h QH_{ch} + \overline{QG_c} + \overline{QINV_c} \right) + \sum_a QE_a - \sum_c QM_c \qquad (5.49)$$

实际 GDP 方程：

$$PGDP \cdot GDP = \sum_c PQ_c \cdot \left(\sum_h QH_{ch} + \overline{QG_c} + \overline{QINV_c} \right) + \sum_a PE_a \cdot QE_a -$$

$$\left[\sum_c (PM_c \cdot QM_c - tm_c \cdot pwm_c \cdot QM_c \cdot EXR) \right] \qquad (5.50)$$

表 5－9　宏观闭合模块变量及参数说明对照表

参变量	说明	参变量	说明
$shif_{row-k}$	国外的资本投资收益	$FSAV$	国外净投资
$VBIS$	检查储蓄投资的虚变量	GDP	实际国内生产总值
$PGDP$	国内生产总值价格指数		

（六）能源与碳排放模块

将能源与碳排放模块加入 CGE 模型，并与经济系统进行关联，这是本章研究的重点。依据李艳梅[90]对居民能源和碳排放划分，本章的居民碳排放仅限于直接能源消费部分，即居民用于炊事、取暖、电器及私家车等活动而直接消费能源商品并引起的碳排放。能源与碳排放模块的方程和指标说明如下（见表 5－10）。

$$EE_{manu} = \sum_{ce} \sum_a QINT_{ce.a} \cdot PQ_{ce} \qquad (5.51)$$

$$EE_{life} = \sum_{ce} \sum_h QH_{ce.h} \cdot PQ_{ce} \qquad (5.52)$$

$$TEE = EE_{manu} + EE_{life} \qquad (5.53)$$

在动态 CGE 模型用于长期预测时，PQ_{ce} 可能存在较大波动，为避免因价格波动导致价值型能源消费量在时序的较大振动，可假设能源价格 PQ_{ce} 固定为 1，即价值型能源总消费量计算方程如下：

$$TQEE = \sum_{ce} QQ_{ce} \tag{5.54}$$

式（5.51）~式（5.54）中，$ce = coal, crude, prod, gas, ele$，分别表示煤炭、原油、成品油、天然气和电力。由于 2012 年 SAM 表没有政府能源消费的数据，因此能源消费环节的碳排放仅对应居民主体。

$$GHG_{CO_2 - manu} = \sum_{ce} (\lambda_{ce} \cdot \sum_a QINT_{ce. a} \cdot PQ_{ce}) \tag{5.55}$$

$$GHG_{CO_2 - life} = \sum_{ce} (\lambda_{ce} \cdot \sum_h QH_{ce. h} \cdot PQ_{ce}) \tag{5.56}$$

$$TGHG_{CO_2} = \sum_{ce} \left[\lambda_{ce} \cdot (\sum_a QINT_{ce. a} + \sum_h QH_{ce. h}) \cdot PQ_{ce} \right]$$
$$= GHG_{CO_2 - manu} + GHG_{CO_2 - life} \tag{5.57}$$

与计算 $TQEE$ 思路相同，为避免因价格波动导致碳排放总量在时序的较大震动，可假设能源价格 PQ_{ce} 固定为 1，即总碳排放量计算方程如下：

$$TQCC = \sum_{ce} \left[\lambda_{ce} \cdot (\sum_a QINT_{ce. a} + \sum_h QH_{ce. h}) \right] \tag{5.58}$$

λ_{ce} 为能源 ce 的 CO_2 排放系数（以下简称"碳排放系数"），由于 SAM 表是价值量（单位：亿元），因此需要估算 2012 年的价值型碳排放系数（见表 5 - 11）。需要指出，价值型碳排放系数与第四章表 4 - 2 的实物量碳排放系数是不同的。

总能源强度指标：

$$QEI = \frac{TQEE}{GDP} \tag{5.59}$$

总碳排放强度指标：

$$QCI = \frac{TQCC}{GDP} \tag{5.60}$$

第六章至第九章使用的价值型能源消费（$TQEE$）、价值型能源强度（QEI）、碳排放（$TQCC$）和碳强度（QCI），以及细分生产部门、居民部门、各能源种类对应的碳排放等，均对应假设 PQ_{ce} 不变的指标进行衡量。

表5-10 能源与碳排放模块变量及参数说明对照表

参变量	说明	参变量	说明
EE_{manu}	生产部门能源消费	EE_{life}	居民生活能源消费
TEE	价值型总能源消费	$TQEE$	价值型总能源消费（假设 PQ_{ce} 不变）
$QINT_{ce.a}$	a 部门生产中投入能源 ce 的数量	PQ_{ce}	能源 ce 的销售价格
$QH_{ce.h}$	居民 h 对能源 ce 的消费量	GHG_{CO_2-manu}	生产部门碳排放
GHG_{CO_2-life}	居民生活碳排放	λ_{ce}	能源 ce 的价值型碳排放系数
$TGHG_{CO_2}$	总碳排放	$TQCC$	总碳排放（假设 PQ_{ce} 不变）
QEI	总能源消费强度（假设 PQ_{ce} 不变）	QCI	总碳排放强度（假设 PQ_{ce} 不变）

需要说明的是，第四章进行碳排放估算时涵盖了10种能源，但动态CGE模型是依据2012年投入产出表进行构建的，仅包括5种能源，因此需要将10种能源的碳排放量合并为5种能源的碳排放量，并推算这5种能源的价值型碳排放系数（见表5-11）。

表5-11 能源合并对照及各能源价值型碳排放系数

指标	原10种能源	煤炭	原油	焦炭、汽油、煤油、柴油、燃料油	天然气	热力、电力	总计
	合并后5种能源	煤炭	原油	成品油	天然气	电力	
碳排放量（亿吨）		24.612	0.205	22.467	2.187	43.486	92.957
能源最终需求量（千亿元）		24.381	28.149	42.171	3.096	50.384	148.181
价值型碳排放系数（吨/万元）		10.095	0.073	5.328	7.065	8.631	6.273

注：能源最终需求量来源于SAM表的5种能源商品的需求量，包括生产环节中间投入使用的能源和消费环节居民使用的能源总和；电力的碳排放量由一次能源的加工转换投入量估算得出。

（七）动态机制模块

在2012年静态CGE模型基础上，加入重要指标的递归动态形式，可将CGE模型动态化，用于中长期预测模拟。CGE模型中的指标分为三类：内生变量、外生变量和参数，每一类指标的动态过程各有不同，表5-12将三种变量对应的动态机制设置进行了比较。动态机制模块的方程和指标说明如下（见表5-13）。

表 5-12 CGE 模型不同类变量的动态机制设置比较

变量类型	数值类型	与模型系统的关系	时间维度	指标来源	动态机制处理	变量举例
内生变量	绝对量相对量	影响模型系统，也受模型系统影响	添加	资本递归、劳动力递归、技术进步递归	仅受左侧三个递归方程影响	QA_a、PA_a、YH_h、GDP、$TGHG_{CO_2}$
外生变量	绝对量	影响模型系统，不受模型系统影响	添加	外生给定	设年均增长率为 5%	$YNTAX_a$、QG_c、$transf_{h-gov}$
参数	相对量	对模型系统影响固定	不添加	固定为基期数值	固定不变	α_a^q、tm_c、$shrh_{ch}$

模型的动态机制主要考虑资本要素积累、劳动力增长和技术进步，并采用递归形式实现动态化。受此影响，CGE 模型中所有的内生变量全都增加了时间维度。其中，资本要素积累的递归方程如下：

$$QKD_a^t = QKD_a^{t-1} \cdot (1 - \eta_a) + I_a^{t-1} \tag{5.61}$$

$$I_a^t = I_a^{t-1} \cdot (1 + g_a^I) \tag{5.62}$$

$$QKS_{tot}^t = \sum_a QKD_a^t \tag{5.63}$$

其中，t =2012，2013，…，2030，η_a 是部门 a 的资本折旧率，由于各部门生产特点不同，其他行业（主要包括第三产业）的 η_a 较低，制造业较高。g_a^I 为部门 a 的新增投资增长率，结合产业发展政策，煤炭、原油和采掘业的 g_a^I 较低，其他行业较高（见表 5-14）。QKS_{tot}^t 是 t 期的资本总供给，在动态机制中将该指标设置为外生参数。

劳动力的增长率方程为：

$$QLD_a^t = QLD_a^{t-1} \cdot (1 + g_a^L) \tag{5.64}$$

$$QLS_{tot}^t = \sum_a QLD_a^t \tag{5.65}$$

其中，g_a^L 表示部门 a 的劳动力增长率，依据中国人口增速和产业发展预期，煤炭和原油部门 g_a^L 较低，其他行业 g_a^L 较高（见表 5.14）。QLS_{tot}^t 是 t 期的劳动力总供给，将该指标在动态机制中设置为外生参数。

技术进步的递归方程为：

$$\alpha_a^{q,t} = \alpha_a^{q,t-1}(1 + g_a^n) \tag{5.66}$$

其中，g_a^n 为各部门技术进步的增长率，由于中国原油的可采储量相对较低，本章原油的 g_a^n 设为 0.01，其他行业 g_a^n 较高（见表 5 - 14）。

表 5 - 13　动态机制模块变量及参数说明对照表

参变量	说明	参变量	说明
QKD_a^t	a 部门 t 期的资本需求量	QKD_a^{t-1}	a 部门 $t-1$ 期的资本需求量
η_a	a 部门的资本折旧率	I_a^{t-1}	a 部门 $t-1$ 期的新增投资
I_a^t	a 部门 t 期的新增投资	g_a^I	a 部门新增投资增长率
QKS_{tot}^t	t 期的资本总供给	QLD_a^t	a 部门 t 期的劳动力需求量
QLD_a^{t-1}	a 部门 $t-1$ 期的劳动力需求量	g_a^L	a 部门的劳动力增长率
QLS_{tot}^t	t 期的劳动力总供给	$\alpha_a^{q,t}$	t 期总产出的技术进步参数
$\alpha_a^{q,t-1}$	$t-1$ 期总产出的技术进步参数	g_a^n	a 部门的技术进步的增长率

（八）GAMS 软件概述及目标函数设置

本书采用 GAMS 软件程序语言对动态 CGE 模型进行求解。GAMS（General Algebraic Modeling System）即通用数学模型系统[132]，是世界银行与美国 GAMS 公司在 20 世纪 90 年代开发的一种求解复杂数学规划问题的软件，在解决线性、非线性、混合整数等优化问题方面有较强优势。

由于设定的 CGE 模型有动态递归过程，因此选择 GAMS 23.8.2 软件中的 PATHNLP 求解器对模型系统进行递归计算。采用 PATHNLP 求解器计算，必须指定目标函数，以便得到最优运算结果。本书以居民效用最大化为目标，即：

$$\begin{cases} \text{Max } UU \\ UU = \sum_t \sum_h UH_h^t = \sum_t \sum_h \prod_c (QH_{ch}^t)^{shrh_{ch}} \end{cases} \tag{5.67}$$

式中 UU 是 2012～2030 年城镇和农村居民效用的总和，由于动态非线性求解只能设定一个函数为极值，因此必须将居民效用全部加总，在总居民效用最大化下，可得到动态 CGE 模型中所有内生变量各期的最优解。

二　选取模型参数

式（5.1）～（5.67）中，需要参考以往文献给出对应的弹性系数值，并作适当调整,最终确定采用的各弹性系数如表 5 – 14 所示。[①]

表 5 – 14　CGE 模型的弹性系数

单位:亿元

序号	部门名称	ρ_a^q	ρ_a^v	ρ_a^t	ρ_c^q	η_a	I_a^{2012}	g_a^I	g_a^L	g_a^n
1	农林牧渔产品和服务	0.2	0.7	1.2	0.6	0.08	10996.4	0.21	0.0025	0.02
2	金属矿采选产品	0.3	0.5	1.2	0.8	0.12	3084.8	0.05	0.003	0.02
3	非金属矿和其他矿采选产品	0.3	0.5	1.2	0.8	0.12	1593.1	0.05	0.003	0.02
4	食品和烟草	0.3	0.5	1.2	0.8	0.12	12135.5	0.18	0.003	0.022
5	纺织品	0.3	0.5	1.2	0.8	0.12	5603.1	0.18	0.003	0.022
6	纺织服装鞋帽皮革羽绒及其制品	0.3	0.5	1.2	0.8	0.12	5459.0	0.18	0.003	0.022
7	木材加工品和家具	0.3	0.5	1.2	0.8	0.07	3005.5	0.18	0.003	0.022
8	造纸印刷和文教体育用品	0.3	0.5	1.2	0.8	0.07	4695.5	0.18	0.003	0.022
9	化学产品	0.3	0.5	1.2	0.8	0.1	17533.6	0.18	0.003	0.022
10	非金属矿物制品	0.3	0.5	1.2	0.8	0.1	6594.7	0.18	0.003	0.022
11	金属冶炼和压延加工品	0.3	0.5	1.2	0.8	0.1	15323.6	0.18	0.003	0.022
12	金属制品	0.3	0.5	1.2	0.8	0.1	4898.5	0.18	0.003	0.022
13	通用设备	0.3	0.5	1.2	0.8	0.125	6616.7	0.18	0.003	0.022
14	专用设备	0.3	0.5	1.2	0.8	0.125	4663.6	0.18	0.003	0.022
15	交通运输设备	0.3	0.5	1.2	0.8	0.125	9445.1	0.18	0.003	0.022
16	电气机械和器材	0.3	0.5	1.2	0.8	0.125	8165.6	0.18	0.003	0.022
17	通信设备、计算机和其他电子设备	0.3	0.5	1.2	0.8	0.125	12827.1	0.18	0.003	0.022
18	仪器仪表	0.3	0.5	1.2	0.8	0.125	975.8	0.18	0.003	0.022
19	其他制造产品	0.3	0.5	1.2	0.8	0.125	404.0	0.18	0.003	0.022
20	废品废料	0.3	0.5	1.2	0.8	0.05	570.6	0.18	0.003	0.022
21	金属制品、机械和设备修理服务	0.3	0.5	1.2	0.8	0.05	125.9	0.18	0.003	0.022
22	水的生产和供应	0.3	0.5	3	0.3	0.05	529.2	0.15	0.003	0.02

[①]　CGE 模型中采用的生产函数各层弹性系数以及动态机制模块的增长率,主要参考郭正权 (2011)[68] 和梁伟 (2013)[50] 分部门弹性系数设置的大致范围,以及张友国 (2013)[70] 对未来人口增长率和资本增长率等方面的预测,并依据现阶段中国各行业发展趋势,对部分参数和增长率进行调整得到的。

序号	部门名称	ρ_a^q	ρ_a^v	ρ_a^t	ρ_c^q	η_a	I_a^{2012}	g_a^I	g_a^L	g_a^n
23	建筑业	0.25	0.5	1.5	0.4	0.11	3739.0	0.14	0.003	0.02
24	交通运输、仓储和邮政业	0.25	0.5	1.2	0.5	0.14	31444.9	0.18	0.003	0.02
25	批发、零售业和住宿、餐饮业	0.2	0.8	2.5	0.5	0.06	14964.1	0.23	0.0032	0.02
26	其他行业	0.2	0.8	2.5	0.5	0.03	159026.8	0.2	0.0033	0.025
27	原煤	0.3	0.5	1.2	0.5	0.125	5558.9	0	0.001	0.015
28	原油	0.3	0.5	1.2	0.5	0.125	3064.0	0	0.001	0.01
29	成品油	0.3	0.5	1.2	0.5	0.125	5506.6	0.18	0.003	0.022
30	天然气	0.3	0.5	1.2	0.5	0.08	971.4	0.17	0.003	0.02
31	电力	0.3	0.5	3	0.3	0.08	15172.1	0.16	0.003	0.02

注：I_a^{2012} 为 2012 年的新增固定资产投资额。

将以上参数用于 CGE 模型，通过对模型参数进行校准，计算出的 2012 年变量模拟结果与 2012 年基期数据基本一致。在此基础上融入动态机制，可对无碳减排政策下宏观经济、产业结构、碳排放等指标做模拟预测。

第三节 本章小结

本章以 2012 年《中国投入产出表》为主要数据来源，结合《中国统计年鉴》《中国财政年鉴》等相关数据，编制 2012 年中国宏观 SAM 表和细分 31 部门的微观 SAM 表，该表为动态 CGE 模型提供数据基础。根据 CGE 模型的原理，构建包含生产模块、贸易模块、国内经济主体模块、能源与碳排放模块、居民福利模块、动态机制模块和宏观闭合模块在内的七大模块的经济-能源-碳排放 CGE 模型，其中将煤炭、原油、成品油、天然气和电力单独列出，再与第四章估算的碳排放数据相结合，形成能源与碳排放模块，与经济系统其他模块进行关联。模型的各种替代弹性系数在参考国内外同类文献后做适当调整，并选择 GAMS 23.8.2 软件中的 PATHNLP 求解器对模型系统进行递归计算。通过以上 SAM 表编制和动态 CGE 模型构建模拟，可获得各年经济系统的预测值，以此作为无碳减排情景的基准数据，为碳减排政策情景的对比提供数据基础。

第六章
基准情景下经济、能源及碳排放指标预测（2012～2030年）

依据第五章编制的细分 31 部门微观 SAM 表为数据基础，通过动态 CGE 模型的式（5.1）～（5.67）进行预测模拟，可以得到 2012～2030 年宏观经济、产业结构、能源与碳排放，以及居民福利等预测数值。分析该系列数值，一方面可以判断在没有行政型和市场型碳减排政策的情况下，中国经济、能源和碳排放等指标在未来的发展趋势；另一方面，将这些数值视为基准情景，可作为行政型和市场型碳减排政策情景模拟后的对比基准，用以评价碳减排政策的减排效果，并衡量对宏观经济、产业结构、居民福利等方面产生的影响。

第一节　宏观经济预测

基准情景下，2012～2030 年宏观经济各项指标均呈现稳定增长的趋势。以下分别从实际 GDP、其他综合宏观指标、企业与政府部门宏观指标等方面分析宏观经济系统的走势。

需要指出的是，CGE 模型用于静态模拟时较为精准，而动态 CGE 模型用于长期预测时，常出现时间序列的振荡。为了消除个别年份模拟结果振荡的影响，提炼各项指标预测的规律，本章在给出各项指标 2012～2030 年预测值后，一方面计算年均增长率，另一方面对该预测值序列做线性回归。

一　实际 GDP 的预测

模拟获得的实际 GDP 由 2012 年的 56.17 万亿元逐渐上升至 2030 年的 135.21 万亿元（见表 6-1），2012～2030 年间，平均每年增加 4.345 万亿元，年均增长率为 4.881%。该实际 GDP 预测值均为 2012 年价格的实际 GDP。由于 CGE 模型以 SAM 表为基础，其数据来源和统计口径与实际宏观经济指标并不完全一致，因此通过动态 CGE 模型模拟得到的历史期数值和实际值存在少许误差。其中，《中国统计年鉴》中查得的 2012 年实际 GDP 为 54.037 万亿元，而依据基期的 CGE 模型校准得到的 2012 年实际 GDP 为 56.17 万亿元，两者误差仅为 3.9%，说明 CGE 模型估计整体是可靠的。

二 生产、消费、投资、进出口等宏观指标预测

（一）宏观指标的数量预测

基准情景下，总产出量（$TQoutput = \sum_a QA_a$）指标稳步上升（见表 6 - 1），由 2012 年的 171.311 万亿元逐步增加至 2030 年的 564.083 万亿元，尽管该指标在 2026～2030 年间呈现较大振荡，但总体而言，总产出量平均每年增加 21.78 万亿元，年均增长率为 6.658%，该增长率高于实际 GDP 的增长率，说明该时期生产部门发展较快。

就国内总销售量（$TQQ = \sum_c QQ_c$）而言，该指标由 2012 年的 171.537 万亿元上升到 2030 年的 413.59 万亿元，平均每年上升 13.306 万亿元，年均增长率为 4.891%，该增长率与实际 GDP 的增长率近似。需要说明的是，国内总销售量与宏观角度的消费指标是不同的：在贸易模块视角下，国内总产出以 CET 转换函数形式分配为内产内销商品和出口商品，内产内销商品再与进口商品在阿明顿假设下形成国内销售商品；而消费是国内市场销售商品除去向企业投资后的部分（见图 3 - 2）。国内销售量和总产出量在 2012～2030 年预测数据上较为接近，说明出口与进口在这一时期也比较接近。

就总投资额（$EINV$）来看，2012 年该指标为 28.179 万亿元，到 2030 年，总投资额上升至 54.367 万亿元。该指标在 2026～2030 年呈现较大波动，但总体而言，平均每年上升 2.35 万亿元，年平均增长率为 6.185%。从总投资额占实际 GDP 的比重来看，除去时序波动较大的年份，多数年份总投资占实际 GDP 的比重在 31%～33% 之间。

表6-1　2012～2030年基准情景下主要宏观数量指标的预测模拟值

单位：万亿元

年份	实际GDP	总产出量	国内总销售量	总投资额	总出口量	总进口量
2012	56.170	171.311	171.537	28.179	13.915	14.144
2013	58.978	181.270	180.122	19.540	14.673	14.949
2014	61.927	191.728	189.136	20.421	15.484	15.801
2015	65.023	202.763	198.600	21.217	16.318	16.674
2016	68.273	214.435	208.537	22.146	17.214	17.624
2017	71.686	226.789	218.970	23.106	18.193	18.613
2018	75.271	239.869	229.925	24.168	19.229	19.680
2019	79.032	253.710	241.418	24.844	20.556	20.628
2020	82.986	268.334	253.501	26.537	21.556	22.062
2021	87.135	283.707	266.179	27.847	22.860	23.349
2022	91.488	299.669	279.476	28.328	24.679	24.250
2023	96.067	315.434	293.460	30.841	25.646	26.246
2024	100.870	330.608	308.119	32.207	26.965	27.681
2025	105.913	345.819	323.506	33.537	28.233	29.107
2026	111.298	705.363	342.138	92.561	63.373	50.364
2027	116.804	422.341	356.912	47.110	40.097	37.677
2028	122.668	527.993	375.199	69.303	50.052	44.550
2029	128.744	412.609	392.944	41.352	33.213	34.399
2030	135.210	564.083	413.590	54.367	47.818	45.566
年均增长率（%）	4.881	6.658	4.891	6.185	7.214	6.663
t	4.345***	21.780***	13.306***	2.350***	2.010***	1.770***
常数	-8691***	-43694***	-26615***	-4714***	-4034***	-3550***
R^2	0.986	0.716	0.986	0.487	0.678	0.808

注：表格中"年均增长率（%）"是将各指标取自然对数，再对时间t做线性回归，将估计系数乘以100%得到的，用以判断该指标的年平均增长速度；表格后三行是将各指标原值对时间t做线性回归，所得t的系数采用加*标注其是否显著，其中*、**、***分别表示在10%、5%、1%的显著水平下拒绝系数为零的原假设，用以判断该指标是否有显著的线性趋势；由于常数的均值较大，为避免表格中数据显示过长，常数并未保留3位小数。

基准情景下，总出口量（$TQexport = \sum_a QE_a$）和总进口量（$TQimport = \sum_c QM_c$）不断增加，两者的走势非常接近。其中，总出口量由2012年的13.915万亿元逐步上升至2030年的47.818万亿元，平均每年上升2.01万亿元，年均增长率为 7.214%。总进口量由 2012 年的 14.144 万亿元逐步上升至 2030 年的 45.566 万亿元，平均每年增加 1.770 万亿元，年均增长率为 6.663%。出口量和进口量比较来看，在 2012 ～ 2025 年呈现小幅贸易逆差，但 2026 ～ 2030 年，这两个指标均出现较大波动，2012 ～ 2030 年整体来看，总出口量增速略高于总进口量增速。

（二）宏观指标的价格预测

CGE 模型中所有价格指标均设为标准价格，即在基期（2012 年），所有 31 个活动部门和 31 个商品部门的初始价格均设置为 1。通过基期静态 CGE 模型校准，以及动态 CGE 模型模拟后的价格均是与 1 相比的相对价格，若该指标大于 1，表示价格上涨，反之则表示价格下降。相对价格能够直观地表现出价格变动幅度。

由于 31 个生产部门的生产量和出口量各不相同，31 个商品部门的销售量和进口量也有高低之分，因此在计算综合生产价格 $\overline{PA_a}$、综合国内销售价格 $\overline{PQ_c}$、综合出口价格 $\overline{PE_a}$ 和综合进口价格 $\overline{PM_c}$ 时，需要分别以各自生产部门或商品的生产量 QA_a、销售量 QQ_c、出口量 QE_a 和进口量 QE_c 为权数，通过计算加权平均数来获得各种综合价格。

综合生产价格 $\overline{PA_a}$ 由 31 个部门的生产价格通过各自生产数量加权平均而得：

$$\overline{PA_a} = \frac{\sum_a PA_a \cdot QA_a}{\sum_a QA_a} \tag{6.1}$$

综合国内销售价格 $\overline{PQ_c}$ 是 31 种商品的销售价格通过各自销售数量加权平均获得：

$$\overline{PQ_c} = \frac{\sum_c PQ_c \cdot QQ_c}{\sum_c QQ_c} \tag{6.2}$$

同理，综合出口价格 $\overline{PE_a}$ 由 31 个活动部门的出口价格通过出口数量加权平均获得：

$$\overline{PE_a} = \frac{\sum_a PE_a \cdot QE_a}{\sum_a QE_a} \tag{6.3}$$

综合进口价格 $\overline{PM_c}$ 也由 31 种商品的进口价格通过进口数量加权平均获得：

$$\overline{PM_c} = \frac{\sum_c PM_c \cdot QM_c}{\sum_c QM_c} \tag{6.4}$$

由表 6－2 可以看出，2012～2030 年综合生产价格（ $\overline{PA_a}$ ）逐渐降低，由 2012 年的 0.969 降至 2030 年的 0.669。尽管 2026 年后该指标波动较大，但整体而言，综合生产价格平均每年下降 0.012 单位个标准价格。综合生产价格的下降，反映了技术进步、生产要素价格等各因素综合影响下，生产成本的下降，对生产具有一定促进作用。

综合国内销售价格（ $\overline{PQ_c}$ ，简称"销售价格"）在 2012～2025 年间小幅下降，2026～2030 年销售价格略有增加，整体来看，销售价格年均增长率为 1.193%。除去 2026 年后的销售价格波动（该表多数指标在 2026～2030 年间都呈现较大波动），2013～2025 年间销售价格整体下降，指标在 0.85～0.88 之间波动，这与技术进步和生产成本的降低密切相关。消费和投资均与各商品的销售价格有关，销售价格降低，也会推动消费和投资增加。

综合出口价格（ $\overline{PE_a}$ ）除去波动较大的 2026 年和 2028 年以外，该指标多数年份都在 0.42 左右，即降幅超过 50%。与此同时，综合进口价格（ $\overline{PM_c}$ ）在 2013～2025 年间在 0.8～0.87 之间波动，说明虽然进口价格也有所降低，但与出口价格相比仍然较高。预测进口额未来将显著大于出口额，即呈现出贸易逆差。

资本价格（ WK ）和劳动力价格（ WL ）变动反映了资本和劳动力这两大生产投入要素的供给情况。其中，资本价格逐年下降，到 2030 年下降至 0.302。由于 CGE 模型设置中，为限制部分指标预测中的不合理振荡，将所有价格指标变动下限设定为 0.3（即下跌 70%），上限设定为 10（即最多上涨 10 倍），因此资本价格预测的 2023 年后均维持在 0.302，但其指标趋势能够反映出资本价格是持续下降的，说明资本供给较为充足。劳动力价格与资本价格的变动趋势恰好相反，2012～2030 年劳动力价格逐步增加，到 2030 年，劳动力价格是 2012 年的 2.314 倍，年平均增长率为 4.477%，这与中国未来劳动力供给增速放缓、人口红利逐渐消失、人口长期维持低出生率密切相关，劳动力供给减少导致劳动力价格逐渐上升。

表 6－2　2012～2030 年基准情景下主要宏观价格指标的预测模拟值

单位：标准价格

年份	综合生产价格	综合国内销售价格	综合出口价格	综合进口价格	劳动力价格	资本价格
2012	0.969	0.999	0.988	0.998	1.000	1.000
2013	0.938	0.871	1.001	0.870	1.038	0.501
2014	0.912	0.879	0.434	0.834	1.078	0.380
2015	0.888	0.874	0.429	0.828	1.120	0.325
2016	0.866	0.871	0.427	0.823	1.164	0.309
2017	0.845	0.868	0.426	0.819	1.210	0.306
2018	0.824	0.866	0.425	0.816	1.258	0.304
2019	0.803	0.856	0.425	0.808	1.308	0.303
2020	0.782	0.863	0.423	0.810	1.361	0.303
2021	0.760	0.862	0.422	0.809	1.416	0.303
2022	0.737	0.848	0.422	0.801	1.475	0.303
2023	0.708	0.863	0.420	0.809	1.536	0.302
2024	0.670	0.860	0.417	0.808	1.600	0.302
2025	0.620	0.855	0.415	0.808	1.667	0.302
2026	0.926	1.688	4.477	2.563	1.722	0.302
2027	0.585	1.002	0.449	0.925	1.807	0.302
2028	0.672	1.311	0.836	1.739	1.880	0.302
2029	1.018	0.861	0.436	0.835	2.444	0.302
2030	0.669	1.005	0.457	0.951	2.314	0.302
年均增长率（%）	－1.607	1.193	0.492	1.867	4.477	2.996
t	－0.012**	0.014	0.024	0.026	0.068***	－0.015**
常数	25.105**	－26.612	－48.183	－51.650	－136.819***	30.913**
R^2	0.293	0.135	0.021	0.112	0.895	0.272

注：本表有关"年均增长率"、"t"值的标注 * 规则，以及常数保留小数位等说明，均与表 6－1 相同。

（三）企业与政府部门的宏观指标预测

CGE 模型设置的国内经济主体模块主要包括居民部门、企业部门和政府部门，由于对居民部门的分析将结合城乡居民福利来展开分析，因此本部分只涉及企业部门和政府部门的宏观指标预测。

就企业部门来看，企业总收入（*YENT*）和企业储蓄（*ENTSAV*）在预测期均稳步提高（见表6-3），其中，企业总收入由 2012 年的 17.883 万亿元逐步上升至 2030 年的 43.697 万亿元，平均每年增加 1.407 万亿元，年均增长率为 4.936%。企业储蓄也由 2012 年的 12.503 万亿元不断增加至 2030 年的 30.675 万亿元，平均每年增加 0.988 万亿元，年均增长率为 4.951%，与企业总收入增长率相当。由企业总收入和总储蓄预测的走势可以看出，企业在预测期的发展是较为稳定的。

表6-3 2012～2030 年基准情景下企业与政府部门的预测模拟值

单位：万亿元,%

年份	企业总收入	企业储蓄	政府总收入	政府总支出	政府储蓄
2012	17.883	12.503	12.189	9.034	3.155
2013	18.779	13.130	12.792	9.485	3.306
2014	19.720	13.788	13.426	9.959	3.466
2015	20.707	14.479	14.092	10.457	3.635
2016	21.744	15.204	14.792	10.980	3.812
2017	22.832	15.965	15.527	11.529	3.998
2018	23.975	16.764	16.298	12.105	4.193
2019	25.175	17.603	17.109	12.710	4.398
2020	26.435	18.485	17.961	13.346	4.615
2021	27.758	19.410	18.855	14.013	4.842
2022	29.147	20.381	19.791	14.713	5.078
2023	30.605	21.401	20.779	15.448	5.331
2024	32.136	22.472	21.814	16.220	5.594
2025	33.744	23.597	22.900	17.031	5.870
2026	35.418	24.765	24.164	17.908	6.256
2027	37.202	26.015	25.267	18.778	6.489

年份	企业总收入	企业储蓄	政府总收入	政府总支出	政府储蓄
2028	39.059	27.313	26.559	19.721	6.838
2029	41.936	29.498	28.005	20.699	7.306
2030	43.697	30.675	29.399	21.743	7.656
年均增长率	4.936	4.951	4.884	4.880	4.897
t	1.407 ***	0.988 ***	0.943 ***	0.699 ***	0.245 ***
常数	-2814.7 ***	-1977.1 ***	-1886.7 ***	-1379.3 ***	-489.5 ***
R^2	0.982	0.981	0.985	0.986	0.98

注：本表有关"年均增长率"、"t"值的标注 * 规则，以及常数保留小数位等说明，均与表 6-1 相同。

就政府部门来看，2012～2030 年间，政府总收入（YG）、总支出（EG）和储蓄（$GSAV$）都稳步提升，三组指标分别由 2012 年的 12.189 万亿元、9.034 万亿元和 3.155 万亿元，逐步增加至 2030 年的 29.399 万亿元、21.743 万亿元和 7.656 万亿元，且三组指标的增速非常接近。政府总收入平均每年增加 0.943 万亿元，年均增长率为 4.884%；政府总支出平均每年增加 0.699 万亿元，年均增长率为 4.88%；政府储蓄平均每年增加 0.245 万亿元，年均增长率为 4.897%。

企业部门宏观指标的年均增速，以及政府部门宏观指标的年均增速，与实际 GDP 的增速基本一致，说明在预测期的宏观经济发展总体保持稳定，也体现了动态 CGE 模型设置的合理性。

第二节　能源消费与碳排放预测

在基准情景下，2012～2030 年的能源消费和碳排放都逐步上升，说明如果没有碳强度约束，中国经济的稳定增长需要相应的能源消费做支撑，从而产生的碳排放几乎与经济同步增加（见表 6-4）。

一　能源消费与能源强度预测

就能源消费来看，价值型能源消费（$TQEE$）由 2012 年的 15.146 万亿元，持续上升到 2030 年的 36.522 万亿元，平均每年增加 1.175 万亿元，年均增长率为 4.891%。其中，就能源结构细分来看，煤炭、原油、成品油、天然气和电力这五种能源消费分别占能源消费价值总量的 16.665%、19.244%、28.686%、2.164% 和 33.242%，且比重在 2012～2030 年间比较稳定，此外这五种能源的年均增长率均在 4.879%～4.899% 之间，其与能源价值总量，以及实际 GDP 的增长率均基本一致。当然，这种能源消费变动衡量是价值量（单位：万亿元）角度的，与各类能源实物量（单位：万吨标准煤）的变动衡量是不同的。

由价值型能源消费计算得到的价值型能源强度（QEI）在 2012～2030 年间基本保持不变，维持在 0.27 元/元。需要说明的是，价值型能源强度（单位：元/元）和实物型能源强度（单位：吨标准煤/万元）也是不同的。

表 6－4　2012～2030 年基准情景下能源消费与能源强度的预测模拟值

年份	价值型能源消费（万亿元）	其中：煤炭消费（万亿元）	其中：原油消费（万亿元）	其中：成品油消费（万亿元）	其中：天然气消费（万亿元）	其中：电力消费（万亿元）	价值型能源强度（元/元）
2012	15.146	2.522	2.913	4.344	0.328	5.038	0.270
2013	15.904	2.649	3.059	4.562	0.344	5.291	0.270
2014	16.701	2.782	3.212	4.790	0.361	5.555	0.270
2015	17.537	2.921	3.373	5.030	0.380	5.833	0.270
2016	18.415	3.067	3.542	5.281	0.399	6.125	0.270
2017	19.336	3.221	3.720	5.546	0.419	6.431	0.270
2018	20.304	3.383	3.906	5.823	0.439	6.753	0.270
2019	21.319	3.552	4.101	6.114	0.462	7.090	0.270
2020	22.387	3.730	4.307	6.420	0.485	7.444	0.270
2021	23.507	3.917	4.523	6.742	0.509	7.816	0.270
2022	24.681	4.113	4.749	7.078	0.535	8.207	0.270
2023	25.917	4.319	4.987	7.433	0.561	8.617	0.270
2024	27.213	4.536	5.237	7.804	0.589	9.047	0.270
2025	28.573	4.763	5.499	8.193	0.619	9.499	0.270
2026	30.166	5.028	5.807	8.683	0.650	9.998	0.271

年份	价值型能源消费（万亿元）	其中：煤炭消费（万亿元）	其中：原油消费（万亿元）	其中：成品油消费（万亿元）	其中：天然气消费（万亿元）	其中：电力消费（万亿元）	价值型能源强度（元/元）
2027	31.524	5.257	6.071	9.042	0.681	10.473	0.270
2028	33.133	5.527	6.383	9.509	0.715	10.999	0.270
2029	34.710	5.787	6.682	9.950	0.751	11.540	0.270
2030	36.522	6.092	7.035	10.481	0.789	12.125	0.270
年均增长率（%）	4.891	4.899	4.899	4.894	4.879	4.879	0.010
t	1.175***	0.196***	0.227***	0.337***	0.025***	0.390***	0.000***
常数	−2350.1***	−392.4***	−453.1***	−674.7***	−50.7***	−779.2***	0.217***
R^2	0.986	0.986	0.986	0.986	0.987	0.986	0.210

注：本表有关"年均增长率"、"t"值的标注 * 规则，以及常数保留小数位等说明，均与表6-1相同。

二　碳排放与碳强度预测

（一）基于能源结构细分的碳排放预测

就碳排放来看（见表6-5），基准情景模拟得到的总碳排放量（$TQCC$）由2012年的92.96亿吨上升至2030年的222.554亿吨，平均每年上升7.162亿吨，年均增长率为4.871%。按五种能源来细分，煤炭在2012～2030年间平均贡献了总碳排放量的26.465%，其产生的碳排放由2012年的24.612亿吨逐渐增加至2030年的58.863亿吨，年均增长率为4.858%，其增长率与总碳排放增长率基本一致，说明在没有任何碳减排政策时，煤炭消费的比重较为稳定，这也是导致碳排放增加的主要原因。此外，2012～2030年，电力的碳排放占总碳排放量的46.722%，其由2012年的43.486亿吨碳排放逐渐增加至2030年的103.93亿吨，年均增加3.328亿吨，年均增长率为4.847%。电力消费产生的碳排放是由电力生产中一次能源（火力发电原料以煤炭为主）折算而来的，同时说明预测期电力消费比重较大，如果能够增加清洁能源发电的比重，在不影响电力消费总量的情况下必定能降低碳排放。除了煤炭和电力外，成品油产生的碳排放也较多，占总碳排放量的24.257%。成品油是交通运输业的主要燃料，其所产生的碳排放由2012年的22.469亿吨不断上升至2030年的54.094亿吨，平均每年上升1.764亿吨，年均增长率为4.939%。但若能有效实施碳减排政策，大力推动新能源车普及，使其在乘用车行业的比例大幅增加，成品油消费产生的碳排放量增速将会得到有效抑制。

基准情景下的碳强度（QCI）在2012～2030年间仅有微量下降，2012年碳强度为1.655吨/万元，到2030年该指标为1.646吨/万元，与中国政府承诺碳强度下降60%的目标有很大差距，说明若不采取任何碳减排措施，中国未来面临的环境压力将会十分严峻。

表6-5　2012～2030年基准情景下碳排放与碳强度的预测模拟值

年份	碳排放（亿吨）	其中：煤炭碳排放（亿吨）	其中：原油碳排放（亿吨）	其中：成品油碳排放（亿吨）	其中：天然气碳排放（亿吨）	其中：电力碳排放（亿吨）	碳强度（吨/万元）
2012	92.960	24.612	0.205	22.469	2.188	43.486	1.655
2013	97.576	25.836	0.216	23.583	2.295	45.646	1.654
2014	102.418	27.120	0.226	24.753	2.407	47.913	1.654
2015	107.504	28.469	0.238	25.980	2.525	50.292	1.653
2016	112.831	29.882	0.250	27.267	2.648	52.785	1.653
2017	118.421	31.366	0.262	28.615	2.777	55.401	1.652
2018	124.279	32.922	0.275	30.028	2.910	58.144	1.651
2019	130.467	34.566	0.289	31.515	3.067	61.030	1.651
2020	136.851	36.264	0.303	33.057	3.196	64.030	1.649
2021	143.586	38.058	0.318	34.678	3.347	67.185	1.648
2022	150.737	39.968	0.334	36.385	3.535	70.515	1.648
2023	157.978	41.906	0.350	38.125	3.662	73.934	1.644
2024	165.682	43.979	0.368	39.956	3.835	77.545	1.643
2025	173.796	46.155	0.386	41.890	4.022	81.343	1.641
2026	192.697	49.455	0.407	49.981	4.565	88.290	1.731
2027	191.351	50.857	0.425	46.194	4.406	89.469	1.638

续表

年份	碳排放（亿吨）	其中：煤炭碳排放（亿吨）	其中：原油碳排放（亿吨）	其中：成品油碳排放（亿吨）	其中：天然气碳排放（亿吨）	其中：电力碳排放（亿吨）	碳强度（吨/万元）
2028	202.213	53.684	0.447	49.134	4.703	94.246	1.648
2029	210.102	55.843	0.468	50.581	4.843	98.367	1.632
2030	222.554	58.863	0.492	54.094	5.175	103.930	1.646
年均增长率（%）	4.871	4.858	4.850	4.939	4.779	4.847	−0.010
t	7.162***	1.890***	0.016***	1.764***	0.164***	3.328***	0.000
常数	−14324***	−3779.7***	−31.5***	−3529.01***	−328.01***	−6656.2***	1.935
R^2	0.984	0.986	0.987	0.971	0.981	0.986	0.002

注：本表有关"年均增长率"、"t"值的标注 * 规则，以及常数保留小数位等说明，均与表 6-1 相同。

（二）基于生产部门与居民部门细分的碳排放预测

将碳排放按生产部门和居民部门来分（见表 6-6），能够看出生产部门的碳排放（$TQCC\_ENT$）占碳排放总量的绝大多数，即 2012 年生产部门产生 88.079 亿吨碳排放，占总碳排放的 94.749%，其后，在 2025 年之前，生产部门的碳排放比重略有下降，但 2026~2030 年呈现波动上升。2030 年碳排放达到 211.862 亿吨，占总碳排放的 95.196%，在 2012~2030 年间平均每年增加 6.862 亿吨碳排放，年均增长率为 4.913%，高于总碳排放年均增速 4.871%，说明与之互补的居民部门产生的碳排放比重在下降。

就居民部门来看，其碳排放（$TQCC\_H$）占总碳排放的比重由 2012 年的 5.251% 小幅上升至 2025 年的 5.578%，但 2026~2030 年间该指标波动下降。从碳排放量来看，居民部门的碳排放由 2012 年的 4.881 亿吨逐渐上升到 2030 年的 10.692 亿吨，平均每年上升 0.3 亿吨，年均增长率为 3.969%，低于总碳排放增长率，也低于实际 GDP 增长率，说明居民部门的能源消费对碳减排的影响是很小的。

将居民部门进一步细分为城镇居民和农村居民后发现，城镇居民产生的

表 6 - 6　2012～2030 年基准情景下生产部门与居民部门碳排放预测

单位：亿吨，%

年份	生产部门碳排放	生产部门占总碳排放比重	居民部门碳排放	居民部门占总碳排放比重	其中：城镇居民碳排放	其中：城镇居民占居民部门碳排放比重	其中：农村居民碳排放	其中：农村居民占居民部门碳排放比重
2012	88.079	94.749	4.881	5.251	4.056	83.101	0.825	16.899
2013	92.413	94.709	5.163	5.291	4.279	82.882	0.884	17.118
2014	96.964	94.675	5.454	5.325	4.511	82.708	0.943	17.292
2015	101.734	94.633	5.770	5.367	4.759	82.483	1.011	17.517
2016	106.745	94.605	6.087	5.395	5.013	82.352	1.074	17.648
2017	111.997	94.575	6.424	5.425	5.281	82.205	1.143	17.795
2018	117.511	94.554	6.769	5.446	5.558	82.111	1.211	17.889
2019	123.237	94.459	7.230	5.541	5.899	81.592	1.331	18.408
2020	129.356	94.523	7.495	5.477	6.146	82.001	1.349	17.999
2021	135.708	94.513	7.879	5.487	6.459	81.978	1.420	18.022
2022	142.240	94.363	8.497	5.637	6.896	81.161	1.601	18.839
2023	149.310	94.513	8.668	5.487	7.113	82.067	1.554	17.933
2024	156.526	94.474	9.156	5.526	7.498	81.885	1.659	18.115
2025	164.102	94.422	9.694	5.578	7.914	81.635	1.780	18.365
2026	186.513	96.791	6.184	3.209	5.805	93.865	0.379	6.135
2027	182.334	95.288	9.017	4.712	7.843	86.980	1.174	13.020

续表

年份	生产部门碳排放	生产部门占总碳排放比重	居民部门碳排放	居民部门占总碳排放比重	其中：城镇居民碳排放	其中：城镇居民占居民部门碳排放比重	其中：农村居民碳排放	其中：农村居民占居民部门碳排放比重
2028	193.582	95.732	8.631	4.268	7.696	89.169	0.935	10.831
2029	198.385	94.423	11.717	5.577	9.592	81.862	2.125	18.138
2030	211.862	95.196	10.692	4.804	9.193	85.975	1.500	14.025
年均增长率（%）	4.913	—	3.969	—	4.262	—	1.97	—
t	6.862***	—	0.300***	—	0.268***	—	0.032*	—
常数	-13725.7***	—	-598.844***	—	-536.132***	—	-62.711*	—
R^2	0.98	—	0.776	—	0.878	—	0.196	—

注：本表有关"年均增长率"、"t"值的标注 * 规则，以及常数保留小数位等说明，均与表 6 - 1 相同。

碳排放占居民部门碳排放的比重由 2012 年的 83.101% 波动至 2030 年的 85.975%，而农村居民的碳排放比重较低，在 2012 年占居民碳排放的 16.899%，到 2030 年降至占居民碳排放的 14.025%。城乡居民碳排放比重差距，是由于城镇居民在家用电器拥有量、私家车拥有量等方面都远高于农村居民，因此所使用能源消费量较高，产生较多的碳排放。由此可得到启示：有关绿色出行、绿色生活等提高居民低碳意识的宣传和引导，以城镇为主要宣传渠道可得到较好的减排成效。

第三节 部门结构预测

在基准情景下，模拟各部门生产、中间投入、国内销售、出口和进口的金额与价格以及碳排放的预测值，并将 2012～2030 年的模拟值进行平均（见表 6－7 和表 6－8），可以消除个别年份模拟结果出现振荡的影响，对各行业的结构特征进行直观的横向比较。

一 各部门生产及中间投入预测

就各部门生产金额（QA_a）来看，其他行业、建筑业和化学产品的生产金额分列总产出的前三位，其平均生产金额分别达到 83.298 万亿元、23.805 万亿元和 22.286 万亿元（见表 6－7），其中，其他行业主要包含服务业，说明服务业发展规模远高于其余部门；金属冶炼和压延加工品（20.03 万亿元），批发、零售业和住宿、餐饮业（16.928 万亿元）和农林牧渔产品和服务（16.301 万亿元）分列第四到第六位。食品和烟草（15.693 万亿元），通信设备、计算机和其他电子设备（13.969 万亿元），交通运输设备（11.864 万亿元）和交通运输、仓储和邮政业（11.863 万亿元）的平均生产金额也都在 10 万亿元以上。产出最小的五个部门是金属制品、机械和设备修理服务（0.169 万亿元）、水的生产和供应（0.305 万亿元），其他制造产品（0.483 万亿元），天然气（0.577 万亿元）和废品废料（0.697 万亿元），这些部门的平均生产金额都在 1 万亿元以下。

就各部门生产价格（PA_a）来看，除农林牧渔产品和服务（标准价格为 1.002）外，多数部门该指标都呈现下降（即生产价格小于 1）。其中，金属制品、机械和设备修理服务（0.988），其他行业（0.922），通信设备、计算机和其他电子设备（0.854），交通运输、仓储和邮政业（0.848），纺织服装鞋帽皮革羽绒及其制品（0.841）和天然气（0.816）的生产价格降幅较少，其标准价格均在 1 以下。生产价格降幅最大的有废品废料（0.371）和原油（0.529）。其余部门的生产价格均在 0.6～0.8 之间。各部门生产价格均有下降，说明随着技术不断进步提高，生产成本总体呈现降低趋势。

各部门生产金额和生产价格变动体现了生产部门的最终产品供需情况，而中间投入的金额和价格则体现了生产过程中的原料、燃料等供需程度，进而影响各部门投入产出的资源配置与生产成本变动。

就各部门中间投入金额（$QINTA_a$）来看，其他行业（60.844 万亿元）、建筑业（15.777 万亿元）、化学产品（14.278 万亿元）与金属冶炼和压延加工品（12.966 万亿元）的中间投入金额位于前四位，这些行业的中间投入金额都超过了 10 万亿元。中间投入金额最小的前三位有废品废料（0.069 万亿元），水的生产和供应（0.111 万亿元），金属制品、机械和设备修理服务（0.113 万亿元）。此外，天然气（0.309 万亿元）和其他制造产品（0.314 万亿元）的中间投入金额也低于 0.5 万亿元。

就各部门中间投入价格（$PINTA_a$）来看，该指标上涨的有 6 个部门：其他行业（2.58），批发、零售业和住宿、餐饮业（1.696），废品废料（1.565），农林牧渔产品和服务（1.223），交通运输、仓储和邮政业（1.159），金属制品、机械和设备修理服务（1.103），其余 25 个部门的中间投入价格都是下降的。其中，降幅超过 20% 的部门有：原油（0.559）、金属冶炼和压延加工品（0.746）、化学产品（0.773）、非金属矿和其他矿采选产品（0.84）和金属矿采选产品（0.791）。多数部门的中间投入价格下降，说明随着技术进步和效率提升，生产过程的中间环节成本是降低的。

二 各部门国内销售预测

就各部门国内销售金额（QQ_c）来看，其他行业（48.864 万亿元）、建筑业（22.943 万亿元）、化学产品（21.526 万亿元）排名前三位，金属冶炼和压延加工品（19.68 万亿元）、农林牧渔产品和服务（16.487 万亿元）、食品和烟草（14.958 万亿元）分列第四到第六位。此外，批发、零售业和住宿、餐饮业（14.189 万亿元），通信设备、计算机和其他电子设备（12.358 万亿元），交通运输设备（11.287 万亿元）和交通运输、仓储和邮政业（10.454 万亿元）的国内销售金额也超过 10 万亿元。国内销售金额较少的有：金属制品、机械和设备修理服务（0.161 万亿元），水的生产和供应（0.282 万亿元），其他制造产品（0.397 万亿元）和天然气（0.527 万亿元），这四个部门的国内销售金额均在 1 万亿元以下。

就各部门的国内销售价格（PQ_c）来看，有 28 个部门的该指标呈现上升，其中，原油（1.634）、专用设备（1.54）、仪器仪表（1.396）、其他制造产品（1.37）和通用设备（1.308）这五个部门的国内销售价格上升超过 30%，煤炭（1.292）、非金属矿和其他矿采选产品（1.167）、金属制品（1.153）、废品废料（1.15）和非金属矿物制品（1.125）的国内销售价格涨幅也超过 10%。该指标下降的仅有三个部门：金属制品、机械和设备修理服务（0.337），建筑业（0.338）与金属冶炼和压延加工品（0.394），这些部门的国内销售价格下降均超过 60%。

表 6-7 2012～2030 年基准情景下各部门生产、中间投入和国内销售的
平均预测模拟值

单位：万亿元

序号	部　门	生产金额	生产价格	中间投入金额	中间投入价格	国内销售金额	国内销售价格
1	农林牧渔产品和服务	16.301	1.002	4.777	1.223	16.487	1.002
2	金属矿采选产品	2.112	0.712	1.124	0.791	3.600	1.081
3	非金属矿和其他矿采选产品	1.092	0.754	0.557	0.840	1.113	1.167
4	食品和烟草	15.693	0.686	9.904	0.773	14.958	1.002
5	纺织品	6.890	0.781	4.515	0.877	5.811	1.077
6	纺织服装鞋帽皮革羽绒及其制品	5.909	0.841	3.779	0.946	4.029	1.005
7	木材加工品和家具	3.577	0.776	2.229	0.879	2.861	1.042
8	造纸印刷和文教体育用品	5.646	0.784	3.446	0.890	4.685	1.045

序号	部　门	生产金额	生产价格	中间投入金额	中间投入价格	国内销售金额	国内销售价格
9	化学产品	22.286	0.685	14.278	0.773	21.526	1.007
10	非金属矿物制品	8.375	0.721	5.087	0.818	7.561	1.125
11	金属冶炼和压延加工品	20.030	0.661	12.966	0.746	19.680	0.394
12	金属制品	6.025	0.767	3.892	0.864	5.102	1.153
13	通用设备	7.973	0.784	5.164	0.881	7.260	1.308
14	专用设备	5.766	0.771	3.698	0.868	5.528	1.540
15	交通运输设备	11.864	0.771	7.793	0.866	11.287	1.006
16	电气机械和器材	9.705	0.748	6.475	0.841	8.048	1.016
17	通信设备、计算机和其他电子设备	13.969	0.854	9.482	0.956	12.358	1.014
18	仪器仪表	1.103	0.753	0.694	0.847	1.274	1.396
19	其他制造产品	0.483	0.796	0.314	0.886	0.397	1.370
20	废品废料	0.697	0.371	0.069	1.565	1.134	1.150
21	金属制品、机械和设备修理服务	0.169	0.988	0.113	1.103	0.161	0.337
22	水的生产和供应	0.305	0.785	0.111	0.971	0.282	1.073
23	建筑业	23.805	0.793	15.777	0.867	22.943	0.338
24	交通运输、仓储和邮政业	11.863	0.848	4.250	1.159	10.454	1.001
25	批发、零售业和住宿、餐饮业	16.928	0.673	3.741	1.696	14.189	1.004
26	其他行业	83.298	0.922	60.844	2.580	48.864	1.001
27	煤炭	3.815	0.774	1.833	0.837	4.061	1.292
28	原油	1.942	0.529	0.798	0.559	4.690	1.634
29	成品油	7.047	0.773	4.946	0.864	6.991	1.016
30	天然气	0.577	0.816	0.309	0.987	0.527	1.032
31	电力	8.851	0.745	4.604	0.887	8.099	1.013

注：本表中"数量"指标单位均为"万亿元"，"价格"指标单位均为"标准价格"。

三　各部门出口与进口预测

依据对 2012～2030 年的预测，各部门的出口、进口的金额与价格差异较大。

就各部门的出口金额（ QE_a ）来看，其他行业（7.253万亿元），通信设备、计算机和其他电子设备（4.727万亿元），批发、零售业和住宿、餐饮业（1.839万亿元）的该指标位于前三位。此外，电气机械和器材（1.709万亿元）、化学产品（1.7万亿元）、纺织服装鞋帽皮革羽绒及其制品（1.629万亿元）和通用设备（1.099万亿元）的出口金额也超过了1万亿元。由于各部门产品性质不同，仅有少数部门出口额较大，平均出口金额小于1000亿元的有10个部门。能源产品主要供应于国内生产与消费，出口金额极低。

就各部门的出口价格（ PE_a ）来看，仅有非金属矿和其他矿采选产品（1.655）的该价格指标呈现上涨，其余部门产品的出口价格均呈现不同程度下降。其中，原油（0.935）、其他制造产品（0.916）、农林牧渔产品和服务（0.898）、建筑业（0.897）、成品油（0.858）、煤炭（0.84）、其他行业（0.812）的出口价格降幅在20%以内。出口价格降幅较大的部门有：通信设备、计算机和其他电子设备（0.374），纺织服装鞋帽皮革羽绒及其制品（0.436），金属制品（0.481）、电气机械和器材（0.483）、造纸印刷和文教体育用品（0.483），纺织品（0.487）、交通运输设备（0.497）和交通运输、仓储和邮政业（0.498），这8个部门的出口价格降幅均超过50%。

进口金额（ QM_c ）较多的商品有：通信设备、计算机和其他电子设备（4.116万亿元），原油（2.94万亿元），化学产品（2.475万亿元），这三种商品的进口金额均在2万亿元以上。此外，金属冶炼和压延加工品（1.85万亿元）、金属矿采选产品（1.714万亿元）、其他行业（1.313万亿元）、交通运输设备（1.247万亿元）、农林牧渔产品和服务（1.16万亿元）和通用设备（1.058万亿元）的进口额也在1万亿元以上。

就各种商品进口价格（ PM_c ）的预测，有8种商品的该指标是上涨的，其中，天然气（1.654）、原油（1.583）、仪器仪表（1.2）的涨幅位于前三位，专用设备（1.193）、金属冶炼和压延加工品（1.189）、非金属矿和其他矿采选产品（1.07）、煤炭（1.052）、通用设备（1.001）的进口价格也呈现上涨。部分商品的进口价格降幅较大，建筑业（0.337）和电力（0.355）的进口价格下降超过60%，实际上这两种商品进口金额极少，因此进口价格变动参考价值不大。此外，其他制造产品（0.712），化学产品（0.757），通信设备、计算机和其他电子设备（0.788）的进口商品降幅也超过20%。

四　各部门能源消费及碳排放预测

由于各部门所需能源结构不同，其消费的价值型能源金额（QEE_a）也不相同（见表6-8），其中，成品油（4.847万亿元）、电力（4.343万亿元）与化学产品（2.634万亿元）的能源消费位于前三位。金属冶炼和压延加工品（2.03万亿元），交通运输、仓储和邮政业（1.658万亿元），其他行业（1.24万亿元），非金属矿物制品（1.124万亿元）的能源消费也在1万亿元以上，其余24个部门的能源消费均不超过1万亿元。以上7个部门除其他行业外，另6个部门均是以煤炭、原油为燃料或原材料的高能耗行业，这些部门的能源消费很大程度上引致了较高的碳排放。

由于各部门的能源消费结构不同，所产生的碳排放（QCC_a）也差异巨大（见表6-8），其中，电力部门产生的碳排放为37.794亿吨，占各部门碳排放总计的26.71%，远高于其余各部门，其原因是火力发电消耗大量煤炭，因此碳排放占比很高，这也是中国长期以来以煤炭为主能源结构的直接体现。除了电力部门外，化学产品（17.259亿吨）、金属冶炼和压延加工品（15.444亿吨）的碳排放紧随其后。碳排放超过5亿吨的部门还有：交通运输、仓储和邮政业（9.401亿吨），非金属矿物制品（9.179亿吨），其他行业（8.091亿吨），成品油（7.722亿吨）和煤炭（7.518亿吨）。以上部门也是高排放的重点部门，其中，化学产品以原油为主要原材料，交通运输、仓储和邮政业以成品油为主要燃料，金属冶炼和压延加工品包括了钢铁和有色金属，煤炭是这两个行业的主要燃料。碳排放均值在1亿吨以下的部门有：金属制品、机械和设备修理服务（0.139亿吨），废品废料（0.143亿吨），仪器仪表（0.163亿吨），其他制造产品（0.272亿吨），水的生产和供应（0.441亿吨），纺织服装鞋帽皮革羽绒及其制品

（0.513亿吨），木材加工品和家具（0.772亿吨），天然气（0.895亿吨）和专用设备（0.996亿吨）。其中，天然气虽然属于能源行业，但实际为碳排放较少的清洁能源，也是能源结构优化进程中建议提高消费比重的能源类型。

表6-8　2012～2030年基准情景下各部门进出口、能源消费和碳排放的平均预测模拟值

序号	部　门	出口金额（万亿元）	出口价格（标准价格）	进口金额（万亿元）	进口价格（标准价格）	价值型能源消费（万亿元）	碳排放（亿吨）
1	农林牧渔产品和服务	0.125	0.898	1.160	0.962	0.374	2.468
2	金属矿采选产品	0.001	0.687	1.714	0.957	0.317	2.390
3	非金属矿和其他矿采选产品	0.066	1.655	0.210	1.070	0.156	1.119
4	食品和烟草	0.439	0.650	0.814	0.861	0.185	1.546
5	纺织品	0.765	0.487	0.306	0.904	0.154	1.312
6	纺织服装鞋帽皮革羽绒及其制品	1.629	0.436	0.312	0.886	0.064	0.513
7	木材加工品和家具	0.489	0.547	0.222	0.871	0.097	0.772
8	造纸印刷和文教体育用品	0.804	0.483	0.406	0.905	0.167	1.432
9	化学产品	1.700	0.525	2.475	0.757	2.634	17.259
10	非金属矿物制品	0.382	0.657	0.264	0.909	1.124	9.179
11	金属冶炼和压延加工品	0.780	0.511	1.850	1.189	2.030	15.444
12	金属制品	0.622	0.481	0.281	0.934	0.315	2.578
13	通用设备	1.099	0.500	1.058	1.001	0.185	1.439
14	专用设备	0.522	0.536	0.829	1.193	0.128	0.996
15	交通运输设备	0.948	0.497	1.247	0.827	0.144	1.096
16	电气机械和器材	1.709	0.483	0.846	0.862	0.140	1.099
17	通信设备、计算机和其他电子设备	4.727	0.374	4.116	0.788	0.132	1.041
18	仪器仪表	0.191	0.768	0.635	1.200	0.023	0.163
19	其他制造产品	0.030	0.916	0.140	0.712	0.034	0.272
20	废品废料	0.001	0.638	0.563	0.846	0.020	0.143
21	金属制品、机械和设备修理服务	—	—	—	—	0.020	0.139

续表

序号	部 门	出口金额(万亿元)	出口价格(标准价格)	进口金额(万亿元)	进口价格(标准价格)	价值型能源消费(万亿元)	碳排放(亿吨)
22	水的生产和供应	—	—	—	—	0.054	0.441
23	建筑业	0.142	0.897	0.177	0.337	0.575	4.039
24	交通运输、仓储和邮政业	0.944	0.498	0.751	0.928	1.658	9.401
25	批发、零售业和住宿、餐饮业	1.839	0.525	0.361	0.853	0.242	1.887
26	其他行业	7.253	0.812	1.313	0.962	1.240	8.091
27	煤炭	0.005	0.840	0.500	1.052	0.783	7.518
28	原油	0.005	0.935	2.940	1.583	0.198	1.316
29	成品油	0.144	0.858	0.707	0.871	4.847	7.722
30	天然气	—	—	0.133	1.654	0.340	0.895
31	电力	0.003	0.715	0.141	0.355	4.343	37.794

注：表中"金属制品、机械和设备修理服务""水的生产和供应"无出口和进口数据，"天然气"无出口数据，因此在表中表示为"—"。

第四节　居民消费及福利预测

一　城乡居民收入、消费与效用预测

在基准情景下，2012～2030 年居民的收入（YH_h）、消费（CH_h）和效用（UH_h^b）稳步增长（见表 6–9）。

居民收入增长是提升居民消费水平和效用的前提，城镇和农村居民的收入几乎同步增长。其中，城镇居民收入由 2012 年的 27.725 万亿元逐渐上升至 2030 年的 67.095 万亿元，平均每年上升 2.157 万亿元，年均增长率为 4.9%。农村居民收入由 2012 年的 7.172 万亿元逐渐上升至 2030 年的 17.373 万亿元，平均每年上升 0.559 万亿元，年均增长率为 4.903%，农村居民收入的年均增速略高于城镇居民。

由于城乡居民收入增加，其生活消费也同步提高。其中，城镇居民消费由 2012 年的 15.926 万亿元逐渐上升至 2030 年的 38.451 万亿元，平均每年上升 1.229 万亿元，年均增长率为 4.868%。农村居民消费由 2012 年的 4.677 万亿元逐渐上升至 2030 年的 10.905 万亿元，平均每年上升 0.333 万亿元，年均增长率为 4.543%，农村居民消费的年均增速低于城镇居民。若将消费与收入相除的平均消费率对比后发现，城镇居民在 2012～2030 年的平均消费率为 0.574，而农村该指标为 0.646，说明消费在农村居民收入中占的比重较高，这与农村居民收入总量较低有关。在预测期内，城镇与农村居民的收入之比的均值为 3.865，这一收入差距基本不变。王小华等[133] 认为在 "十二五" 期间，农村居民仍以基本生活需求型消费为主，即食品、衣着、居住和交通通信的消费比重较高，而城镇居民已具有发展与享受型消费的特点，即家庭电器设备、文教娱乐、医疗保健等消费比重较高，但随着农村居民收入水平不断提高，其消费升级（即由基本生活需求型消费过渡到发展与享受型消费）的空间很大，但这需要有效提高农村居民收入，以此保障农村居民的消费升级。

依据居民对各种商品的消费金额和商品价格，通过式（5.35）可以得到居民效用（UH_h^b）的数值。从表 6-9 可以看出，城乡居民的效用在 2012～2030 年间不断提高，城镇居民的效用由 2012 年的 183.477 百亿元上升至 2030 年的 433.489 百亿元，年均增长率为 4.688%。农村居民的效用由 2012 年的 57.768 百亿元逐步增加至 2030 年的 131.165 百亿元，年均增长率为 4.261%。该效用值的增速低于城镇居民，这是城乡居民的收入和消费差异有关。

表 6-9 2012～2030 年基准情景下城乡居民收入、消费和效用的预测模拟值

年份	收入（万亿元）		消费（万亿元）		居民效用（百亿元）	
	城镇	农村	城镇	农村	城镇	农村
2012	27.725	7.172	15.926	4.677	183.477	57.768
2013	29.113	7.531	16.723	4.921	192.836	60.829
2014	30.569	7.908	17.560	5.175	202.641	64.020
2015	32.098	8.304	18.439	5.445	212.985	67.420
2016	33.704	8.719	19.362	5.726	223.783	70.925
2017	35.390	9.155	20.331	6.021	235.145	74.631

续表

年份	收入（万亿元）		消费（万亿元）		居民效用（百亿元）	
	城镇	农村	城镇	农村	城镇	农村
2018	37. 160	9. 613	21. 349	6. 330	247. 040	78. 489
2019	39. 019	10. 094	22. 416	6. 678	259. 953	82. 951
2020	40. 971	10. 599	23. 540	6. 992	272. 607	86. 758
2021	43. 020	11. 130	24. 720	7. 348	286. 348	91. 200
2022	45. 172	11. 686	25. 954	7. 775	301. 694	96. 758
2023	47. 431	12. 271	27. 260	8. 111	315. 866	100. 707
2024	49. 803	12. 885	28. 629	8. 544	332. 090	106. 175
2025	52. 294	13. 529	30. 065	9. 005	349. 238	112. 024
2026	54. 885	14. 191	30. 752	7. 290	321. 657	76. 379
2027	57. 651	14. 915	33. 054	9. 424	374. 376	113. 631
2028	60. 528	15. 658	34. 628	9. 496	384. 321	110. 814
2029	64. 095	16. 607	36. 811	11. 119	426. 148	137. 725
2030	67. 095	17. 373	38. 451	10. 905	433. 489	131. 165
年均增长率（%）	4. 900	4. 903	4. 868	4. 543	4. 688	4. 261
t	2. 157 ***	0. 559 ***	1. 229 ***	0. 333 ***	13. 506 ***	3. 835 ***
常数	− 4315. 4 ***	− 1117. 5 ***	− 2457. 9 ***	− 665. 5 ***	− 27003. 6 ***	− 7660. 1
R^2	0. 985	0. 984	0. 984	0. 929	0. 972	0. 845

注：本表有关"年均增长率"、"t"值的标注 * 规则，以及常数保留小数位等说明，均与表 6 - 1 相同。

二 城乡居民消费结构预测

在基准情景下，城乡居民的消费（ QH_{ch}^b ）有显著差异（见表 6 - 10）。

就城镇居民的消费来看，其他行业（881. 63 百亿元），食品和烟草（434. 207 百亿元），批发、零售业和住宿、餐饮业（315. 958 百亿元）占城镇居民消费的前三位，其分别占城镇居民消费总量的 34. 653%、17. 067% 和 12. 419%。其中，其他行业主要包括服务业（包括金融、房地产、居民服务、教育、卫生、文化、公共管理等与居民生活密切相关的子部门），与居民日常生活息息相关。此外，农林牧渔产品和服务（201. 291 百亿元）、纺织服装鞋帽皮革羽绒及其制品（163.588 百亿元）和交通运输设备（105.75 百亿元）的消费也超过 1 万亿元，占城镇居民消费的比重在 4%～8% 之间，以上 6 种商品涵盖了与城镇居民日常生活相关的衣食住行，而其余 18 种商品的消费均占城镇居民总消费的 4% 以下。

表 6-10　2012～2030 年基准情景下城乡居民消费结构的平均预测模拟值

序号	部门	居民消费（百亿元）		居民消费比重（%）	
		城镇	农村	城镇	农村
1	农林牧渔产品和服务	201.291	129.170	7.912	17.458
2	食品和烟草	434.207	166.216	17.067	22.465
3	纺织品	8.550	4.927	0.336	0.666
4	纺织服装鞋帽皮革羽绒及其制品	163.588	37.228	6.430	5.032
5	木材加工品和家具	15.362	3.911	0.604	0.529
6	造纸印刷和文教体育用品	24.582	5.643	0.966	0.763
7	化学产品	82.242	17.885	3.233	2.417
8	非金属矿物制品	5.538	2.325	0.218	0.314
9	金属制品	6.438	1.512	0.253	0.204
10	通用设备	1.986	0.994	0.078	0.134
11	专用设备	1.961	0.425	0.077	0.057
12	交通运输设备	105.750	14.542	4.157	1.965
13	电气机械和器材	46.480	14.455	1.827	1.954
14	通信设备、计算机和其他电子设备	55.698	14.754	2.189	1.994
15	仪器仪表	2.365	1.043	0.093	0.141
16	其他制造产品	2.494	1.176	0.098	0.159
17	水的生产和供应	10.049	1.114	0.395	0.151
18	交通运输、仓储和邮政业	87.600	20.325	3.443	2.747
19	批发、零售业和住宿、餐饮业	315.958	73.635	12.419	9.952
20	其他行业	881.630	212.945	34.653	28.781
21	煤炭	1.112	1.587	0.044	0.215
22	成品油	33.498	3.058	1.317	0.413
23	天然气	20.297	1.032	0.798	0.140
24	电力	35.503	9.983	1.395	1.349

就农村居民消费结构来看，消费位居前三的部门有：其他行业（212.945 百亿元）、食品和烟草（166.216 百亿元）、农林牧渔产品和服务（129.17

百亿元)，分别占农村居民总消费的 28.781%、22.465% 和 17.458%，批发、零售业和住宿、餐饮业(73.635 百亿元)，纺织服装鞋帽皮革羽绒及其制品(37.228 百亿元)，交通运输、仓储和邮政业(20.325 百亿元)位于第四至第六位，其分别占农村居民总消费的 9.952%、5.032% 和 2.747%。

对比城乡居民消费可以发现，在基本生活需求消费方面，农村居民消费比重显著高于城镇居民；在发展与享受型消费方面，城镇居民的消费比重显著高于农村居民。以上差异与城乡居民的收入水平差距密切相关。其中，食品和烟草、农林牧渔产品和服务的消费比重，农村居民显著高于城镇居民，相当于依据 SAM 表计算的恩格尔系数，即由于农村居民收入水平低于城镇居民，其用于食品支出的比重高于城镇居民。就能源消费而言，消费比重最高的是电力，城镇和农村居民对电力的消费分别占其消费总量的 1.395% 和 1.349%；城镇和农村居民对成品油的消费比重分别为 1.317% 和 0.413%，对天然气的消费比重分别为 0.798% 和 0.14%；城镇和农村居民对煤炭消费的比重分别仅为 0.044% 和 0.215%，可见农村居民在生活中对煤炭仍有一定的需求，主要用于炊事和取暖。

第五节　本章小结

本章基于经济 - 能源 - 碳排放动态 CGE 模型，在不考虑任何碳减排政策的基准情景下，模拟 2012~2030 年中国宏观经济、能源消费、碳排放，并对各部门结构以及城乡居民的收入、消费和效用等指标做预测模拟。研究发现，在基准情景下，中国宏观经济、产业结构以及居民收入、消费和效用等各方面指标都呈不断上升趋势，这是由于经济惯性作用引起的。但由于没有任何碳排放的约束，能源消费和碳排放的增速与实际 GDP 呈现出同步增加的态势，预测显示中国未来的碳减排形势将十分严峻。本章模拟得到的各指标的预测值，均作为基准情景，用于第七章和第八章对经济系统实施行政型碳减排政策和市场型碳减排政策情景下模拟效果的对比依据。

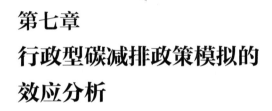

第七章
行政型碳减排政策模拟的
效应分析

自 2009 年起，中国政府提出了一系列基于碳强度约束的减排目标。在国际上，2009 年哥本哈根气候大会中，中国政府提出，到 2020 年，碳强度比 2005 年下降 40% ~ 45%，非化石能源比重达到 15% 左右；2015 年巴黎气候大会中，中国政府承诺，到 2030 年碳强度比 2005 年下降 60% ~ 65%，非化石能源比重达到 20% 左右。在国内，《"十三五"控制温室气体排放工作方案》提出，到 2020 年碳强度比 2015 年下降 18%。在此背景下，中国中长期发展规划的碳强度约束是否能有效抑制碳排放增速？这一约束对中国宏观经济会产生哪些影响？生产部门结构又会受到何种冲击？居民福利有哪些变动？

本章重点回答以上问题，拟将研究聚焦于行政型碳强度目标约束，即假设 2012 ~ 2030 年，中国在保持经济适度增长的同时，若通过行政型碳减排政策履行碳强度目标约束，并满足非化石能源比重增长目标，通过动态 CGE 模型，评估该约束对中国宏观经济、碳减排效果、产业结构发展和居民福利等方面产生何种影响。

第一节　行政型碳减排政策情景设计

行政型碳减排政策实现碳强度目标约束，是将一定时期内的碳强度下降目标分解到各省（区、市）和各行业，通过部门间的投入产出关系对整个经济系统产生影响的过程。林伯强等认为，碳强度约束下实现碳减排效果，是现阶段中国经济发展可接受的能源成本和能源结构的共同作用，主要体现为经济整体对煤炭的依赖度下降[134]。以下从供给和需求两个角度分析碳强度约束对经济系统的影响过程。

就供给角度而言（见第三章图 3 - 2），资本、劳动力、各类能源和非能源中间投入通过稳定的生产关系形成总产出，生产者进行生产决策时必然受到碳强度目标约束的影响，其影响过程为：第一，中长期碳强度目标约束，会通过"五年规划"①细化分解到各省（区、市）及各行业，以保障行政型碳减排政策的可操作性，这种细化分解，使生产者将其作为生产约束来制定生产方案；由于碳排放主要源于化石能源燃烧，因此能源生产部门会依据未来市场的能源需求预测，在成本最小化条件下确定生产方案，从而缩减部分能源供给；碳排放系数较大的化石能源种类会受到较强约束，该类能源供给减少，而清洁电力因其受碳强度约束较小而供应将不断增加。第二，能源是重要的生产要素之一，能源供给减少会助推其价格上涨。第三，能源价格上涨，使那些能源投入较多的部门生产成本增加，这类部门将对中间投入结构进行调整。第四，能源价格上涨，促使生产部门投入更多节能减排设备，有效提高能源效率。因此，从理论上讲，碳强度目标约束可促使生产部门调整能源消费结构，降低对化石能源的需求，特别是减少对煤炭的消费，由此实现能源结构优化。

就需求角度而言，能源和非能源商品的消费、投资、进口和出口也会受到碳强度约束的影响。首先，由于碳强度约束使部分能源价格上涨，增加了居民和政府能源消费的成本，进而抑制能源消费；那些能源投入较多的部门所生产商品的价格，会因生产成本的增加而上涨，居民在考虑自身效用的情况下，降低对这类商品的消费，实现消费商品结构的优化。其次，能源商品和能源密集商品的价格变化，也会影响各部门将商品作为实物投资的数量结构。最后，通过与其他国家的贸易关系，各商品出口和进口也会发生改变。

通过供给及需求角度的综合考虑，本章构建动态 CGE 模型，聚集碳强度目标约束对经济系统的影响（包括宏观经济效应、碳减排效应、结构效应和居民福利效应）进行动态模拟，以期对行政型碳减排政策效应给出预判。

一　碳强度目标约束推导

未来经济发展水平存在不确定性，因此碳强度下降目标约束也是不确

---

① 例如，"十二五"规划和"十三五"规划分别提出 2015 年比 2010 年碳强度下降 17%，2020 年比 2015 年碳强度下降 18%，该时期的碳强度下降目标会进一步细化分解至各省（区、市）和工业领域，这些都是为了保障完成中国政府承诺 2020 年和 2030 年的碳强度下降总目标。

定的。通过动态 CGE 模型模拟其对经济系统产生的影响，需要将不确定的约束转化为确定的约束，这种转化有利于目标情景的设置和模拟结果中数值的稳定。与总量约束相比，强度约束涵盖了未来经济发展水平的变动因素，允许碳排放总量随着经济总量的变化做出相应调节，由此降低了经济增长带来的不确定性。就经济增长而言，众多学者和机构预测中国经济在未来 10 ~ 20 年将持续稳定增长，基于该预测，本章将不确定的碳强度约束转化为各期的碳排放，将其纳入行政型碳减排政策情景的设计。

将 2012 ~ 2030 年碳强度下降目标约束转换为各年碳排放约束，并考虑非化石能源比重提高对电力碳排放系数的影响，其推导过程如图 7 - 1 所示。

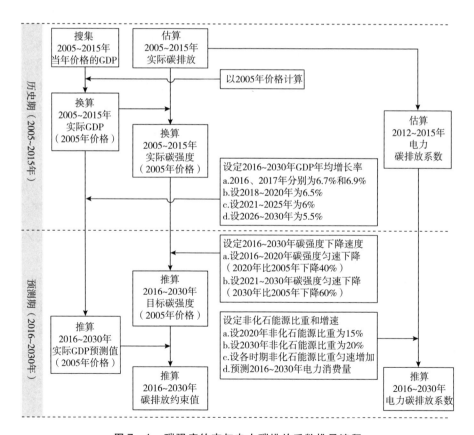

图 7 - 1　碳强度约束与电力碳排放系数推导流程

通过图 7 - 1 中碳排放约束和电力碳排放系数推导流程，可最终获得 2005 ~ 2030 年碳排放约束值和电力碳排放系数值（见表 7 - 1）。对以上推导过程中的相关设定有以下六点说明。

第一，关于 2016～2030 年 GDP 增速设定的说明。首先，2016 年和 2017 年的 GDP 增长率可实际获得，但这两年的分部门经济和能源消费的具体数值可得性滞后，因此本章将这两年作为预测期。其次，由于中国经济呈现出"新常态"，即经济增长由高速逐渐转为中高速，本章综合参考林伯强等[134]对 2020 年经济增长率预测，郭正权等[73]对 2030 年的经济增长率预测，以及张友国等[74]对 2030 年经济增长率的设定后，假设 2018～2020 年实际 GDP 年均增速为 6.5%，2021～2025 年实际 GDP 年均增速为 6%，2026～2030 年实际 GDP 年均增速为 5.5%。最后，中国政府提出的碳强度下降目标，都是以 2005 年为基期作为参照，因此本章在计算 2012～2030 年各期碳强度时，均以 2005 年价格的实际 GDP 作为分母计算而得。

第二，估算 2005～2015 年碳排放，确定 2005 年碳强度。依据各年能源消费量和缺省排放因子乘积，可估算出碳排放由 2005 年的 57.456 亿吨逐渐上升至 2015 年的 94.839 亿吨，将 2005 年碳排放与实际 GDP 相除，获得该年碳强度为 3.067 吨/万元，这一数值是 2020 年和 2030 年碳强度下降目标的参照基础。

第三，计算 2016～2030 年目标碳强度。首先，确定 2016～2030 年目标碳强度的累计增长率。中国政府提出到 2020 年碳强度比 2005 年下降 40%～45%，取碳强度下降 40% 作为 2020 年的参考目标，并假定 2016～2020 年碳强度匀速下降，即 2005 年价格碳强度累计增长率由 2016 年的 -35.01% 匀速下降至 2020 年的 -40.001%，年均下降 3.387%。中国政府承诺到 2030 年碳强度比 2005 年下降 60%～65%，取碳强度下降 60% 作为 2030 年的参考目标，再假定 2021～2030 年的碳强度也匀速下降，即 2005 年价格碳强度累计增长率匀速降至 2030 年的 -60.002%，年均下降 4.138%。其次，根据各年碳强度下降率，计算 2016～2030 年的目标碳强度。

第四，推算 2016～2030 年碳排放的约束值。将 2016～2030 年的碳强度和实际 GDP 相乘，可得到该时期碳排放的约束值，到 2030 年该约束值为 138.233 亿吨。若各年碳排放不超过各年的约束值，则碳强度也不超过目标碳强度。

表 7 - 1　2005～2030 年碳强度与电力碳排放系数推导

年份	2005 年价格实际 GDP（万亿元）	2012 年价格实际 GDP（万亿元）	实际 GDP 年均增长率（%）	碳排放（亿吨）	2005 年价格碳强度（吨/万元）	2005 年价格碳强度累计增长率（%）	2012 年价格碳强度（吨/万元）	2012 年价格碳强度累计增长率（%）	电力价值型碳排放系数（吨/万元）
2005	18.732	—	—	57.456	3.067	—	—	—	—
2006	21.111	—	12.700	63.656	3.015	-1.695	—	—	—
2007	24.109	—	14.200	68.671	2.848	-7.136	—	—	—
2008	26.447	—	9.700	71.164	2.691	-12.275	—	—	—
2009	28.933	—	9.400	76.491	2.644	-13.809	—	—	—
2010	32.000	—	10.600	81.185	2.537	-17.288	—	—	—
2011	35.040	—	9.500	89.069	2.542	-17.129	—	—	—
2012	37.808	54.037	7.900	92.957	2.459	-19.843	1.720	—	8.631
2013	40.758	58.252	7.800	96.414	2.366	-22.878	1.655	-3.786	8.296
2014	43.733	62.504	7.300	94.108	2.152	-29.844	1.506	-12.476	7.512
2015	46.750	66.817	6.900	94.839	2.029	-33.863	1.419	-17.490	7.055
2016	49.883	71.294	6.700	99.416	1.993	-35.010	1.394	-18.939	6.875
2017	53.325	76.213	6.900	104.356	1.957	-36.196	1.369	-20.403	6.749
2018	56.791	81.167	6.500	108.981	1.919	-37.423	1.343	-21.948	6.619
2019	60.482	86.443	6.500	113.767	1.881	-38.690	1.316	-23.494	6.485
2020	64.413	92.062	6.500	118.521	1.840	-40.001	1.287	-25.162	6.287
2021	68.278	97.585	6.000	122.218	1.790	-41.656	1.252	-27.195	6.056

续表

年份	2005年价格GDP实际GDP（万亿元）	2012年价格GDP实际GDP（万亿元）	实际GDP年均增长率（%）	碳排放（亿吨）	2005年价格碳强度（吨/万元）	2005年价格碳强度累计增长率（%）	2012年价格碳强度（吨/万元）	2012年价格碳强度累计增长率（%）	电力价值型碳排放系数（吨/万元）
2022	72.375	103.440	6.000	125.715	1.737	-43.380	1.215	-29.351	5.877
2023	76.717	109.647	6.000	129.039	1.682	-45.175	1.177	-31.588	5.690
2024	81.320	116.226	6.000	132.064	1.624	-47.045	1.136	-33.947	5.496
2025	86.200	123.199	6.000	134.902	1.565	-48.991	1.095	-36.347	5.294
2026	90.941	129.975	5.500	136.593	1.502	-51.019	1.051	-38.909	5.084
2027	95.942	137.124	5.500	137.965	1.438	-53.130	1.006	-41.512	4.865
2028	101.219	144.666	5.500	138.67	1.370	-55.328	0.959	-44.278	4.637
2029	106.786	152.622	5.500	138.822	1.300	-57.618	0.910	-47.125	4.399
2030	112.659	161.016	5.500	138.233	1.227	-60.002	0.859	-50.094	4.151

注："碳排放"列数值中，2005～2015年的碳排放是估算碳排放，2016～2030年的碳排放是依据碳强度下降目标推算的碳排放。将2005～2030年的碳排放作为目标情景的约束值。

第五，计算 2012 年价格的目标约束碳强度和累计增长率。由于模型以 2012 年 SAM 表为数据基础，模拟预测的实际 GDP 和碳强度等指标均以 2012 年为基准价格，因此在确定碳排放约束值的基础上，计算得到各年 2012 年价格的目标约束碳强度和累计增长率，便于政策情景与目标约束做对比。

第六，关于非化石能源比重提高的设定。非化石能源比重增加也是中国碳减排的目标之一，而非化石能源主要用于清洁电力的生产，火力发电比重将会降低，消费等量电力所产生的碳排放会减少，电力的碳排放系数不断下降。因此，将电力对应的碳排放约束除以电力的消费预测，即可获得非化石能源比重提高时电力碳排放系数的动态值。由《中国能源统计年鉴》可知 2012 年和 2015 年中国非化石能源比重分别为 9.7% 和 12%，《"十三五"控制温室气体排放工作方案》要求 2020 年非化石能源比重上升至 15%，中国政府在巴黎气候大会承诺到 2030 年非化石能源比重达到 20% 左右。依据以上非化石能源比重增加目标，假设 2015～2020 年非化石能源比重由 12% 匀速上升至 15%，再由 2020 年匀速上升至 2030 年的 20%。由于非化石能源主要用于清洁电力生产（例如风电、水电、太阳能发电等），因此依据 2016～2030 年电力消费预测和碳排放约束，可得出电力碳排放系数是下降的，即消费等量电力而产生的碳排放逐渐减少。

由表 7-1 可以看出，在设定未来经济增长率的情况下，2016～2030 年的实际 GDP 不断增加，到 2020 年的实际 GDP（2005 年价格）达到 64.413 万亿元，到 2030 年逐步增加至 112.659 万亿元。

在碳强度约束下，2016～2030 年的碳排放增速与基准情景相比显著放缓，到 2030 年碳排放为 138.233 亿吨。碳排放列的数值说明，在保持经济适度增长的基础上，若各年实际碳排放保持在约束碳排放数值内，碳强度的降幅是符合其下降目标约束的。

由于非化石能源比重提高，2012～2030 年电力的碳排放系数不断下降，由 2012 年的 8.631 吨/万元，逐渐下降至 2030 年的 4.151 吨/万元，2030 年的电力碳排放系数仅为 2012 年的 48%，说明到 2030 年消费同等电力，其电力生产过程中的碳排放不到 2012 年的一半。但需要说明的是，电力碳排放并非终端消费引起的，而是电力生产过程产生的，随着未来电力在生产和生活中消费比例的上升，电力碳排放系数下降对碳排放的减少会产生显著的叠加效应。

二　行政型碳减排政策情景

将表 7 - 1 碳排放列的约束值和电力碳排放系数作为动态参数，对第五章的式（5.57）进行改动，再添加时间维度，可形成行政型碳减排政策的目标情景方程：

$$aim\_TGHG_{CO_2}^t = \sum_{ce} \left[\lambda_{ce}^{t\,'} \cdot \left(\sum_a QINT_{ce.a}^t + \sum_h QH_{ce.h}^t \right) \cdot PQ_{ce}^t \right] \qquad (7.1)$$

式（7.1）中，t 期碳排放约束 $aim\_TGHG_{CO_2}^t$ 取表 7 - 1 中碳排放列的数值。能源 ce 在 t 期的碳排放系数 $\lambda_{ce}^{t\,'}$ 对于电力而言是动态值，取表 7 - 1 中的电力碳排放系数，而煤炭、原油、成品油和天然气这四种能源的碳排放系数在各期是固定的（同表 5 - 11）。$QINT_{ce.a}^t$ 是 t 期 ce 能源的生产投入数量，$QH_{ce.h}^t$ 是 t 期居民 h 消费能源 ce 的数量，PQ_{ce}^t 是 t 期 ce 能源的销售价格。将式（7.1）作为行政型碳减排政策的目标约束情景，通过动态 CGE 模型可模拟得到 2012~2030 年宏观经济、产业结构、能源消费、碳排放和居民福利等相关指标的预测值，将其与基准情景预测数值对比，可分析行政型碳减排政策情景下，宏观经济、部门结构、碳排放及居民福利受到的影响。

第二节　行政型碳减排政策模拟的效应

一　行政型政策情景的宏观效应

（一）行政型政策情景的宏观指标数量变动

就实际 GDP 的变动而言（见表 7 - 2），在行政型政策情景下，该指标在 2012~2030 年间无显著变化，仅在 7 个年份有 0.001% 的下降或上升。但由于变动幅度极小，可以认为行政型碳减排政策对实际 GDP 无影响。这一结论与已有部分文献中碳强度约束导致实际 GDP 下降的结论有差别，这是由不同学者对模型的假定不同产生的,如张友国等[74]假定通过征收碳税实现碳强度约束,而本研究是通过行政型政策对碳强度进行约束。另外,本研究将经济稳定增长作为构建政策情景的前提,预测期碳排放约束是在经济稳定增长的基础上推导而来的,因此实际GDP的模拟变化并不大,行政型碳减排政策情景的模拟结果主要体现为其他宏观经济指标和结构的变化。

表 7 - 2　2012 ~ 2030 年行政型政策情景下的宏观指标数量变动 (与基准情景相比)

单位:%

年份	实际 GDP	总产出量	国内总消费量	总投资额	总出口量	总进口量
2012	0.000	0.000	- 0.001	0.001	0.000	0.000
2013	0.000	0.000	0.001	0.088	- 0.001	- 0.001
2014	0.000	0.000	- 0.027	- 0.037	- 0.024	- 0.034
2015	- 0.001	0.000	- 0.039	0.061	- 0.020	- 0.043
2016	0.000	0.000	- 0.032	0.155	- 0.013	- 0.038
2017	0.000	0.000	- 0.026	0.201	- 0.018	- 0.041
2018	0.000	0.000	- 0.024	0.251	- 0.019	- 0.041
2019	0.001	0.000	- 0.020	1.090	- 0.452	0.431
2020	0.000	0.000	- 0.017	0.422	- 0.022	- 0.041
2021	0.000	0.000	- 0.018	0.563	- 0.024	- 0.046
2022	- 0.001	- 0.001	- 0.023	0.235	0.107	- 0.202
2023	0.000	- 0.001	- 0.028	1.129	- 0.031	- 0.055
2024	0.000	- 0.001	- 0.035	2.256	- 0.036	- 0.061
2025	- 0.001	- 0.001	- 0.041	3.413	- 0.040	- 0.069
2026	0.000	- 0.001	- 0.057	- 1.897	- 0.012	- 0.022
2027	0.000	- 0.001	- 0.064	1.491	- 0.022	- 0.028
2028	- 0.001	0.004	- 0.077	17.886	- 0.027	- 0.048
2029	- 0.001	- 0.003	- 0.089	1.017	- 0.082	- 0.095
2030	- 0.001	- 0.006	- 0.103	0.737	- 0.060	- 0.023
t	- 0.000 ***	0.000	- 0.004 ***	0.275	- 0.001	- 0.004
常数	0.103 ***	0.205	8.421 ***	- 553.692	1.285	7.746
R^2	0.370	0.098	0.695	0.142	0.001	0.033

注:表格后三行是将各指标原值对时间 t 做线性回归,所得 t 的系数采用加 * 标注其是否显著,其中 * 、 ** 、 *** 分别表示在 10% 、5% 、1% 的显著水平下拒绝系数为零的原假设。

就总产出量、国内总消费量和总投资额的变动来看,在行政型政策情景下,一是总产出量(*TQoutput*)在 2022 ~ 2027 年有 0.001% 的下降,并且该指标在 2029 年和 2030 年分别降低 0.003% 和 0.006%，说明行政型碳减排约束对总产出量有微量的抑制。二是国内总消费量（TQQ）在行政型碳减排政策情景下呈现小幅下降，且降幅呈现不断扩大的趋势，2015 年该指标出现第一个波谷（－0.039%），随后该降幅逐渐收窄，2020～2030 年，国内总消费量的变动由 －0.017% 逐渐变为 －0.103%，说明行政型碳减排约束对国内总消费量也产生一定的抑制作用。三是总投资额（$EINV$）整体呈现上涨，在预测期，仅在 2014 年（－0.037%）和 2026 年（－1.897%）该指标出现小幅下降，其他年份均呈现不同程度上升，且增幅有逐渐扩大的趋势（2028 年总投资额增幅达到 17.886%，该变动可能是由动态 CGE 预测振荡所致）。

就总出口量（$TQexport$）和总进口量（$TQimport$）来看，行政型政策情景下，这两个指标在预测期均呈现微量下降，且总进口量的降幅略高于总出口量的降幅。在 2019 年和 2022 年，总出口量和总进口量呈现较大的反向波动，其波动未超过 5%。其余年份中，总出口量在 2013～2030 年的降幅均未超过 0.1%；总进口量在这一时期的变动与总出口量近似，其降幅也未超过 0.1%。

综上比较，行政型碳减排政策情景推动总投资小幅增加，且增加幅度不超过 4%（除去振荡的离群值）。该政策情景对国内总消费量、总出口量和总进口量仅有微量抑制，使宏观指标在多数年份中降幅不超过 0.1%。行政型政策情景对实际 GDP 和总产出量基本不产生影响。

（二）行政型政策情景的宏观指标价格变动

行政型政策情景下的宏观指标价格变动能够体现出生产、国内销售、出口和进口，以及劳动力和资本的供给情况。从表 7 - 3 来看，在碳排放约束下，生产价格（$\overline{PA_a}$）基本不受影响，而国内销售价格（$\overline{PQ_c}$）呈现大幅上涨，在 2021 年之前，该涨幅在 2% 以内，2023～2030 年，国内销售价格涨幅在 4%～14% 之间，其中，2025 年和 2026 年分别到波峰（13.26%）和波谷（－4.811%）。国内销售价格大幅上涨是由于行政型碳减排情景对碳排放的约束，促使能源商品价格大幅上涨，提高了能源投入密集行业的生产成本，使这些行业的商品价格相应上升，再通过各部门之间的投入产出关系形成价格传导，最终表现为国内销售价格的整体上涨。

表7-3 2012~2030年行政型政策情景下的宏观指标价格变动（与基准情景相比）

单位：%

年份	生产价格	国内销售价格	出口价格	进口价格	劳动力价格	资本价格
2012	0.000	0.001	0.000	-0.001	0.000	0.000
2013	0.000	0.103	0.000	0.142	0.000	0.000
2014	0.000	0.879	0.000	0.943	0.000	0.000
2015	0.000	1.698	0.076	1.848	0.000	0.000
2016	0.000	1.585	0.032	1.774	0.000	0.000
2017	0.000	1.431	0.016	1.643	0.000	0.000
2018	0.000	1.456	0.015	1.696	0.000	0.000
2019	-0.004	1.777	-0.125	1.830	-0.005	0.000
2020	0.000	1.670	0.009	2.009	0.000	0.000
2021	0.000	2.180	0.011	2.613	0.001	0.000
2022	0.001	1.841	0.047	2.255	0.003	0.000
2023	0.000	4.689	0.023	5.534	0.001	0.000
2024	0.000	8.975	0.038	10.483	0.001	0.000
2025	0.000	13.260	0.104	16.951	0.001	0.000
2026	0.000	-4.811	0.427	-5.364	0.001	0.000
2027	-0.001	9.239	-1.095	10.089	0.001	0.000
2028	0.006	6.159	2.230	1.160	0.001	0.000
2029	0.000	6.324	-0.008	6.852	0.001	0.000
2030	0.019	10.235	-3.207	9.495	0.007	0.000
t	0.000 **	0.470 **	-0.031	0.438 **	0.000 **	—
常数	-0.796 **	-946.531 **	62.369	-881.442 **	-0.373 **	—
R^2	0.236	0.364	0.033	0.239	0.220	—

注：本表中"t"值的标注 * 规则与表7-2相同。

就出口价格（$\overline{PE_a}$）和进口价格（$\overline{PM_c}$）变动来看，在行政型政策情景下，出口价格变动很小，除了2027~2030年出现波峰（2.23%）和波谷（-3.207%）的振荡以外，其他年份出口价格变动均不超过±0.5%，说明行政型政策情景对出口价格基本不存在影响。进口价格在行政型政策下的变动较大，在2012~2022年，进口价格缓慢上升，2022

年的增幅达到 2.255%，但 2023 ~ 2030 年之间，进口价格大幅增加，除
2026 年有反向振荡（ - 5.364% ）外，其余几年的该价格增幅大多在 5% ~
17% 之间，说明行政型碳减排政策对进口价格产生显著的推动作用。因为碳
排放约束下，国内能源生产受到抑制，部分能源将通过进口来弥补国内能源
消费的缺口，因此国内能源及其他资源性产品的进口需求增加，进而推动进
口价格上升。

就劳动力价格（WL）和资本价格（WK）的变动来看，行政型碳减排
政策对这两种能源要素基本不产生影响。其中，劳动力价格在 2021 年及之
后，有微量的增加，这与劳动力供给因素有关，模型动态机制设定中考虑
到中国未来劳动力数量增速逐渐放缓，导致劳动力数量略有下降，因此未
来劳动力价格略有上升。资本价格在行政型碳减排政策下的供求是平衡
的，因此未受到影响。

（三）行政型政策情景对企业与政府部门宏观指标的影响

行政型碳减排政策下，企业部门与政府部门的各项宏观指标均没有显
著影响。其中，企业部门包括企业总收入（$YENT$）、企业储蓄（ENT-
SAV），政府部门包括政府总收入（YG）、政府总支出（EG）和政府储蓄
（$GSAV$），以上五个指标在行政型碳减排政策情景下变动极小，因此认为该
政策情景对企业和政府部门基本无影响（因五组指标均变动极小，为节省
篇幅，未列出数据表格）。

二 行政型政策情景的减排效应

通过行政型碳减排政策，是否能够达到预期的碳减排效果，是应对气
候变化规划及政策关注的重点内容。能源消费降低与碳排放降低有很强的
相关性，以下从能源消费变动和碳排放变动两方面进行分析。

（一）行政型政策情景对能源消费与能源强度的影响

控制经济发展中的能源消费增速，是碳减排的重要途径。作为发展中
国家，中国在促进经济增长中需要廉价能源作为支撑，而煤炭因其资源量

丰富和价格低廉成为经济发展的首选，这形成了中国长期以煤炭为主的能源结构特征，在未来很长一段时期，这一能源结构特征很难改变。由于各能源的碳排放系数存在差异，能源消费降低并不意味着碳排放降低，通过碳强度目标约束，使整体经济选择可接受的能源结构和能源成本，对煤炭的依赖度逐渐下降，这是碳减排的可行之路。

由表 7 - 4 可以看出，与基准情景相比，行政型政策情景下的价值型能源消费（$TQEE$）在 2012 ~ 2030 年间不断下降，到 2030 年比基准情景下降了 1.178%，每增加一年，其降幅平均扩大 0.048%。由于实际 GDP 无显著变化，因此价值型能源强度（QEI）的变动与能源消费变动基本同步，到 2030 年，价值型能源强度比基准情景下降了 1.177%。从细分五种能源的价值型能源消费来看，并非所有能源的消费数量都是降低的。成品油、煤炭和天然气的价值型能源消费的降幅非常显著，到 2030 年，分别比基准情景降低了 3.588%、3.39% 和 3.204%，原油的消费降幅紧随其后，到 2030 年比基准情景降低了 2.445%。电力消费不但没有下降，而且在 2012 ~ 2030 年间不断上升，到 2030 年比基准情景增加了 2.884%。该模拟结果表明，在行政型碳减排约束下，化石能源消费得到有效抑制，而产生的能源需求缺口由电力消费来弥补，电力在消费中并不产生碳排放，而清洁电力生产能够有效供给电力需求。煤炭消费集中在生产部门，且直接或间接产生了绝大多数的碳排放。碳强度约束政策有利于煤炭消费下降和电力消费上升，因此需要大力发展清洁能源，持续提高非化石能源比重，同时积极引导清洁煤技术的商业化推广，降低煤炭的碳排放系数，努力减少生产部门对煤炭的依赖度，由此可以获得更大的碳减排空间。

（二）行政型政策情景对碳排放与碳强度的影响

1. 行政型政策情景对能源结构细分的碳排放影响

由表 7 - 5 可知，在行政型碳减排政策下，碳排放总量（$TQCC$）呈现大幅下降（其降幅远超能源消费降幅），到 2020 年和 2030 年的碳排放分别比基准情景下降 13.081% 和 30.31%，减排效果非常显著。随着碳排放大幅下降，碳强度（QCI）也随之下降，由于实际 GDP 无显著变化，因

表7-4 2012～2030年行政型政策情景下能源消费与能源强度的变动（与基准情景相比）

单位：%

年份	价值型能源消费	其中：煤炭消费	其中：原油消费	其中：成品油消费	其中：天然气消费	其中：电力消费	价值型能源强度
2012	-0.006	0.000	-0.031	-0.001	0.000	0.000	-0.007
2013	0.010	-0.119	-0.138	-0.119	-0.119	0.279	0.011
2014	-0.312	-0.786	-0.633	-0.795	-0.729	0.554	-0.311
2015	-0.444	-1.135	-0.858	-1.148	-1.039	0.787	-0.441
2016	-0.364	-1.149	-0.870	-1.162	-1.055	1.054	-0.363
2017	-0.298	-1.151	-0.875	-1.163	-1.060	1.257	-0.297
2018	-0.273	-1.196	-0.908	-1.208	-1.101	1.417	-0.274
2019	-0.244	-1.240	-0.940	-1.254	-1.150	1.588	-0.245
2020	-0.192	-1.306	-0.986	-1.319	-1.210	1.862	-0.193
2021	-0.202	-1.450	-1.084	-1.465	-1.339	2.097	-0.204
2022	-0.260	-1.611	-1.185	-1.630	-1.485	2.214	-0.259
2023	-0.324	-1.780	-1.300	-1.804	-1.634	2.334	-0.322
2024	-0.399	-1.962	-1.428	-1.997	-1.801	2.451	-0.397
2025	-0.474	-2.153	-1.556	-2.199	-1.976	2.579	-0.471
2026	-0.651	-2.322	-1.725	-2.520	-2.224	2.538	-0.653
2027	-0.735	-2.607	-1.891	-2.722	-2.492	2.703	-0.737
2028	-0.880	-2.861	-2.060	-3.000	-2.729	2.752	-0.881

续表

单位：%

年份	价值型能源消费	其中：煤炭消费	其中：原油消费	其中：成品油消费	其中：天然气消费	其中：电力消费	价值型能源强度
2029	-1.019	-3.136	-2.247	-3.296	-2.966	2.844	-1.016
2030	-1.178	-3.390	-2.445	-3.588	-3.204	2.884	-1.177
t	-0.048***	-0.161***	-0.113***	-0.171***	-0.153***	0.160***	-0.048***
常数	96.160***	323.014***	226.640***	343.251***	307.577***	-320.894***	96.174***
R^2	0.696	0.946	0.943	0.943	0.944	0.951	0.697

注：本表中"t"值的标注＊规则与表7-2相同。

表7-5　2012~2030年行政型政策情景下碳排放及碳强度的变动（与基准情景相比）

单位：%

年份	碳排放	其中：煤炭碳排放	其中：原油碳排放	其中：成品油碳排放	其中：天然气碳排放	其中：电力碳排放	碳强度
2012	-0.002	0.000	-0.164	-0.003	-0.001	-0.002	-0.002
2013	-1.532	-0.545	-0.726	-0.542	-0.538	-2.657	-1.532
2014	-7.005	-3.715	-3.498	-3.688	-3.714	-10.762	-7.004
2015	-10.024	-5.373	-4.938	-5.374	-5.414	-15.315	-10.024
2016	-10.616	-5.438	-5.036	-5.430	-5.486	-16.509	-10.615
2017	-10.990	-5.457	-5.093	-5.430	-5.506	-17.297	-10.990
2018	-11.579	-5.677	-5.316	-5.634	-5.728	-18.315	-11.579

续表

年份	碳排放	其中：煤炭碳排放	其中：原油碳排放	其中：成品油碳排放	其中：天然气碳排放	其中：电力碳排放	碳强度
2019	-12.215	-5.940	-5.550	-5.861	-6.211	-19.383	-12.215
2020	-13.081	-6.229	-5.887	-6.151	-6.276	-20.914	-13.081
2021	-14.453	-6.928	-6.518	-6.839	-7.021	-23.053	-14.453
2022	-15.757	-7.723	-7.307	-7.611	-7.810	-24.952	-15.756
2023	-17.119	-8.519	-8.099	-8.439	-8.637	-26.932	-17.119
2024	-18.611	-9.466	-8.961	-9.370	-9.511	-29.056	-18.611
2025	-20.148	-10.350	-9.799	-10.341	-10.595	-31.280	-20.148
2026	-21.999	-12.000	-11.005	-9.817	-11.572	-35.086	-21.999
2027	-23.890	-12.781	-11.784	-12.741	-14.504	-36.482	-23.891
2028	-25.883	-14.163	-13.004	-13.762	-15.926	-39.436	-25.882
2029	-28.112	-15.401	-14.003	-15.945	-17.453	-42.176	-28.111
2030	-30.310	-17.105	-15.341	-16.841	-18.158	-45.475	-30.309
t	-1.452***	-0.808***	-0.731***	-0.788***	-0.890***	-2.199***	-1.452***
常数	2919.916***	1625.707***	1469.429***	1583.712***	1790.156***	4419.783***	2919.845***
R^2	0.964	0.945	0.955	0.928	0.929	0.969	0.964

注：本表中"t"值的标注＊规则与表7-2相同。

此碳强度的降幅与碳排放降幅基本一致。到 2030 年，碳强度下降了
30.309%。在碳强度下降目标约束中，2005 年价格的碳强度到 2030 年下
降 60%，将其换算为 2012 年价格碳强度的下降比率为 50.094%（参考表
7-1），尽管行政型碳减排政策模拟下的 2030 年降幅 30.309% 与目标下降
50.094% 相比仍有一定差距，但该政策情景在碳强度下降和气候变化改善
方面将起到非常重要的作用。

从五种能源细分的视角发现，电力对应的碳排放降幅最大，截至
2030 年，比基准情景降低了 45.475%，这一方面是源于非化石能源比重
提高使得电力碳排放系数不断下降，另一方面是源于行政型碳排放约束，
使电力消费比重不断上升。除了电力外，煤炭、原油、成品油和天然气
的碳排放降幅比较接近，到 2030 年，这四种能源分别比基准情景的碳排
放下降了 17.105%、15.341%、16.841% 和 18.158%，这些降幅均超过
其各自的能源消费降幅，是能源结构优化和非化石能源比重提高的共同
作用。

对于生产部门而言，能源是重要的原材料、燃料，是生产要素之一，
特别是能源投入密集的重工业部门对煤炭、原油等高碳排放系数的能源消
费较多，而行政型碳减排政策对碳排放的约束，通过投入产出关系传导到
生产的各个部门，从而导致煤炭、原油等化石能源价格上升，使生产部门
在成本最小化的决策下减少能源消费。假设能源结构不变，且非化石能源
比重不变，各能源碳排放系数固定，则能源消费下降的幅度，必然与碳排
放的降幅等量。而能源结构优化可以使碳排放降幅超过能源消费降幅，非
化石能源比重增加也可进一步扩大碳排放的降幅。因此碳排放降幅超过能
源消费降幅的部分，正是能源结构优化和非化石能源比重提高的共同作
用。可见在节约能源的基础上，提高非化石能源比重和优化能源结构，能
够对碳减排效果进一步放大和叠加。

2. 行政型政策情景对生产部门与居民部门的碳排放影响

由生产部门和居民部门的视角对碳排放的变动进行分析（见表 7-6），
其中，到 2030 年，生产部门的碳排放（$TQCC\_ENT$）下降了 30.23%，
居民部门碳排放（$TQCC\_H$）下降了 31.89%。在 2012~2030 年间，大
多数年份居民部门的碳排放降幅均超过生产部门，这是由两部门的能源消

费结构差异造成的，居民部门生活消费电力和天然气较多，且未来对这两种能源的消费比例还会不断上升。电力和天然气的碳排放系数较低，因此居民碳排放下降的空间较大。生产部门能源投入相对多元，对煤炭和原油的需求比例高，因此碳排放下降的空间有限。

将居民部分再进一步细分为城镇居民和农村居民来看，在预测期的大多数年份中，农村居民的碳排放降幅都远超城镇居民，这是由于农村居民能源消费结构和消费效率均有很大提升空间，行政型政策情景约束，农村居民大幅增加对电力和天然气的消费，有效优化生活中的能源消费结构，因此碳减排降幅较大，而城镇居民的能源消费中电力和天然气的消费比重原本就较大，致使碳减排提升空间有限。

表 7 - 6　2012 ~ 2030 年行政型政策情景下生产部门与居民部门
碳排放的变动（与基准情景相比）

单位：%

年份	生产部门碳排放	居民部门碳排放	其中：城镇居民碳排放	其中：农村居民碳排放
2012	- 0. 002	- 0. 002	- 0. 002	- 0. 005
2013	- 1. 526	- 1. 652	- 1. 612	- 1. 843
2014	- 6. 938	- 8. 197	- 7. 083	- 13. 525
2015	- 9. 915	- 11. 953	- 10. 221	- 20. 110
2016	- 10. 505	- 12. 550	- 10. 924	- 20. 137
2017	- 10. 881	- 12. 889	- 11. 371	- 19. 903
2018	- 11. 466	- 13. 548	- 12. 019	- 20. 565
2019	- 12. 066	- 14. 743	- 13. 025	- 22. 360
2020	- 12. 955	- 15. 250	- 13. 677	- 22. 416
2021	- 14. 309	- 16. 941	- 15. 136	- 25. 151
2022	- 15. 608	- 18. 254	- 16. 323	- 26. 572
2023	- 16. 938	- 20. 226	- 17. 656	- 31. 983
2024	- 18. 418	- 21. 924	- 19. 029	- 35. 009
2025	- 19. 956	- 23. 399	- 20. 199	- 37. 621
2026	- 22. 026	- 21. 189	- 22. 838	- 24. 039
2027	- 23. 905	- 23. 608	- 22. 739	- 29. 412

续表

年份	生产部门碳排放	居民部门碳排放	其中：城镇居民碳排放	其中：农村居民碳排放
2028	− 25.904	− 25.415	− 25.356	− 25.907
2029	− 27.928	− 31.212	− 26.978	− 50.322
2030	− 30.230	− 31.890	− 29.714	− 45.234
t	− 1.451***	− 1.471***	− 1.406***	− 1.920***
常数	2917.360***	2955.063***	2825.082***	3855.81***
R^2	0.964	0.936	0.964	0.755

注：本表中"t"值的标注 * 规则与表 7 - 2 相同。

三 行政型政策情景的结构效应

行政型碳减排政策情景下，总产出、中间投入、国内销售、出口和进口的数量与价格以及碳排放都发生变化，为对比部门间的变化差异，将 2012 ~ 2030 年各部门相应指标均值与基准情景均值进行对比，可以消除个别年份的指标模拟振荡的影响（见表 7 - 7 和表 7 - 8）。

（一）行政型政策情景对各部门生产及中间投入的影响

各部门生产价格（PA_a）的变动能够反映生产活动中该部门的供给变化，即生产价格上涨说明对该部门产品的需求减少，反之，生产价格下降，说明对该部门产品的需求增加。行政型政策情景下，各部门的生产价格存在较为普遍的小幅上升。其中，水的生产和供应（0.106%），金属制品、机械和设备修理服务（0.053%）的生产价格涨幅略多一些，其余生产价格上涨的部门，其涨幅均在 0.001% ~ 0.004% 之间。与基准情景相比，生产价格下降的仅有 3 个部门：天然气（− 0.206%）、成品油（− 0.025%）和金属矿采选产品（− 0.011%），说明对这三个部门的产品需求略有上升（见表 7 - 7）。

就各部门生产数量来看，行政型政策情景下，多数部门的该指标无显著变化，生产数量下降的部门有 8 个，降幅都很小：天然气（−

0.172%）、成品油（-0.017%）的降幅超过 0.01%，煤炭（-0.006%），其他制造产品（-0.006%），仪器仪表（-0.002%），原油（-0.002%），交通运输、仓储和邮政业（-0.002%）和非金属矿物制品（-0.001%）的降幅也极小。生产数量提高的部门有 6 个，其增幅也很小：水的生产和供应（0.078%），金属制品、机械和设备修理服务（0.021%），金属矿采选产品（0.016%）的生产数量增长略高一些，废品废料（0.004%）、电力（0.003%）与非金属矿和其他矿采选产品（0.002%）的涨幅极小。从生产数量角度来看，行政型政策情景对生产活动并未产生较大影响，但能源部门中，除了电力外，其余 4 个部门的生产数量都略有下降，碳排放总量受到约束，对各部门的能源投入产生制约，进而影响到能源部门的生产数量，即行政型情景对能源部门产生小幅的抑制作用。

生产活动的中间投入过程体现了各部门之间紧密的投入产出关系。各部门中间投入价格（$PINTA_a$）的变化，能够反映各部门投入产出之间的需求变动情况，与基准情景相比，中间投入价格上升说明对该部门产品中间投入需求下降，反之，中间投入价格下降说明对该部门产品中间投入需求上升。据此来看，行政型碳减排情景下，大多数部门的中间投入价格呈现小幅上升，说明对其需求略有下降。其中，天然气（1.344%）、废品废料（0.863%）和成品油（0.084%）的中间投入价格涨幅位于前三，煤炭（0.025%），交通运输、仓储和邮政业（0.019%）和其他制造产品（0.012%）的该指标涨幅紧随其后。中间投入价格下降的有 10 个部门，其中，水的生产和供应（-0.757%），金属制品、机械和设备修理服务（-0.105%），金属矿采选产品（-0.018%），电力（-0.011%）的该指标降幅略大一些。

就各部门中间投入数量（$QINTA_a$）来看，在行政型碳减排政策下，大多数部门的该指标略有上升。其中，水的生产和供应（1.301%），金属制品、机械和设备修理服务（0.223%）与废品废料（0.148%）涨幅位于前三，其余中间投入数量存在上涨的部门，其涨幅均在 0.033% 及以下。中间投入数量下降的部门有 10 个，其中，天然气（-2.038%）、成品油（-0.159%）、煤炭（-0.044%）降幅位于前三。

总体而言，行政型碳减排政策情景对生产的影响较小，大多数部门的生产数量仍呈现小幅扩张。首先，行政型政策情景下，能源部门（除电力外）生产和中间投入受到的影响显著高于其他部门；其次，水的生产和供应，金属制品、机械和设备修理服务，废品废料这三个部门的生产活动也受到小幅影响，而这些部门生产中能源投入较小，且生产规模也较小，其变动对生产活动整体影响并不大；最后，金属矿采选产品，交通运输、仓储和邮政业这两个部门分别与资源开采和成品油使用关联较大，因此受到能源约束带来的部门影响。而传统高能耗高排放部门（如化学产品、非金属矿物制品、金属冶炼和压延加工品等）的生产过程在行政型政策情景下均未受到显著影响。

（二）行政型政策情景对各部门国内销售的影响

行政型政策情景下，各部门国内销售价格（PQ_c）受到的冲击较大（见表 7 - 7），大多数部门的该指标都呈现不同程度下降。其中，电力（ - 7.942%）、非金属矿和其他矿采选产品（ - 7.067%）、废品废料（ - 7.027%）、金属矿采选产品（ - 5.591%）的国内销售价格降幅超过 5%，通用设备（ - 3.379%）、仪器仪表（ - 2.814%）、其他制造产品（ - 2.582%）、专用设备（ - 2.221%）和原油（ - 1.974%）的国内销售商品降幅也超过 1%。国内销售商品价格下降对应这些商品的需求增加。此外，有 6 种商品的国内销售价格上升，其中，煤炭的价格比基准情景上升了 189.186%，这是由于碳排放约束使生产中煤炭的投入受到大幅抑制，推动该能源价格上涨。除煤炭外，成品油（8.924%），金属制品、机械和设备修理服务（8.309%），建筑业（7.179%）和天然气（1.57%）的国内销售价格也呈现显著上涨。其中，成品油和天然气的销售价格上涨也与碳排放约束有直接关系，但天然气碳排放系数较小，因此相对来说涨幅不大。

与国内销售价格变动相比，各部门国内销售数量（QQ_c）的变动幅度相对较小，大多数部门的该指标呈现小幅上升，而能源部门（除电力外）均呈现下降。具体而言，煤炭、原油、成品油和天然气的国内销售数量分别下降 1.886%、1.384%、1.955% 和 1.766%，这是由于这四种能源受到碳排放约束，特别是煤炭、成品油和天然气的国内销售价格上涨导致其销售下降，但就煤炭和成品油而言，其销售数量降幅远低于其销售价格涨幅，说明这两种能源的国内消费具有刚性特征，特别是煤炭，在国内销售价格几乎上涨 2 倍的情况下，其国内销售数量仅下降 1.886%，说明我国在中长期发展中对煤炭的依赖程度依然很高。受制于碳排放约束，能源消费结构向电力转化，而电力消费价格大幅下降，也引致其国内销售数量增加 2.024%。

表 7 - 7　行政型政策情景下各部门生产、中间投入及国内
销售的变动（与基准情景相比）

单位：%

序号	部　门	生产数量	生产价格	中间投入数量	中间投入价格	国内销售数量	国内销售价格
1	农林牧渔产品和服务	0.000	0.001	- 0.002	0.002	0.000	- 0.019
2	金属矿采选产品	0.016	- 0.011	0.033	- 0.018	0.002	- 5.591
3	非金属矿和其他矿采选产品	0.002	0.000	0.002	- 0.002	0.005	- 7.067
4	食品和烟草	0.000	0.001	0.000	0.001	0.000	- 0.010
5	纺织品	0.000	0.002	0.002	0.000	0.001	- 0.579
6	纺织服装鞋帽皮革羽绒及其制品	0.000	0.002	0.001	0.000	0.001	- 0.025
7	木材加工品和家具	0.000	0.002	0.004	- 0.001	0.002	- 0.274
8	造纸印刷和文教体育用品	0.000	0.001	0.002	0.000	0.001	- 0.166
9	化学产品	0.000	0.001	- 0.002	0.002	0.000	- 0.048
10	非金属矿物制品	- 0.001	0.001	- 0.002	0.002	0.001	- 0.897
11	金属冶炼和压延加工品	0.000	0.001	- 0.001	0.002	0.000	0.003
12	金属制品	0.000	0.002	0.005	- 0.002	0.001	- 0.638
13	通用设备	0.000	0.001	0.001	0.001	0.001	- 3.379
14	专用设备	0.000	0.002	0.002	0.000	0.001	- 2.221
15	交通运输设备	0.000	0.001	0.000	0.001	0.000	- 0.036
16	电气机械和器材	0.000	0.001	0.001	0.001	0.000	- 0.090
17	通信设备、计算机和其他电子设备	0.000	0.001	0.001	0.001	0.000	- 0.074
18	仪器仪表	- 0.002	0.004	0.007	- 0.003	0.004	- 2.814
19	其他制造产品	- 0.006	0.002	- 0.020	0.012	0.011	- 2.582
20	废品废料	0.004	0.001	0.148	0.863	0.002	- 7.027
21	金属制品、机械和设备修理服务	0.021	0.053	0.223	- 0.105	0.021	8.309
22	水的生产和供应	0.078	0.106	1.301	- 0.757	0.012	- 0.364
23	建筑业	0.000	0.001	0.001	0.001	0.000	7.179

续表

序号	部　门	生产数量	生产价格	中间投入数量	中间投入价格	国内销售数量	国内销售价格
24	交通运输、仓储和邮政业	-0.002	0.000	-0.025	0.019	0.000	-0.034
25	批发、零售业和住宿、餐饮业	0.000	0.001	0.002	-0.001	0.000	-0.013
26	其他行业	0.000	0.003	-0.003	-0.003	0.000	-0.001
27	煤炭	-0.006	0.000	-0.044	0.025	-1.886	189.186
28	原油	-0.002	0.003	0.005	-0.003	-1.384	-1.974
29	成品油	-0.017	-0.025	-0.159	0.084	-1.955	8.924
30	天然气	-0.172	-0.206	-2.038	1.344	-1.766	1.570
31	电力	0.003	0.001	0.019	-0.011	2.024	-7.942

就国内销售的部门结构来看，能源部门受到的负向冲击较大，行政型碳减排政策情景助推煤炭为主的化石能源部门国内销售价格大幅上涨，通过各部门间的投入产出关系带动其他部门该指标上涨，同时引起能源部门的国内销售数量小幅下降，而其他部门所受影响较小。因此行政型碳减排政策情景对国内消费的影响是结构性的。

（三）行政型政策情景对各部门出口和进口的影响

在行政型碳减排政策下，各部门出口和进口受到的影响差别较大。影响出口的因素主要有出口价格和总产出，出口价格与国内销售价格相关，当国内销售价格上涨时，必然抑制该部门商品出口；此外，各部门总产出会在国内销售商品和出口商品之间分配，但由于出口只占总产出很少的比重，因此总产出对出口的影响较小。由表 7-8 可以看出，各部门出口价格（PE_a）变动较小。其中，金属矿采选产品（0.757%）、专用设备（0.518%）、木材加工品和家具（0.405%）、非金属矿物制品（0.262%）、食品和烟草（0.261%）、仪器仪表（0.247%）的出口价格涨幅相对较高。出口价格降低的部门中，非金属矿和其他矿采选产品（-1.011%）、纺织服装鞋帽皮革羽绒及其制品（-0.145%）的该指标降幅略大，其余部门出口价格变动都极小。受出口价格变动和总产出的影响，大多数部门的出口数量（QE_a）都呈现下降。其中，降幅前三位的部门有原油（-4.466%）、其他制造产品（-1.232%）和电力（-0.78%），其余部门的出口价格降幅都在 0.5% 以下。出口数量上涨的仅有非金属矿和其他矿采选产品（1.094%）、煤炭（0.295%）和其他行业（0.003%）。

就各部门进口情况来看，大多数部门的进口价格（PM_c）下降，进口数量（QM_c）上升。具体而言，进口价格降幅超过 1% 的部门有：废品废料（-9.815%）、非金属矿和其他矿采选产品（-6.629%）、金属矿采选产品（-5.034%）、通用设备（-3.685%）、专用设备（-3.541%）、原油（-2.983%）、仪器仪表（-2.873%）、其他制造产品（-2.736%）、电力（-1.806%）。进口价格上涨的能源部门有三个：煤炭（215.456%）、成品油（8.557%）和天然气（0.612%）。其中，煤炭进口价格上涨超过 2 倍，这是由于碳减排约束下煤炭的国内销售价格上涨接近 2 倍，引致该商品通过进口对需求进行补充，进而其进口价格也同步上升；成品油也因国内销售价格上涨超过 8%，需要进口弥补其国内需求，因此进口价格同步上涨。在进口价格变动和国内需求的影响下，大多数部门进口数量（QM_c）均呈现小幅上涨。其中，电力（2.825%）、天然气（0.459%）、其他制造产品（0.398%）、建筑业（0.324%）位于前四位，其余部门该指标涨幅均在 0.3% 以下。进口数量下降的仅有 3 个部门：煤炭（-1.41%）、原油（-0.201%）和成品油（-2.019%）。

综合各部门出口和进口来看，在行政型政策情景下，能源部门受到的影响较大，其中，煤炭的进口价格上涨超过 2 倍，但其进口量仅有微量下降，说明煤炭主要依靠国内自给自足，且尽管价格大幅变动，其需求数量仍比较稳定。由于可采储量的限制，我国关于原油和天然气的对外依存度近年来一直保持高位，在行政型碳减排情景下，原油进口价格有下降，但对进口数量影响微弱；天然气进口价格小幅上涨，但天然气进口数量也在上升，这些都与国内对原油和天然气的进口需求较大有关。行政型政策情景对非化石能源约束较大，但对电力不产生约束，因电力行业的进口价格略有下降，引致进口数量小幅上升。

（四）行政型政策情景对各部门减排效应的分析

行政型政策情景下，各部门的价值型能源数量（QEE_a）均呈现不同程度下降（见表 7-8）。其中，天然气（-24.469%）、原油（-13.934%）、非金属矿和其他矿采选产品（-10.207%）的降幅位于前三位，且超过 10%。此外，专用设备（-9.785%）、通用设备（-9.28%）、造纸印刷和文教体育用品（-8.786%）、食品和烟草（-8.483%）、金属制品（-6.96%）、交通运输设备（-6.514%）、水的生产和供应（-5.867%）、金属矿采选产品（-5.725%）、木材加工品和家具（-5.342%）的能源消费降幅也超过 5%。由各部门能源消费的变动可知，行政型碳减排政策情景对碳排放的约束，影响到各个部门对能源的消费量，进而促进各部门碳排放减少。

行政型政策情景下，各部门的碳排放（QCC_a）下降幅度远超能源消费的降幅。由表 7-8 可知，碳排放下降超过 30% 的部门有：食品和烟草（-33.255%）、纺织品（-32.496%）、木材加工品和家具（-32.528%）、造纸印刷和文教体育用品（-30.583%）、金属制品（-33.387%）、通用设备（-32.834%）、专用设备（-33.581%）、交通运输设备（-30.272%）、电气机械和器材（-30.003%）。碳排放降幅在 20%~30% 的部门有：金属矿采选产品（-29.171%），非金属矿和其他矿采选产品（-29.8%），纺织服装鞋帽皮革羽绒及其制品（-28.712%），通信设备、计算机和其他电子设备（-28.192%），其他制造产品（-28.817%），建筑业（-22.468%），批发、零售业和住宿、餐饮业（-28.043%），原油（-28.004%），天然气（-20.41%）。除了以上这些降幅很大的部门之外，高能耗高排放的部门其碳排放降幅均未超过 20% 的部门还有：化学产品（-14.986%）、非金属矿物制品（-15.883%）、金属冶炼和压延加工品（-15.225%）、电力（-19.701%）。这些部门能源消费较高，行政型政策情景下的碳排放约束能够有效降低其碳排放，但减排压力很大，因此碳排放下降幅度有限，但由于这些高排放部门的碳排放量基数很高，尽管减排比重有限，但实际对应的碳减排数量是非常可观的。特别是电力部门，基准情景下的碳排放量在 2012~2030 年年均达到 37.794 亿吨，占各部门碳排放合计的 26.71%，是碳排放量贡献最多的部门，而在行政型政策情景下，一方面煤炭价格增加而减少电力部门对煤炭的需求，另一方面是非化石能源比重增加，促进清洁电力生产，两者共同促进，使电力部门的碳排放比基准情景降低 19.701%，对应年均降低 7.446 亿吨碳排放，在碳排放总量减少方面发挥了非常重要的作用。总体而言，行政型政策下，各部门的减排效果都很显著，从而获得碳排放总量与基准情景相比的大幅下降。产生碳减排效果的原因，不仅有能源价格上涨使中间投入的数量下降，所产生的收入效应，也有非化石能源比重提高后，清洁电力对化石能源的替代效应。

碳排放下降是能源消费下降和非化石能源比重提高的综合结果，而能源消费下降又由能效提高和能源结构优化共同作用。假设能源结构不变，且非化石能源比重不变，各能源碳排放系数固定，则能效提高引起的能源消费下降的幅度，必然与碳排放的降幅等量。而能源结构优化（例如降低煤炭消费比重而增加天然气消费比重）可以使碳排放降幅超过能源消费降幅，非化石能源比重增加也可使电力的碳排放系数下降而进一步扩大碳排放的降幅。因此碳排放降幅超过能源消费降幅的部分，正是能源结构优化和非化石能源比重提高的共同作用。在此基础上，将碳排放的降幅分为两类效应：一是能效提高的减排效应（以 λ 表示，设 λ＝能源消费变动/碳排放变动）；二是非能效提高的减排效应（以 γ 表示，$\gamma = 1 - \lambda$），包括能源结构优化和非化石能源比重提高的共同作用。λ 表示能效提高引起的碳排放降幅占碳排放总降幅的比重，λ 越大，表示该部门能效提高是碳排放下降的主因；反之，λ 越小，即 γ 越大，表示能源结构优化和非化石能源比重提高是该部门碳排放下降的主因，应该在生产过程中加大技术创新，增加节能设施投入，提高生产管理水平，不断提高能源效率，以实现碳减排。由于非化石能源比重提高带来的清洁电力普遍应用于各个行业，很难区分清洁电力对某个部门的专门支持，因此 γ 越大，说明能源结构优化的碳减排作用更加突出。

表 7－8 中"减排效应"列即为 λ 值。对比各部门的减排效应可以发现，天然气是唯一碳排放降幅（－20.41%）小于能源消费降幅（－24.469%）的部门，计算得 λ 为 1.199，但为解释合理，取天然气部门的 $\lambda = 1$，即 $\gamma = 0$，表明该部门碳排放下降完全是由能效提高引起的，能源结构优化和非化石能源比重提高对该部门的碳减排没有作用。λ 在 0.3 以上的部门有原油（0.498）、水的生产和供应（0.454）、非金属矿和其他

矿采选产品（0.343）。这些部门的能效提高是碳排放下降的主因。λ 在 0.2～0.3 之间的部门有：食品和烟草（0.255），造纸印刷和文教体育用品（0.287），化学产品（0.251），非金属矿物制品（0.205），金属制品（0.208），通用设备（0.283），专用设备（0.291），交通运输设备（0.215），交通运输、仓储和邮政业（0.238），煤炭（0.29），成品油（0.286），这些部门中包含了大多数高能耗高排放行业，能效提高和能源结构优化共同作用是这些部门碳排放下降的因素。此外，有 7 个部门的 λ 在 0.1 以下：纺织品（0.083），纺织服装鞋帽皮革羽绒及其制品（0.096），通信设备、计算机和其他电子设备（0.021），仪器仪表（0.086），其他制造产品（0.045），建筑业（0.097），电力（0.098），能源结构优化是这些部门碳排放下降的主因，特别是电力对煤炭的依赖度很高，积极推进其能源结构优化，努力降低煤炭消费比重，可对碳减排起到积极的作用。

表 7-8　行政型政策情景下各部门出口、进口和减排指标变动（与基准情景相比）

单位：%

序号	部　门	出口数量	出口价格	进口数量	进口价格	能源消费	碳排放	减排效应
1	农林牧渔产品和服务	-0.314	0.052	0.047	-0.038	-2.143	-18.214	0.118
2	金属矿采选产品	-0.434	0.757	0.032	-5.034	-5.725	-29.171	0.196
3	非金属矿和其他矿采选产品	1.094	-1.011	0.263	-6.629	-10.207	-29.800	0.343
4	食品和烟草	-0.138	0.261	0.067	0.036	-8.483	-33.255	0.255
5	纺织品	-0.084	-0.017	0.179	-0.646	-2.686	-32.496	0.083
6	纺织服装鞋帽皮革羽绒及其制品	-0.039	-0.145	0.176	-0.041	-2.744	-28.712	0.096
7	木材加工品和家具	-0.121	0.405	0.247	-0.361	-5.342	-32.528	0.164
8	造纸印刷和文教体育用品	-0.080	-0.030	0.135	-0.201	-8.786	-30.583	0.287
9	化学产品	-0.038	-0.072	0.022	0.063	-3.768	-14.986	0.251
10	非金属矿物制品	-0.157	0.262	0.207	-0.997	-3.249	-15.883	0.205
11	金属冶炼和压延加工品	-0.084	0.020	0.030	-0.427	-1.648	-15.225	0.108
12	金属制品	-0.095	-0.006	0.195	-0.773	-6.960	-33.387	0.208

序号	部　门	出口数量	出口价格	进口数量	进口价格	能源消费	碳排放	减排效应
13	通用设备	−0.059	0.077	0.051	−3.685	−9.280	−32.834	0.283
14	专用设备	−0.114	0.518	0.066	−3.541	−9.785	−33.581	0.291
15	交通运输设备	−0.068	−0.047	0.044	0.027	−6.514	−30.272	0.215
16	电气机械和器材	−0.038	−0.061	0.064	−0.068	−3.203	−30.003	0.107
17	通信设备、计算机和其他电子设备	−0.014	0.001	0.013	0.017	−0.592	−28.192	0.021
18	仪器仪表	−0.236	0.247	0.086	−2.873	−1.201	−13.926	0.086
19	其他制造产品	−1.232	−0.006	0.398	−2.736	−1.301	−28.817	0.045
20	废品废料	−0.058	−0.020	0.097	−9.815	−2.078	−12.196	0.170
21	金属制品、机械和设备修理服务	—	—	—	—	−2.429	−14.060	0.173
22	水的生产和供应	—	—	—	—	−5.867	−12.910	0.454
23	建筑业	−0.367	0.051	0.324	0.000	−2.174	−22.468	0.097
24	交通运输、仓储和邮政业	−0.071	−0.045	0.073	−0.070	−1.089	−4.576	0.238
25	批发、零售业和住宿、餐饮业	−0.037	−0.078	0.153	−0.100	−3.011	−28.043	0.107
26	其他行业	0.003	0.058	0.042	−0.021	−1.975	−16.708	0.118
27	煤炭	0.295	−0.015	−1.410	215.456	−2.359	−8.148	0.290
28	原油	−4.466	−0.024	−0.201	−2.983	−13.934	−28.004	0.498
29	成品油	−0.264	0.038	−2.019	8.557	−2.059	−7.197	0.286
30	天然气	—	—	0.459	0.612	−24.469	−20.410	1.199
31	电力	−0.780	0.000	2.825	−1.806	−1.927	−19.701	0.098

注：表中"金属制品、机械和设备修理服务""水的生产和供应"无出口和进口数据，"天然气"无出口数据，因此在表中表示为"—"。"减排效应"列数值的单位不是%，仅为比值。

综合以上分析可以看出，高能耗部门对应高排放，这些部门以化石能源为主要原料或燃料，对能源的依赖程度较高，在碳强度约束条件下，其能源结构调整的空间很有限，所以这类部门能源消费的下降比例相对不高，因此碳排放的下降比例也有限。反之，能源消费较低的部门，碳强度约束下可积极调整能源结构，因此这些部门的碳减排幅度较高。对碳减排效应的分类可以发现，能效提高是少数部门碳排放下降的主因，而能源结构优化对大多数部门的碳减排作用更强。虽然部分高能耗行业（如电力）的碳排放下降幅度小，但能源结构优化带来的碳减排效应十分突出，而另一些部门（如天然气）能效提高所产生的碳减排效应更好。因此，需要依据各部门的特点，实施有差别的碳减排政策引导，以获得更好的碳减排效果。

四　行政型政策情景的居民福利效应

（一）行政型政策情景对居民收入、消费、效用和福利的影响

在行政型政策情景下，居民的收入、消费、效用及福利等指标相对于基准情景的变化如表 7-9 所示。

就居民收入（ YH_h ）而言，在行政型政策情景下，城镇和农村居民收入在 2012~2030 年间几乎无变动。其中，农村居民收入在 2022~2030 年期间有 0.001%~0.002% 的涨幅，这可能与政府对农村居民的转移支付高于城镇居民有关。

就生活总消费（ CH_h ）而言，在行政型政策情景下，城镇居民的生活消费有小幅下降，平均每年下降 0.005%。农村居民生活消费在多数年份中也有下降，但 2026~2028 年期间该指标有显著上升，平均而言，农村居民消费平均每年上升 0.002%，但指标波动性较大，线性趋势不显著。农村居民消费增幅高于城镇居民，这与城乡居民消费结构差异和消费水平有关，由于农村居民消费水平较低，随着收入水平上升和政策性转移支付的支持，使农村居民消费有较大的上升空间。

受城乡居民消费水平、消费结构的变化影响，居民效用（ UH_h^s ）也发生变化。根据式（5.37）得到的行政型政策情景下的居民效用，与基准情景相比较后，获得居民效用变动情况。在行政型政策情景下，城乡居民效用均呈现下降，特别是农村居民，在 2029 年和 2030 年的效用降幅分别达到 4.082% 和 4.794%。平均而言，城镇居民效用平均每年下降 0.04%，农村居民效用平均每年下降 0.145%，农村居民的效用降幅高于城镇居民。

表 7－9　2012～2030 年行政型政策情景下居民收入、消费、效用及福利变动（与基准情景相比）

年份	收入变动（%）		消费变动（%）		居民效用变动（%）		福利等价性变化（百亿元）	
	城镇	农村	城镇	农村	城镇	农村	城镇	农村
2012	0.000	0.000	0.000	0.000	-0.001	0.000	-0.001	-0.001
2013	0.000	0.000	-0.003	0.004	0.002	0.003	0.035	0.018
2014	0.000	0.000	-0.010	0.004	-0.016	-0.066	-0.279	-0.333
2015	0.000	0.000	-0.016	-0.007	-0.033	-0.136	-0.611	-0.734
2016	0.000	0.000	-0.019	-0.006	-0.029	-0.121	-0.552	-0.688
2017	0.000	0.000	-0.020	-0.002	-0.022	-0.099	-0.448	-0.598
2018	0.000	0.000	-0.022	-0.002	-0.021	-0.098	-0.454	-0.620
2019	0.000	0.000	-0.016	-0.160	-0.088	-0.303	-1.967	-2.012
2020	0.000	0.000	-0.029	-0.006	-0.022	-0.106	-0.527	-0.739
2021	0.000	0.000	-0.037	-0.018	-0.036	-0.147	-0.881	-1.073
2022	0.000	0.001	-0.029	0.053	0.003	-0.042	0.078	-0.325
2023	0.000	0.000	-0.050	-0.110	-0.086	-0.383	-2.323	-3.091
2024	0.000	0.001	-0.052	-0.136	-0.108	-0.543	-3.071	-4.603
2025	0.000	0.001	0.011	-0.150	-0.035	-0.636	-1.047	-5.695
2026	0.000	0.001	-0.145	0.210	-0.177	0.490	-5.374	3.293
2027	0.000	0.001	-0.068	0.261	-0.692	-0.606	-22.699	-5.639

续表

年份	收入变动（%）		消费变动（%）		居民效用变动（%）		福利等价性变化（百亿元）	
	城镇	农村	城镇	农村	城镇	农村	城镇	农村
2028	0.000	0.001	-0.102	0.219	-0.712	-0.549	-24.443	-5.079
2029	0.000	0.001	-0.066	-0.315	-0.730	-4.082	-26.690	-45.098
2030	0.001	0.002	-0.076	0.014	-0.761	-4.794	-29.025	-51.750
t	0.000***	0.000***	-0.005***	0.002	-0.040***	-0.145***	-1.423***	-1.585***
常数	-0.027***	-0.120***	9.948***	-3.295	79.746***	292.065***	2869.719***	3196.894***
R^2	0.333	0.699	0.518	0.004	0.597	0.355	0.59	0.355

注：本表中"t"值的标注＊规则与表 7 - 2 相同。

在居民效用的基础上考虑各种商品的价格变动,通过式(5.39)能够获得城乡居民福利等价性变化 EV_h[①]。城乡居民的福利等价性变化在2012~2030年期间均有不同程度下降,并且在2026年后降幅不断扩大,特别是农村居民在2029年和2030年该指标分别下降45.098百亿元和51.75百亿元。城镇居民效用平均每年下降1.423百亿元,农村居民该指标平均每年下降1.585百亿元。总体而言,农村居民的福利降幅高于城镇居民,这与城乡居民消费结构差异有关。虽然中国农村居民收入在相对较低的水平上不断提升,其消费结构也发生变化,但由于农村居民收入水平仍然较低,导致消费结构不合理,消费升级相对迟缓。因此,行政型政策对农村居民的福利具有一定的负向影响。

(二) 行政型政策情景对居民消费结构的影响

在行政型政策情景下,城乡居民的消费结构变化如表7-10所示。

就各商品消费的总体变动有以下特点:一是消费比重变化较大的商品(如能源类商品、通用设备、专用设备、仪器仪表、其他制造产品等)恰好对应基准情景下消费比重较低的商品(见表6-10),这是由于基准情景下消费比重较高的种类(如其他行业,食品和烟草,农林牧渔产品和服务,纺织服装鞋帽皮革羽绒及其制品,交通运输设备,批发、零售业和住宿、餐饮业等)与居民生活密切相关,其效用的权重较大,即使这类商品的价格发生变动,其消费比重也保持稳定。与之相反,基准情景下消费比重较低的部门(如通用设备、专用设备、仪器仪表、其他制造产品等),其效用的权重较低,在行政型碳减排政策下可降低该类商品需求,充分调整对这类商品的消费结构,以满足效用最大化。二是四种能源消费的变动远高于其他商品(居民部门不消费原油),其中煤炭、成品油和天然气消费大幅下降,特别是城乡居民对煤炭的消费降幅均超过60%,而电力消费显著上升。由供给角度分析,行政型碳减排政策使部分能源(煤炭、成品

[①] 依据式(5.39)和(5.40),本章计算得出的福利变动的等价性变化 EV_h,与福利变动的补偿性变化 CV_h 的结果非常接近,为节省篇幅,第七章和第八章有关居民福利变动仅依据 EV_h 的结果进行分析。

油和天然气）国内销售价格上升，提高了居民获得该类能源的消费成本，致使需求量大幅降低；而电力所受的影响较小，因为电力的国内销售价格下降，且电力在居民生活中对其他能源的替代性较强，因此居民增加对电力的消费以满足能源需求。

就城乡居民消费变动的差异而言，一是城镇与农村居民对煤炭消费的降幅最大，分别比基准情景降低了69.525%和67.998%，这是由于居民对煤炭的需求极少，城乡居民在基准情景下对煤炭的消费只占生活总消费的0.044%和0.215%（参考表6-10），且煤炭在农村生活中的炊事和取暖功能容易被其他能源替代，因此煤炭的需求价格弹性相对较高，其价格上涨会显著抑制居民对煤炭的消费需求。二是成品油和天然气的消费在城镇和农村居民中变动差异较大，农村居民对成品油的消费降幅（-49.308%）远超城镇居民（-9.403%），这与城乡居民的收入水平差异有关。《中国统计年鉴2016》显示，2015年城镇和农村居民的人均可支配收入分别为3.12万元和1.14万元，在动态CGE模型的预测期，城乡收入差距基本不变，因此，成品油的互补品——私家车对农村居民而言更接近奢侈品，该能源对农村居民的需求价格弹性远高于城镇居民，碳强度约束使农村居民的成品油消费大幅下降。此外，农村居民对天然气的消费降幅（-19.932%）也远超城镇居民（-1.795%），这与农村的天然气普及率过低有关。2015年城镇居民天然气消费达到358.38亿立方米，而农村仅为1.43亿立方米，由于农村天然气普及率极低，使农村居民对天然气的消费习惯还未形成，天然气价格上涨会使这些农村居民转而使用电力或生物质能源，因此农村居民天然气消费降幅远超城镇居民。三是农村居民电力消费涨幅（25.65%）高于城镇居民（8.508%）。由于非化石能源比重增加，电力的碳排放系数持续下降，居民可增加电力消费来满足能源需求；基于"能源阶梯"理论的角度分析，农村居民收入增加，也促使其电力消费大幅上升。四是农村居民对部分资本密集型商品的消费增幅高于城镇居民，如城镇与农村居民对专用设备消费的涨幅分别为1.705%和6.21%，对通用设备消费的涨幅分别为1.657%和3.109%，该差距在仪器仪表和其他制造产品等部门中也有类似体现，这一差距与农村居民经营性收入比重较高有关。2015年农村与城镇居民人均经营性收入分别占各群体人均可支配收入的39.43%和

11.14%，在消费中，农村居民为增加经营性收入，倾向于农业生产以及小规模加工类的消费支出，例如对专用设备（包括食品和饲料专用设备、农林牧渔专用设备等）、金属制品（包括搪瓷制品、金属制日用品等）、仪表仪器（包括钟表与计时仪器、眼镜等）的消费都具有增加经营性收入的特征，这类商品消费在受到行政型政策情景冲击后，其降幅低于城镇居民。

表 7-10　行政型政策情景下居民消费结构变动（与基准情景相比）

单位：%

种类	居民消费		种类	居民消费	
	城镇	农村		城镇	农村
农林牧渔产品和服务	0.021	0.030	电气机械和器材	0.092	0.238
食品和烟草	0.010	0.021	通信设备、计算机和其他电子设备	0.077	0.238
纺织品	0.499	0.771	仪器仪表	1.423	2.904
纺织服装鞋帽皮革羽绒及其制品	0.026	0.090	其他制造产品	1.365	2.541
木材加工品和家具	0.280	0.884	水的生产和供应	0.417	2.400
造纸印刷和文教体育用品	0.174	0.606	交通运输、仓储和邮政业	0.046	0.163
化学产品	0.052	0.192	批发、零售业和住宿、餐饮业	0.014	0.046
非金属矿物制品	0.773	1.294	其他行业	0.004	0.015
金属制品	0.663	1.872	煤炭	-69.525	-67.998
通用设备	1.657	3.109	成品油	-9.403	-49.308
专用设备	1.705	6.210	天然气	-1.795	-19.932
交通运输设备	0.040	0.225	电力	8.508	25.650

第三节　本章小结

本章基于经济-能源-碳排放动态 CGE 模型，加入行政型碳减排政策情景，模拟中国在 2012~2030 年保持经济适度增长时，宏观经济、碳减排效应、部门结构以及居民福利受到的影响。

第一，从宏观经济受到的影响来看，行政型碳减排政策下，实际 GDP

和总产出量保持不变，国内总消费量、总出口量和总进口量均有小幅下降；由宏观指标价格变动来看，生产价格和资本价格保持不变，而国内销售价格和进口价格有小幅上升，出口价格有微量下降；由企业和政府的收入、支出、储蓄等指标变动来看，行政型碳减排政策对企业和政府均未产生显著影响。

第二，从节能减排效果来看，行政型碳减排政策下，价值型能源消费和碳排放大幅下降。到 2030 年，价值型能源消费和能源强度分别比基准情景下降了 1.178% 和 1.177%，碳排放和碳强度比基准情景分别下降了 30.31% 和 30.309%，其中，电力对应的碳排放降幅达到 45.475%，总体碳减排成效十分显著，但与碳强度下降的目标值相比，仍有一定差距。碳排放变动按生产部门和居民部门细分，在 2030 年两大类部门碳排放分别比基准情景下降了 30.23% 和 31.89%，在居民部门中，农村居民的碳排放降幅比城镇居民略高。

第三，从部门结构来看，行政型碳减排政策下对能源部门的国内销售价格冲击很大，特别是煤炭的国内销售价格大幅上涨，比基准情景增加 189.186%，同时引致该部门进口价格也上升 215.456%。煤炭价格的大幅变动通过投入产出关系，推动其他能源和相关行业的销售价格产生变动。行政型碳减排政策对生产显著的抑制作用，引起部分部门生产数量略有下降，出口数量的降幅更加显著，进口数量小幅增加。此外，各部门价值型能源消费的降幅远低于碳排放降幅，由对两者降幅相除获得减排效应的指标可知，天然气部门碳排放下降完全是由能效提高引起的；能源结构优化和非化石能源比重提高对该部门的碳减排没有作用，纺织品、纺织服装鞋帽皮革羽绒及其制品，通信设备、计算机和其他电子设备，仪器仪表，其他制造产品，建筑业，电力等部门的能源结构优化是碳排放下降的主因；其余部门碳排放下降是能效提高和能源结构优化的共同结果。

第四，行政型碳减排政策对城乡居民福利产生负向冲击。城乡居民的消费、效用和福利在行政型政策情景下均呈现下降，其中，农村居民降幅超过城镇居民。就居民消费商品的结构变动来看，居民对电力的消费大幅增加，对煤炭、成品油和天然气的消费大幅减少，且农村居民对电力消费的涨幅和对成品油和天然气的降幅超过城镇居民。

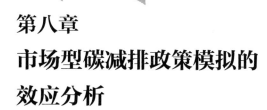

第八章

市场型碳减排政策模拟的
效应分析

第一节　市场型碳减排政策情景设计

市场型碳减排政策包括碳交易政策和碳税政策，以下分别对这两种政策进行情景设计。

一　碳交易政策情景设计

碳交易机制分为基于配额的交易和基于项目的交易。本章碳交易政策的情景设计，暂不考虑基于项目的交易，仅关注基于配额"总量控制和交易"（Cap-and-Trade）的碳交易机制（简称"上限－交易"），即为达到2030年的碳减排目标，假设中国将高排放部门纳入"上限－交易"体系，以这些部门每年的排放配额总量合计为约束碳排放，并假设部门间的富余配额可交易。虽然碳交易实际上是企业间的配额可交易，但本章模型设置较为宏观，无法细分到企业，只能细分至部门，因此假设部门间配额可交易。

需要说明的是，本章碳交易情景设计，是以 CGE 模型为基础，从经济系统的可计算一般均衡角度出发分析碳交易情景的变化情况，对全国碳市场配额总量、确定分配原则、分配方法、配额分配收益管理等细节不做讨论。现实中，中国碳交易试点开始于 2013 年，全国性碳市场体系于 2017年底正式启动，但为了与行政型碳减排政策情景及碳税政策情景进行对比，将碳交易的模拟起始时间假定为 2012 年。

（一）确定碳交易覆盖部门和配额总量

1. 碳交易覆盖部门

2016 年 1 月国家发改委发布的《关于切实做好全国碳排放权交易市场启动重点工作的通知》，明确了在全国碳交易市场建设的第一阶段中，将覆盖八大重点排放行业：石化、化工、建材、钢铁、有色、造纸、电力、航空，其他行业的自备电厂综合能耗超过 1 万吨标准煤的也要纳入碳交易。由于碳市场建设的复杂性，2017 年 12 月 19 日正式启动全国碳排放交易体系，仅覆盖发电行业，但随着市场建设不断推进，将所有重点碳排放行业纳入全国碳交易体系将是未来低碳建设的必然趋势。

本章聚焦八大重点排放行业，并对照《中国工业统计年鉴 2015》的工业行业细分，将 CGE 模型中的 10 个部门分别与八大重点行业相对应，其对应关系如表 8 - 1 所示。2015 年这 10 个部门的碳排放总量占总碳排放的65.41%，不包含航空的其他 9 个部门的碳排放合计占 2015 年工业碳排放的 82.36%。本章确定的 10 个碳交易覆盖部门，虽然不能与国家发改委指定的重点行业完全对应，但能够从理论模型角度分析碳交易政策的影响。

表 8 - 1　碳交易情景覆盖的 10 个部门

单位：亿吨，%

覆盖行业	对应本章生产部门	包含主要子行业	2015 年碳排放	占 2015 年总碳排放比重	占 2015 年工业碳排放比重
石化	原油（石油和天然气开采产品）	石油和天然气开采	0.77	0.81	1.17
	成品油（石油、炼焦产品和核燃料加工品）	精炼石油和炼焦	1.97	2.08	3.00
	化学产品	化学、肥料和橡胶制品	11.78	12.43	17.91
能源	煤炭（煤炭采选产品）	煤炭的开采和洗选业	2.33	2.46	3.54
	天然气（燃气生产和供应）	燃气生产供应	0.11	0.12	0.17
建材	非金属矿物制品	水泥、各类建筑材料	9.26	9.77	14.08
钢铁有色	金属冶炼和压延加工品	钢铁、有色金属	23.14	24.40	35.17
造纸	造纸印刷和文教体育用品	造纸	1.38	1.45	2.09
电力	电力（电力、热力的生产和供应）	火力发电	3.44	3.63	5.23
航空	交通运输、仓储和邮政业	航空运输	7.85	8.27	—
合　计			62.03	65.41	82.36

2. 碳排放配额总量

为确定 10 个碳交易覆盖部门的碳排放配额总量，做如下推导。

第一，设 2015 年 10 个部门碳排放占总排放的比重为 φ_k，$k = 1,2,\cdots,$ 10，表示 10 个碳交易覆盖部门。随着各部门的产出变动，各部门的碳排放占比也会变化，即 φ_k 会随 t 变动，但为了便于碳交易情景的设计，假设 φ_k 在 2012~2030 年固定不变，即 $\sum_k \varphi_k = 0.654$（即表 8-1 中 10 个部门占总碳排放比重合计）。

第二，10 个部门各自的配额总量为：

$$LC_k^t = aim\_TGHG_{CO_2}^t \times \varphi_k \tag{8.1}$$

式（8.1）中，LC_k^t 表示第 k 个部门的排放配额，$aim\_TGHG_{CO_2}^t$ 为碳排放总量的约束值，与第七章式（7.1）中的指标相同。式（8.1）表明，在 2012~2030 年间，碳排放总量不超过 $aim\_TGHG_{CO_2}^t$，则能够实现碳减排目标，该目标主要通过控制重点部门的碳排放来实现，并将碳交易覆盖的 10 个部门排放配额限定为总排放量的对应比例。根据式（8.1）推算，可得到 10 个部门各年的碳排放配额 LC_k^t（见表 8-2）。

表 8-2　2012~2030 年 10 个部门碳排放配额推导

单位：亿吨

年份	造纸印刷和文教体育用品	化学产品	非金属矿物制品	金属冶炼和压延加工品	交通运输、仓储和邮政业	煤炭	原油	成品油	天然气	电力	10 个部门合计
2012	1.348	11.550	9.078	22.679	7.691	2.284	0.753	1.932	0.110	3.373	60.799
2013	1.398	11.980	9.416	23.522	7.977	2.369	0.781	2.003	0.114	3.499	63.060
2014	1.365	11.693	9.191	22.960	7.786	2.313	0.762	1.955	0.111	3.415	61.552
2015	1.375	11.784	9.262	23.138	7.847	2.331	0.768	1.971	0.112	3.442	62.030
2016	1.432	12.275	9.648	24.101	8.173	2.428	0.800	2.053	0.117	3.585	64.611
2017	1.491	12.774	10.040	25.081	8.506	2.526	0.833	2.136	0.122	3.731	67.238
2018	1.550	13.280	10.438	26.074	8.843	2.627	0.866	2.221	0.127	3.879	69.902
2019	1.609	13.791	10.840	27.079	9.183	2.728	0.899	2.306	0.131	4.028	72.595
2020	1.654	14.171	11.138	27.825	9.436	2.803	0.924	2.370	0.135	4.139	74.595
2021	1.689	14.469	11.373	28.410	9.635	2.862	0.943	2.420	0.138	4.226	76.164

续表

年份	造纸印刷和文教体育用品	化学产品	非金属矿物制品	金属冶炼和压延加工品	交通运输、仓储和邮政业	煤炭	原油	成品油	天然气	电力	10个部门合计
2022	1.721	14.744	11.589	28.949	9.818	2.916	0.961	2.466	0.141	4.306	77.610
2023	1.749	14.990	11.782	29.433	9.982	2.965	0.977	2.507	0.143	4.378	78.907
2024	1.774	15.203	11.949	29.851	10.123	3.007	0.991	2.542	0.145	4.440	80.027
2025	1.794	15.376	12.086	30.191	10.239	3.041	1.003	2.571	0.147	4.491	80.939
2026	1.809	15.504	12.186	30.441	10.324	3.066	1.011	2.593	0.148	4.528	81.609
2027	1.818	15.577	12.243	30.585	10.372	3.081	1.016	2.605	0.149	4.550	81.996
2028	1.819	15.589	12.253	30.608	10.380	3.083	1.016	2.607	0.149	4.553	82.057
2029	1.812	15.529	12.206	30.492	10.341	3.071	1.013	2.597	0.148	4.536	81.744
2030	1.796	15.388	12.095	30.215	10.247	3.044	1.003	2.573	0.147	4.494	81.003

(二) 碳交易政策情景

碳排放配额的配发通常有三种模式：免费配发、竞价拍卖和定价出售。参考 EU ETS（欧盟碳交易体系）和 CA C&T（美国加州碳交易项目）的经验可知，免费配发是碳市场初期配额的主要配发方式，随着市场逐渐完备，竞价拍卖的比例将不断增加，而定价出售的比例很小。在中国区域碳交易市场中，建立初期为了吸引企业积极参与，基本都采取免费配发的方式，同时为将来的有偿配发预留了空间。因此，本章设定碳交易配额配发在初期全部为免费配发，随着时间推移，设定竞价拍卖的比例逐渐增加，但碳交易情景设计中不包含定价出售。

设定碳交易情景的方程如下：

$$PA_k^t \cdot QA_k^t = PVA_k^t \cdot QVA_k^t + PINTA_k^t \cdot QINTA_k^t +$$
$$pc^t \cdot (GHG_{CO_2.k}^t - \gamma_m^t \cdot LC_k^t) \cdot 10^{-4} \qquad (8.2)$$

$$GHG_{CO_2.k}^t = \sum_{ce} (\lambda_{ce}^t \cdot QINT_{ce.k}^t \cdot PQ_{ce}^t) \qquad (8.3)$$

$$\sum_k GHG_{CO_2.k}^t = \sum_k LC_k^t \qquad (8.4)$$

式（8.2）是对第五章式（5.3）的相应调整，其中 $k = 1,2,3,\cdots,10$，表示碳交易覆盖的 10 个部门，与表 8 – 2 对应。pc^t 表示第 t 期配额的竞价拍卖价格，虽然在模型中将其设定为内生变量，但与模型中其他价格一样，pc^t 的变动为标准价格变动。γ_m^t 是碳排放免费配发系数，设 2012 年的免费发放均为 100%，$m = 1,2,3,4,5$，对应免费发放比重的变动五种情形，其中 $m = 1$ 时，2012～2030 年 k 部门的配额全部免费发放，$m = 2,3,4,5$ 的四种情景表示在 2012 年的免费比例为 100%，而到 2030 年分别下降至 75%、50%、25% 和 5%（见表 8 - 3），由于配额中一般都有政府预留的部分，因此 $m = 5$，即到 2030 年匀速下降至 5%，可以视为配额全部通过拍卖获得的情景。$GHG_{CO_2.k}^t$ 表示 t 期 k 部门的实际碳排放，方程前半部分 $PVA_k^t \cdot QVA_k^t + PINTA_k^t \cdot QINTA_k^t$ 表示非碳排放成本，方程的后半部分 $pc^t \cdot (GHG_{CO_2.k}^t - \gamma_m^t \cdot LC_k^t) \cdot 10^{-4}$ 表示碳排放成本，若 k 部门的实际碳排放不超过许可碳排放，即 $GHG_{CO_2.k}^t \leq \gamma_m^t \cdot LC_k^t$，则该部门生产成本不会增加，而且还可以将富余配额以 pc^t 的价格出售给其他部门来降低生产成本；若 k 部门的实际碳排放超过许可碳排放，即 $GHG_{CO_2.k}^t > \gamma_m^t \cdot LC_k^t$，则超过的部分需要以 pc^t 的价格从其他部门购买，从而增加生产成本。由于 CGE 模型中，产出 $PA_k^t \cdot QA_k^t$ 的单位是千万元，pc^t 的单位是元/吨，$GHG_{CO_2.k}^t$ 和 LC_k^t 的单位均为千吨，为了将碳排放成本也统一为千万元，需要在碳排放成本部分乘以 10^{-4} 调整计算单位。式（8.3）是在式（5.57）基础上做的修改。式（8.4）对许可碳排放的交易部门和数量做了限定，要求 k 部门的实际碳排放合计量与碳排放配额一致，即各部门富余的碳排放只能在 k 部门之间交易。以上三个方程仅对 k 部门做了限定，其余部门不受限制。

表 8 - 3　2012～2030 年碳交易情景的碳排放配额发放比例

单位：%

年份	$\gamma_1^{2030} = 1$		$\gamma_2^{2030} = 0.75$		$\gamma_3^{2030} = 0.5$		$\gamma_4^{2030} = 0.25$		$\gamma_5^{2030} = 0.05$	
	免费配发	竞价拍卖	免费配发	竞价拍卖	免费配发	竞价拍卖	免费配发	竞价拍卖	免费配发	竞价拍卖
2012	100	0	100	0	100	0	100	0	100	0
2015	100	0	95	5	89	11	79	21	61	39
2020	100	0	88	12	73	27	54	46	26	74
2025	100	0	81	19	61	39	37	63	11	89
2030	100	0	75	25	50	50	25	75	5	95

注：5 种情景均假设 2012～2030 年的配额变动是匀速的。

二 碳税政策情景设计

中国现阶段并未单独设立碳税，当前的资源税、环保税和成品油消费税间接起到了节能减排的作用。但碳税作为控制碳排放有效的市场型政策，从理论层面探讨其减排效果，仍是学者们关注的热点。因此，本小节以 CGE 模型为基础，从经济系统的可计算一般均衡视角出发，分析碳税政策会对经济系统中的哪些模块产生影响，并且在"双重红利"的指引下，对比碳税返还和不返还情景对经济系统的影响，以及关注居民福利的变动。为了与行政型碳减排政策和碳交易政策进行对比，将碳税的模拟起始时间也设置为 2012 年。

（一）征收碳税情景

假定在能源消费环节征收碳税，这包括对生产部门的中间能源投入征收碳税，和对居民生活中的能源消费征收碳税。碳税征收的方程如下：

$$TCTAX = \sum_{ce} CTAX_{ce} = \sum_a CTAX_a + \sum_h CTAX_h =$$
$$TGHG_{CO_2} \cdot tc \cdot 10^{-4} \tag{8.5}$$

$$CTAX_{ce} = GHG_{CO_2 \cdot ce} \cdot tc \cdot 10^{-4} \tag{8.6}$$

$$CTAX_a = GHG_{CO_2 \cdot a} \cdot tc \cdot 10^{-4} \tag{8.7}$$

$$CTAX_h = GHG_{CO_2 \cdot h} \cdot tc \cdot 10^{-4} \tag{8.8}$$

其中，$TCTAX$ 为征收的碳税总额，tc 为对二氧化碳排放征收的税率（单位：元/吨）。由于式（5.58）的碳排放单位是千吨，式（8.5）中乘以 10^{-4} 使碳税转换为千万元，便于各指标单位一致。

征收碳税情景下，将会对 CGE 模型产生以下影响。

第一，提高能源商品的价格。

$$\tau c_{ce} = \frac{CTAX_{ce}}{QQ_{ce} \cdot PQ_{ce}} \tag{8.9}$$

$$PQ_{ce}^{new} = (1 + \tau c_{ce}) \cdot PQ_{ce} \tag{8.10}$$

对能源消费征收碳税，将会提高能源商品的价格。其中，τc_{ce} 是各能源的从价税税率，QQ_{ce} 和 PQ_{ce} 分别为 5 种能源商品的需求量和价格，PQ_{ce}^{new} 为征收碳税后新的能源价格。

第二，降低居民可支配收入。

$$PQ_c \cdot QH_{ch} = shrh_{ch} \cdot mpc_h \cdot (YH_h - ti_h \cdot YH_h - CTAX_h) \tag{8.11}$$

在居民消费环节征收碳税，会使居民可支配收入降低。其中，PQ_c 为商品 c 的价格，QH_{ch} 为居民 h 对商品 c 的消费量，mpc_h 是居民 h 群体的边际消费倾向，YH_h 是居民 h 的收入，ti_h 是居民 h 的个人所得税税率。

第三，增加政府税收。

$$\begin{aligned}
YG = &\sum_a \left[YNTAX_a + tvat_a \cdot (WL \cdot QLD_a + WK \cdot QKD_a) + CTAX_a \right] + \\
&\sum_c tm_c \cdot pwm_c \cdot QM_c \cdot EXR + \sum_h (ti_h \cdot YH_h + CTAX_h) + \\
&ti_{ent} \cdot YENT + transf_{gov-row} \cdot EXR
\end{aligned} \tag{8.12}$$

在生产环节和居民消费环节征收碳税，会增加政府税收。其中，YG 是政府收入，$YNTAX_a$ 是部门 a 的非税收入，$tvat_a$ 是部门 a 的生产型增值税税率，WL 和 WK 分别为劳动力和资本的价格，QLD_a 和 QKD_a 分别为部门 a 的劳动力和资本的需求量，tm_c、pwm_c 和 QM_c 分别为进口商品 c 的进口税率、国际价格和进口数量，EXR 为汇率，ti_{ent} 是企业所得税税率，$YENT$ 是企业收入，$transf_{gov-row}$ 是国外对政府的转移支付。

第四，影响投资储蓄平衡。

$$\begin{aligned}
EINV + FSAV \cdot EXR = &\sum_h (1 - mpc_h) \cdot (YH_h - ti_h \cdot YH_h - CTAX_h) + \\
&ENTSAV + GSAV + VBIS
\end{aligned} \tag{8.13}$$

居民可支配收入因碳税征收而减少，会使宏观模块的投资与储蓄平衡方程发生变化。其中，$EINV$ 为企业投资总额，$FSAV$ 为国外净投资［$FSAV$ 原本为国外净储蓄，但本章的 SAM 表中，该指标为负值，因此将其绝对值调整至 SAM 表的转置位置（参考图 5 - 1），用以衡量国外净投资］，$ENTSAV$ 为企业储蓄，$GSAV$ 为政府储蓄，$VBIS$ 为检验储蓄投资方程的虚变量。

（二）碳税返还情景

对生产部门来说，碳税使生产成本提高，从而导致企业利润下降；若产品价格上升，将部分税收负担通过产品价格转嫁给消费者，进而影响劳动者报酬；对居民来说，碳税增加了居民税负，减少了居民的消费，降低了居民福利。因此众多学者探讨碳税是否具有"双重红利"，即第一重红利是征收碳税有利于提高能源利用效率，减少碳排放及环境污染；第二重红利是通过减少其他税率，或者政府对居民及企业进行转移支付，保持政府的税收中性，从而使社会福利有所增加。在"双重红利"的思路下，本章将碳税收入通过降低所得税率的方式返还给企业和居民，用以衡量居民福利是否增加。碳税返还的方程如下：

$$ti_h^{new} = ti_h - \frac{CTAX_h}{YH_h} \tag{8.14}$$

$$ti_{ent}^{new} = ti_{ent} - \frac{\sum_a CTAX_a}{YENT} \tag{8.15}$$

式（8.14）表示，政府通过降低居民个人所得税率的方式，将征收的碳税返还给居民，使居民实际税负不增加。式（8.15）表示政府减少企业所得税率，将生产过程中征收的碳税返还给企业，使企业的实际税负也不增加。通过碳税收入的返还，政府收入实际无变化，ti_h 和 ti_{ent} 分别由 ti_h^{new} 和 ti_{ent}^{new} 代替，$CTAX_a$ 和 $CTAX_h$ 依旧保留，个人和企业所得税率的降低恰好与征收碳税相抵消。

（三）碳税税率情景

将碳税税率 tc 分别取 20、40、60、80 和 100 元/吨，且不考虑碳税返还，对这 5 种情景（见表 8－4 中情景 1~5）模拟后比较发现，当 tc 取 60 元/吨时（情景 3），经济系统所受到的冲击最小，且碳减排效果较好，因此在该情景（情景 3）基础上模拟碳税返还（情景 6），形成以下 6 种碳税税率政策情景。

表 8－4　碳税政策情景

单位：元/吨

情景名称	情景 1	情景 2	情景 3	情景 4	情景 5	情景 6
碳税 tc	20	40	60	80	100	60
是否返还	否	否	否	否	否	是

通过式（5.1）～（5.67），以及式（8.5）～（8.15）的模拟，可知在6种碳税情景下，政府征收的碳税逐年增加（见图8-1）。随着税率的增加，碳税总额也越高，当 tc 为20元/吨时（情景1），所征收的碳税在19百亿到44百亿元之间，而 tc 为100元/吨时（情景5），征收的碳税在93百亿到222百亿元之间。当 tc 为60元/吨时，征收的碳税在55百亿到135百亿元之间，且情景6的碳税总额略高于情景3。

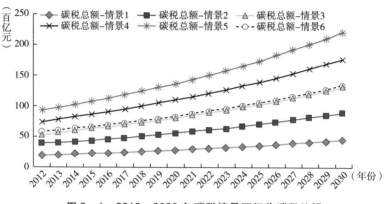

图8-1　2012～2030年碳税情景下征收碳税总额

第二节　市场型碳减排政策模拟的效应

一　碳交易政策模拟的效应

通过第五章CGE模型的式（5.1）～（5.67），以及碳交易政策情景的式（8.1）～（8.4）进行模拟，可得到碳交易政策情景下各指标与基准情景相比的变动情况。由于经模拟后发现不同碳排放配发比例仅影响碳价，对其他指标无影响，本小节仅展示碳配额全部免费发放的模拟效应（对应表8-3中情景1）。

（一）碳交易政策情景的宏观效应

1. 碳交易政策情景的宏观指标数量变动

就实际GDP的变动而言（见表8-5），在碳交易政策情景下，该指标在 2012～2030 年间无显著变化, 仅在 2019 年和 2022 年有 0.007% 的升降 (宏观各数量指标在 2019 年和 2022 年变化较大, 可能是由动态 CGE 模型预测中产生振荡造成的), 在 2026 年后有 0.001% 的上升, 但由于变动幅度极小, 可以认为碳交易减排政策对实际 GDP 基本无影响, 这是由于模型设定的重要前提是经济适度增长, 因此, 碳交易情景的影响主要表现为其他宏观经济指标和结构的变化。

就总产出量、国内总消费量和总投资额的变动来看, 在碳交易政策情景下, 一是总产出量 ($TQoutput$) 在预测期基本无变化, 说明碳交易政策对总产出无影响。二是国内总消费量 (TQQ) 在碳交易政策情景下呈现微量上升, 该指标在大多数年份涨幅在 0.004%～0.005% 之间波动, 说明碳交易政策情景对国内总消费量有微量促进作用。三是总投资额 ($EINV$) 整体呈现上涨, 在预测期内, 除了 2019 年 (5.588%) 和 2022 年 (-5.256%) 出现振荡外, 其余年份均呈现不同程度上升, 且增幅有逐渐扩大的趋势, 2028 年总投资额增幅上升至 1.5%。

就总出口量 ($TQexport$) 和总进口量 ($TQimport$) 来看, 碳交易政策情景下, 除了 2019 年和 2022 年出现振荡外, 其余年份中, 总出口量有小幅增加, 且增幅在多数年份不超过 0.02%; 总进口量呈现少量下降, 其降幅在多数年份也不超过 0.02%。总出口量和总进口量在 2026～2027 年间均有显著降低, 而在 2029 年又有显著提高。这是由于在碳交易情景下, 碳密集型商品的产出减少, 为保证国内该类商品的需求, 这类商品的出口下降, 从而带动出口整体小幅下降, 在国际贸易平衡条件下, 进口也同步下降。

表 8-5　2012 年～2030 年碳交易政策情景下的宏观指标数量变动 (与基准情景相比)

单位: %

年份	实际 GDP	总产出量	国内总消费量	总投资额	总出口量	总进口量
2012	0.000	0.000	0.005	0.554	0.023	-0.009
2013	0.000	0.000	0.005	0.439	0.016	-0.012
2014	0.000	0.000	0.005	0.132	0.016	-0.010
2015	0.000	0.000	0.005	0.191	0.013	-0.011
2016	0.000	0.000	0.005	0.219	0.012	-0.010
2017	0.000	0.000	0.005	0.243	0.010	-0.010

年份	实际 GDP	总产出量	国内总消费量	总投资额	总出口量	总进口量
2018	0.000	0.000	0.005	0.254	0.019	-0.026
2019	0.007	0.004	0.012	5.588	2.542	2.979
2020	0.000	0.000	0.005	0.326	0.015	-0.020
2021	0.000	0.000	0.005	0.380	0.011	-0.012
2022	-0.007	-0.005	-0.003	-5.256	3.332	-3.376
2023	0.000	0.000	0.005	0.464	0.001	-0.017
2024	0.000	0.000	0.005	0.501	0.013	-0.018
2025	0.000	0.000	0.005	0.543	0.009	-0.011
2026	0.001	-0.001	0.004	0.515	-0.022	-0.015
2027	0.001	0.000	0.004	0.838	-0.031	-0.060
2028	0.001	0.000	0.004	1.500	0.005	-0.001
2029	0.000	0.000	0.004	0.658	0.014	0.060
2030	0.001	0.000	0.004	1.071	0.020	-0.026
t	0.000	0.000	0.000	0.013	-0.004	-0.016
常数	-0.021	0.064	0.207	-25.947	8.617	32.450
R^2	0.001	0.014	0.049	0.002	0.001	0.007

注：表格后三行是将各指标原值对时间 t 做线性回归，所得 t 的系数采用加 * 标注其是否显著，其中 * 、 * * 、 * * * 分别表示在10%、5%、1%的显著水平下拒绝系数为零的原假设，若未标 * ，表明系数均不显著。

2. 碳交易政策情景的宏观指标价格变动

碳交易政策情景下的宏观指标价格变动包括生产价格、国内销售价格、出口和进口价格、劳动力价格和资本价格，这类价格变动能够体现出碳交易政策情景相对于基准情景下，生产、国内消费、出口和进口，以及劳动力和资本的供需情况。

根据表 8-6 来看，在碳交易情景下，生产价格（$\overline{PA}_a$）有微量降低，多数年份降幅在 0.001% ~ 0.002% 之间，可以认为生产价格基本不受影响。生产价格受中间投入，以及资本 - 劳动力 - 能源合成束的综合影响，在碳交易情景下，碳密集型商品以及相关商品的生产成本略有上升，这是由于碳密集部门需要投入更多节能减排设备，促使其控制碳排放成本，碳交易机制覆盖行业对节能减排技术和设备的使用，不仅能降低本行业碳排放成本，还能使多余的碳排放配额通过竞价拍卖的方式售出，以减少自身的生产总成本，而减排成本较低的行业则可以出让碳排放配额，总体对生产成本影响不大，还能促使生产价格略有下降。

表 8 – 6 2012～2030 年碳交易政策情景下的宏观指标价格变动（与基准情景相比）

单位：%

年份	生产价格	国内销售价格	出口价格	进口价格	劳动力价格	资本价格
2012	– 0.002	– 1.847	0.053	14.255	– 0.004	0.001
2013	– 0.002	– 2.141	0.075	16.893	– 0.004	0.000
2014	– 0.002	– 3.367	29.544	22.080	– 0.004	0.000
2015	– 0.002	– 3.152	– 0.287	2.195	– 0.004	0.000
2016	– 0.002	– 3.000	– 0.123	2.893	– 0.004	0.000
2017	– 0.002	– 2.873	– 0.266	3.415	– 0.004	0.000
2018	– 0.001	– 2.778	– 0.268	3.823	– 0.004	0.000
2019	– 0.026	– 0.225	24.850	12.582	– 0.041	0.000
2020	– 0.002	– 2.542	– 0.072	11.839	– 0.004	0.000
2021	– 0.002	– 2.406	– 0.050	12.661	– 0.004	0.000
2022	0.026	– 4.607	1.132	12.651	0.040	0.000
2023	– 0.002	– 2.264	– 0.033	13.499	– 0.004	0.000
2024	– 0.002	– 2.138	– 0.010	14.049	– 0.004	0.000
2025	– 0.002	– 1.983	– 0.013	14.727	– 0.004	0.000
2026	– 0.001	– 5.559	– 9.248	3.505	– 0.003	0.000
2027	– 0.001	– 2.763	– 0.460	12.662	– 0.003	0.000
2028	– 0.001	– 3.041	0.921	8.221	– 0.004	0.000
2029	– 0.001	– 1.631	– 0.119	17.003	– 0.003	0.000
2030	0.000	– 2.155	24.293	61.390	– 0.003	0.000
t	0	– 0.013	– 1.363	0.829	0.000	– 0.000
常数	– 0.395	24.025	2764.55	– 1661.640	– 0.521	0.032
R^2	0.016	0.004	0.064	0.132	0.011	0.150

注：本表中"t"值的标注 * 规则与表 8 – 5 相同。

国内销售价格（$\overline{PQ_c}$）呈现较大程度下降，除了 2022 年（– 4.607%）和 2026 年（– 5.559%）的降幅超过 4% 以外，其余年份降幅大多在 3% 左右。国内综合销售价格降低，而国内总销售数量微量提高。由国内总销售额＝国内销售数量×国内销售价格，可知国内总销售额实际是下降的，由国内销售价格下降说明国内消费的供给略有提高。碳交易政策情景下的国内综合销售价格变动与行政型政策情景的该指标变动相反，这可能是由于碳减排并非由行政手段实施，而是通过行业间对超额碳排放权进行买卖，鼓励碳排放成本更低的行业进行减排，因此并未推动国内销售价格大幅上涨，反而有少量下降。

就出口价格（$\overline{PE_a}$）和进口价格（$\overline{PM_c}$）变动来看，在碳交易政策情景下，出口价格在 2014 年、2019 年和 2030 年分别出现 29.544%、24.85% 和 24.293% 的涨幅，这可能是动态 CGE 模型预测振荡导致的，其余大多数年份呈现小幅下降。进口价格在碳交易政策情景下的变动较大，在 2015～2018 年间进口价格涨幅在 3% 左右，其余大多数年份该指标涨幅在 11%～20% 之间，说明碳交易政策情景对进口价格产生显著的推动作用。这是因为碳交易政策下，国内能源生产受到一定抑制，部分能源将通过进口来弥补国内能源消费的缺口，因此国内能源及其他资源性产品的进口需求增加，推动进口价格上升。

就劳动力价格（WK）和资本价格（WL）的变动来看，碳交易政策情景对这两种能源要素基本不产生影响。其中，劳动力价格在预测期内有约 0.004% 的微量下降，这是由于劳动力供给是外生给定的，在充足的劳动力供应下，劳动力价格略有下降。而资本价格没有显著变化，说明在碳交易政策情景下，资本供给未发生较大变化。

3. 碳交易政策情景对企业与政府部门宏观指标的影响

碳交易政策情景下，企业部门与政府部门的各项宏观指标均没有显著影响。其中，企业部门包括企业总收入（$YENT$）和企业储蓄（$ENTSAV$），政府部门包括政府总收入（YG）、总支出（EG）和总储蓄（$GSAV$），以上五个指标在碳交易政策情景下变动极小，因此认为该政策情景对企业和政府部门基本无影响，这与行政型碳减排政策情景结果基本一致（因五组指标均变动极小，为节省篇幅，未列出数据表格）。

（二）碳交易政策情景的减排效应

1. 碳交易政策情景对能源消费和能源强度的影响

根据表 8 - 7 来看，在碳交易情景下，价值型能源消费（$TQEE$）在

2012～2030 年与基准情景相比呈现微量上升，但其增幅由 2012 年的 0.058%逐渐下降至 2030 年的 0.046%，平均每年该指标增幅下降 0.001%。价值型能源强度（QEI）的变动与能源消费基本一致，也由 2012 年的 0.059%逐渐下降至 2030 年的 0.044%。因价值型能源消费和能源强度的增幅都很小，也可认为碳交易情景下，这两个指标与基准情景相比均无显著变化。

从细分五种能源结构来看，各个能源的能源消费变动差异较大。首先，天然气消费的涨幅最大，2012～2025 年间，该涨幅在 1.6%左右波动，其后该涨幅逐渐下浮至 1.4%，说明在碳交易情景下，天然气作为碳排放系数较低的清洁能源，消费比重显著提高。其次，煤炭消费的涨幅由 2012 年的 0.056%逐渐降至 2030 年的 0.026%，平均每年下降 0.002%，说明在能源结构中，煤炭的比例在下降。再次，成品油和电力的消费增幅基本一致，大多数年份在 0.02%～0.025%之间波动，涨幅低于价值型能源消费增幅。最后，原油消费增幅仅为 0.001%，可认为其基本不变。需要说明的是，价值型能源强度由于包含了能源价格因素，其与实物型能源强度的变动是不同的，价值型能源消费与实物型能源消费也不同的，虽然价值型能源消费有微量上升，但实物型能源消费可能是下降的。

表 8-7　2012～2030 年碳交易政策情景下能源消费
与能源强度的变动（与基准情景相比）

单位：%

年份	价值型能源消费	其中：煤炭消费	其中：原油消费	其中：成品油消费	其中：天然气消费	其中：电力消费	价值型能源强度
2012	0.058	0.056	0.002	0.023	1.552	0.024	0.059
2013	0.059	0.056	0.001	0.023	1.607	0.024	0.059
2014	0.058	0.053	0.001	0.023	1.595	0.023	0.059
2015	0.057	0.052	0.001	0.023	1.592	0.023	0.059
2016	0.058	0.051	0.001	0.023	1.606	0.022	0.056
2017	0.058	0.051	0.001	0.023	1.617	0.022	0.056
2018	0.058	0.051	0.001	0.023	1.620	0.022	0.056
2019	0.067	0.067	0.021	0.034	1.567	0.023	0.059
2020	0.058	0.049	0.001	0.023	1.628	0.022	0.056
2021	0.057	0.048	0.001	0.023	1.626	0.022	0.056

续表

年份	价值型能源消费	其中：煤炭消费	其中：原油消费	其中：成品油消费	其中：天然气消费	其中：电力消费	价值型能源强度
2022	0.048	0.030	− 0.021	0.011	1.687	0.021	0.052
2023	0.056	0.044	0.001	0.023	1.613	0.022	0.056
2024	0.056	0.043	0.001	0.022	1.601	0.021	0.056
2025	0.055	0.041	0.001	0.022	1.585	0.021	0.056
2026	0.050	0.033	0.001	0.020	1.466	0.020	0.048
2027	0.049	0.035	0.000	0.021	1.411	0.021	0.048
2028	0.047	0.031	0.001	0.020	1.344	0.020	0.044
2029	0.049	0.033	0.001	0.021	1.408	0.021	0.052
2030	0.046	0.026	0.001	0.019	1.342	0.020	0.044
t	− 0.001***	− 0.002***	0.000	0.000	− 0.012***	− 0.000***	− 0.001***
常数	1.495***	3.338***	0.301	0.500	26.584***	0.467***	1.575***
R^2	0.562	0.696	0.014	0.113	0.459	0.881	0.722

注：本表中"t"值的标注 * 规则与表 8 − 5 相同。

2. 碳交易政策情景对碳排放与碳强度的影响

（1）碳交易政策情景对能源结构细分的碳排放影响

由表 8 − 8 可知，在碳交易减排政策下，碳排放总量（$TQCC$）呈现大幅下降，到 2020 年和 2030 年的碳排放分别比基准情景下降 12.358% 和 24.02%，减排效果非常显著。随着碳排放大幅下降，碳强度（QCI）也随之下降，由于实际 GDP 无显著变化，因此碳强度的降幅与碳排放降幅基本一致。到 2030 年，碳强度下降了 24.02%。在碳强度下降目标约束中，2005 年价格的碳强度到 2030 年下降 60%，将其换算为 2012 年价格碳强度的下降比率为 50.094%（参考表 7 − 1），碳交易情景下的 2030 年降幅 24.02% 与目标下降率 50.094% 相比差距较大，说明在经济稳定增长的情况下，碳交易政策对碳强度下降将起到有效的促进作用，但与行政型碳减排效果相比，减排程度略有不足，依靠碳交易对高排放行业的许可碳排放总量的限制，其减排效果仅为碳减排目标的一半，因此完全依靠碳交易机制实现碳减排是不够的，需要其他形式的碳减排政策辅助实现碳减排目标。

从五种能源细分碳排放变动来看，并非所有能源的碳排放均下降。其中，电力碳排放大幅下降，煤炭的碳排放仅有微量下降，而天然气的碳排放有显著提升，成品油和原油的碳排放也有微量增加，这些能源的碳排放变动，与行政型政策情景下能源碳排放变动不同。具体而言，电力的碳排放降幅不断扩大，截至2030年，比基准情景降低了51.868%，这一方面是由于非化石能源比重提高使得电力碳排放系数不断下降，另一方面是由于电力消费比重不断上升导致。由于电力对应的碳排放比重很大，因此51.868%的碳排放降幅实际对应的碳排放量是非常可观的。煤炭的碳排放在2022年之前与基准情景相比有0.1%左右的增加，在其后呈现约0.1%的下降，总体说明煤炭对应的碳排放变动并不大，但折算进入火力发电的煤炭碳排放必定是大幅减少的，这样才能促使电力碳排放大幅降低。天然气的碳排放在2025年之前增幅在13%左右波动，其后（除2029年）这一增幅降至10%以下，但天然气的碳排放量基数很低，因此其碳排放增加主要是其消费增加带来的，碳排放增长数量实际上很小。成品油和原油的碳排放增幅很小，可以认为碳交易情景下对这两种能源对应的碳排放基本无影响。

表 8-8 2012~2030 年碳交易政策情景下碳排放及碳强度的变动（与基准情景相比）

单位：%

年份	碳排放	其中：煤炭碳排放	其中：原油碳排放	其中：成品油碳排放	其中：天然气碳排放	其中：电力碳排放	碳强度
2012	0.373	0.201	0.017	0.070	12.682	0.009	0.372
2013	-1.448	0.186	0.009	0.069	12.506	-3.864	-1.448
2014	-5.699	0.154	0.009	0.066	12.804	-12.946	-5.699
2015	-8.175	0.131	0.008	0.064	13.014	-18.235	-8.175
2016	-9.157	0.113	0.008	0.062	13.144	-20.329	-9.157
2017	-9.839	0.096	0.007	0.061	13.240	-21.782	-9.839
2018	-10.549	0.070	0.006	0.060	13.332	-23.284	-10.549
2019	-11.379	-0.074	0.020	-0.002	11.939	-24.882	-11.384
2020	-12.358	0.035	0.008	0.063	13.441	-27.137	-12.358
2021	-13.617	0.014	0.008	0.062	13.472	-29.813	-13.618
2022	-14.453	0.164	-0.004	0.139	15.524	-31.839	-14.448
2023	-15.618	-0.032	0.009	0.061	13.294	-34.043	-15.619

续表

年份	碳排放	其中：煤炭碳排放	其中：原油碳排放	其中：成品油碳排放	其中：天然气碳排放	其中：电力碳排放	碳强度
2024	-16.677	-0.054	0.009	0.060	13.275	-36.290	-16.678
2025	-17.780	-0.075	0.009	0.059	13.206	-38.630	-17.781
2026	-18.579	-0.103	0.007	0.140	9.080	-41.039	-18.579
2027	-20.168	-0.047	0.008	0.037	9.800	-43.608	-20.168
2028	-21.393	-0.107	0.007	0.041	7.678	-46.244	-21.393
2029	-22.701	-0.079	0.009	0.054	10.767	-48.999	-22.701
2030	-24.020	-0.118	0.008	0.031	9.687	-51.868	-24.020
t	-1.192***	-0.017***	0.000	0.000	-0.196**	-2.537***	-1.192***
常数	2394.879***	34.820***	0.391	0.855	408.840***	5098.743***	2394.834***
R^2	0.969	0.773	0.057	0.005	0.33	0.969	0.969

注：本表中"t"值的标注*规则与表8-5相同。

（2）碳交易政策情景对生产部门与居民部门细分的碳排放影响

就碳交易政策情景对生产部门和居民部门碳排放影响来看（见表8-9），到2030年，生产部门的碳排放（$TQCC\_ENT$）下降了23.886%，平均每年下降1.19%；居民部门的碳排放降幅超过生产部门，到2030年，居民部门碳排放（$TQCC\_H$）相比基准情景下降了26.673%，平均每年下降1.246%。在2012~2030年间，大多数年份居民部门的碳排放降幅均超过生产部门，这是由两部门的能源消费结构差异造成的，居民部门生活消费电力和天然气较多，且未来对这两种能源的消费比例还会不断上升，而电力和天然气的碳排放系数较低，因此居民碳排放下降的空间较大；而生产部门能源投入相对多元，对煤炭和原油的需求比例高，因此碳排放下降的空间有限。

将居民部门细分为城镇居民和农村居民来看，到2030年，城镇居民碳排放比基准情景下降了24.58%，农村居民比基准情景下降了39.501%，后者碳排放降幅远超前者，这是由于农村居民能源消费结构和消费效率均有很大提升空间，由于碳交易政策情景约束，农村居民对电力和天然气的消费大幅增加，有效优化生活中的能源消费结构，碳减排降幅较大，而城镇居民原本的能源消费中电力和天然气的消费比重就较大，因此碳减排提升空间有限。

表8-9 2012～2030年碳交易政策情景下生产部门与居民部门
碳排放变动（与基准情景相比）

单位：%

年份	生产部门碳排放	居民部门碳排放	其中：城镇居民碳排放	其中：农村居民碳排放
2012	0.421	-0.495	-0.203	-1.935
2013	-1.386	-2.550	-2.123	-4.616
2014	-5.620	-7.095	-6.293	-10.934
2015	-8.085	-9.757	-8.753	-14.481
2016	-9.057	-10.909	-9.843	-15.886
2017	-9.732	-11.709	-10.604	-16.813
2018	-10.436	-12.495	-11.347	-17.764
2019	-11.061	-16.791	-14.351	-27.604
2020	-12.232	-14.531	-13.262	-20.314
2021	-13.485	-15.897	-14.534	-22.096
2022	-14.549	-12.845	-12.968	-12.314
2023	-15.480	-17.994	-16.462	-25.002
2024	-16.539	-19.044	-17.449	-26.257
2025	-17.642	-20.122	-18.470	-27.465
2026	-18.506	-20.751	-20.409	-25.986
2027	-20.054	-22.466	-20.867	-33.149
2028	-21.287	-23.777	-22.138	-37.276
2029	-22.574	-24.848	-22.952	-33.408
2030	-23.886	-26.673	-24.580	-39.501
t	-1.190 ***	-1.246 ***	-1.186 ***	-1.702 ***
常数	2391.033 ***	2502.956 ***	2383.293 ***	3418.287 ***
R^2	0.97	0.935	0.954	0.843

注：本表中"t"值的标注 * 规则与表8-5相同。

（三）碳交易政策情景的结构效应

碳交易情景下，各部门的相关指标都呈现不同变动，表8-10和表8-11列出了总产出、中间投入、国内销售、出口和进口的数量与价格以及碳排放等指标的均值与基准情景均值相比的变化情况，用以评价碳交易情景的结构效应。

1. 碳交易政策情景对各部门生产及中间投入的影响

各部门生产价格（PA_a）的变动能够反映生产活动中该部门的供需变化，即生产价格上涨说明对该部门产品的需求减少，反之，生产价格下降，说明对该部门产品的需求增加。碳交易政策情景下，各部门的生产价格呈现微量下降，其中，金属矿采选产品（-0.104%）生产价格降幅略多一些，说明对该部门的产品需求有小幅上升，而其他部门的生产价格降幅均在 0.001% 以下。与基准情景相比，生产价格上升的仅有 4 个部门，其中煤炭（0.064%）的生产价格涨幅略高一些，说明对煤炭部门的需求略有下降，另 3 个部门的生产价格涨幅都在 0.005% 以下。就生产数量（QA_a）而言，金属矿采选产品（0.082%）的该指标有小幅上升，煤炭（-0.062%）的生产数量有少量下降，对煤炭部门而言，碳交易情景设计增加了生产过程中的碳排放成本，煤炭部门重新调整生产决策，对生产过程中使用的化石能源进行合理替代，并购置相应的节能减排设备和技术，使能源使用效率大幅提高，以控制生产成本，产出相应减少。但总体而言，各部门的生产价格和生产数量的变动都很小，说明碳交易情景对生产基本无较大影响。

各部门中间投入价格（$PINTA_a$）的变化，反映各部门投入产出之间的需求变动情况，中间投入价格上升说明对该部门产品中间投入需求下降，反之，中间投入价格下降说明对该部门产品中间投入需求上升。据此判断，碳交易情景下，大多数部门的中间投入价格呈现小幅下降，其变动与生产价格（PA_a）的变动较为相似，说明对中间投入的需求略有上升，其中，原油（-0.03%）、煤炭（-0.021%）、废品废料（-0.019%）的中间投入价格降幅超过 0.01%。仅有 6 个部门的中间投入价格是上升的：水的生产和供应（0.03%），天然气（0.023%），电力（0.018%），交通运输、仓储和邮政业（0.008%），非金属矿和其他矿采选产品（0.004%）和金属制品、机械和设备修理服务（0.003%），其余部门的中间投入价格变动都极小。受中间投入价格变动影响，多数部门的中间投入数量（$QINTA_a$）有微量上升。该指标下降的部门中，水的生产和供应（-0.053%），天然气（-0.032%），电力（-0.03%），交通运输、仓储和邮政业（-0.015%），废品废料（-0.014%）的降幅超过 0.01%。中间投入数量增加的部门中，煤炭（0.033%）和原油（0.039%）的涨幅略高一些，这与其中间投入价格变动成反比。

总体而言，碳交易政策情景对生产的影响较小，大多数部门的生产数量仍呈现微量扩张。碳交易政策情景下，首先，能源部门（除成品油外）生产和中间投入受到的影响显著高于其他部门；其次，水的生产和供应、金属制品、机械和设备修理服务，废品废料这三个部门的生产活动也受到小幅影响，这些部门能源投入较小，且生产规模也较小，其变动对生产活动整体影响并不大；最后，交通运输、仓储和邮政业，以及非金属矿和其他矿采选产品这两个部门分别与成品油使用和资源开采关联较大，因此受到能源约束带来的部门影响。高能耗高排放的部门（如化学产品、非金属矿物制品、金属冶炼和压延加工品等）的生产过程在碳交易政策情景下均未受到显著影响。

2. 碳交易政策情景对各部门国内销售的影响

碳交易政策情景下，各部门国内销售价格（PQ_c）受到的冲击较大（见表 8 - 10），表现为大多数部门的该指标都呈现不同程度上涨。其中，天然气（148.426%）和原油（72.83%）的国内销售价格涨幅超过 70%，非金属矿和其他矿采选产品（5.906%）、废品废料（5.284%）的国内销售价格涨幅也较为明显。此外，金属矿采选产品（4.585%）、通用设备（3.112%）、仪器仪表（2.616%）、其他制造产品（2.313%）和专用设备（1.733%）的该指标涨幅也超过了 1%。国内销售价格下降的部门有：煤炭（-76.305%）、成品油（-70.273%）、电力（-69.692%）、金属冶炼和压延加工品（-0.917%）。其余部门的国内销售价格的涨幅均不超过 1%。

与国内销售价格变动相比，各部门国内销售数量（QQ_c）的变动幅度很小，其变动较大的部门为 4 个能源部门：天然气（1.531%）、煤炭（0.042%）、成品油（0.022%）和电力（0.022%）。其中，尽管天然气的国内销售价格比基准情景上升了 148.426%，但销售数量不仅没有下降，还上升了 1.531%。煤炭、原油、成品油和电力的国内销售价格大幅变动，但其国内销售数量的增幅不超过 0.05%，说明国内对这些能源需求具有很强的刚性，即无论国内销售价格如何涨跌，其国内销售数量并无较大变动。

通过各部门国内销售价格变动可以看出，能源部门受碳交易政策影响最大，五种能源中，原油和天然气的国内销售价格大幅上升，这是由于这两种能源在国内可采储量有限，其对外依存度（进口比重）较高，而在碳交易情景下增加该部门生产成本后，为保证国内需求，促使国内销售价格大幅上涨；煤炭、成品油和电力的国内销售价格大幅下降，说明这三类能源的需求量略有下降。但由于国内对能源需求具有刚性，能源部门的国内销售价格大幅变动，并未对这些部门的国内销售数量产生较大影响。

表 8-10　碳交易政策情景下各部门生产、中间投入
和国内销售的变动（与基准情景相比）

单位：%

序号	部门	生产数量	生产价格	中间投入数量	中间投入价格	国内销售数量	国内销售价格
1	农林牧渔产品和服务	0.000	-0.003	0.000	-0.003	0.000	0.017
2	金属矿采选产品	0.082	-0.104	0.003	-0.007	-0.001	4.585
3	非金属矿和其他矿采选产品	-0.008	0.002	-0.009	0.004	-0.003	5.906
4	食品和烟草	0.000	-0.001	0.000	-0.001	0.000	0.007
5	纺织品	0.000	-0.002	0.000	-0.002	-0.001	0.565
6	纺织服装鞋帽皮革羽绒及其制品	0.000	-0.002	0.000	-0.002	-0.001	0.022
7	木材加工品和家具	0.001	-0.002	0.000	-0.001	-0.001	0.271
8	造纸印刷和文教体育用品	0.000	-0.001	0.002	-0.003	-0.001	0.166
9	化学产品	0.000	-0.001	0.000	-0.001	0.000	0.047
10	非金属矿物制品	0.001	0.000	0.005	-0.005	0.000	0.883
11	金属冶炼和压延加工品	0.000	-0.002	0.001	-0.002	0.000	-0.917
12	金属制品	0.000	-0.002	0.000	-0.001	-0.001	0.647
13	通用设备	0.000	-0.002	0.000	-0.002	0.000	3.112
14	专用设备	0.000	-0.002	0.000	-0.001	-0.001	1.733
15	交通运输设备	0.000	-0.002	0.000	-0.001	0.000	0.034
16	电气机械和器材	0.000	-0.001	0.000	-0.001	0.000	0.089
17	通信设备、计算机和其他电子设备	0.000	-0.002	0.000	-0.001	0.000	0.072

序号	部　门	生产数量	生产价格	中间投入数量	中间投入价格	国内销售数量	国内销售价格
18	仪器仪表	0.002	-0.002	0.000	-0.001	-0.003	2.616
19	其他制造产品	0.003	-0.003	-0.003	0.000	-0.011	2.313
20	废品废料	-0.003	0.002	-0.014	-0.019	-0.005	5.284
21	金属制品、机械和设备修理服务	-0.001	-0.004	-0.009	0.003	-0.018	0.032
22	水的生产和供应	0.002	-0.008	-0.053	0.030	-0.010	0.363
23	建筑业	0.000	-0.003	0.000	-0.002	0.000	0.185
24	交通运输、仓储和邮政业	-0.001	-0.003	-0.015	0.008	0.000	0.037
25	批发、零售业和住宿、餐饮业	0.000	-0.002	0.000	-0.001	0.000	0.010
26	其他行业	0.000	-0.001	-0.001	0.000	0.000	0.000
27	煤炭	-0.062	0.064	0.033	-0.021	0.042	-76.305
28	原油	0.000	0.004	0.039	-0.030	0.001	72.830
29	成品油	0.000	-0.001	-0.001	0.000	0.022	-70.273
30	天然气	-0.005	-0.001	-0.032	0.023	1.531	148.426
31	电力	-0.002	-0.005	-0.030	0.018	0.022	-69.692

3. 碳交易政策情景对各部门出口和进口的影响

就碳交易情景下出口变动而言，各部门出口价格和出口数量受到较大的影响（见表8-11）。就出口价格（PE_a）变动来看，大多数部门的该指标呈现不同程度上涨。其中，金属矿采选产品（16.781%），以及通信设备、计算机和其他电子设备（10.264%）的出口价格涨幅超过10%。此外，纺织品（6.381%），纺织服装鞋帽皮革羽绒及其制品（7.137%），造纸印刷和文教体育用品（6.382%），化学产品（5.821%），金属冶炼和压延加工品（6.324%），金属制品（6.452%），通用设备（6.039%），交通运输设备（6.268%），电气机械和器材（6.513%），交通运输、仓储和邮政业（6.38%），批发、零售业和住宿、餐饮业（5.674%）的出口价格涨幅也都超过5%。出口价格下降的仅有3个部门：原油（-0.303%）、仪器仪表（-0.136%）和建筑业（-0.027%）。通常国内销售价格上涨时，会抑制该部门商品出口，但表8-11中各部门出口数量（QE_a）并未出现显著下降，相反，大多数部门的该指标有小幅上升。其中，金属矿采选产品（348.07%）、电力（37.445%）、原油（28.191%）的出口数量涨幅位居前三位，其余部门的出口数量涨幅均在 2% 以内。出口数量下降的部门仅有废品废料（-8.919%）、煤炭（-4.107%）与非金属矿和其他矿采选产品（-0.827%）。

　　就进口的变动来看，碳交易政策情景下，各部门进口价格（PM_c）变动较大，大多数部门的该指标呈现上涨。其中，原油（74.122%）与金属冶炼和压延加工品（31.338%）的涨幅超过 30%。这是因为原油的对外依存度（进口比重）较高，在碳交易情景下增加该部门生产成本，需要相应的进口来保证国内需求，因此其进口价格大幅上升；金属冶炼和压延加工品属于高能耗高排放行业，由于碳交易政策情景对其碳排放权的约束，但允许该部门从减排成本较低的企业购买碳排放配额，必然增加其生产成本，因此可通过增加进口来保证国内需求，其进口价格也出现大幅增加。此外，非金属矿和其他矿采选产品（6.544%）、废品废料（5.384%）、金属矿采选产品（4.005%）、通用设备（3.898%）、专用设备（3.513%）、仪器仪表（2.83%）、其他制造产品（2.658%）和非金属矿物制品（1.154%）的进口价格涨幅也都超过 1%。进口价格下降的有 5 个部门：煤炭（-70.979%），成品油（-65.375%），电力（-15.509%），通信设备、计算机和其他电子设备（-7.644%）和天然气（-1.924%）。碳交易情景下，高排放部门在难以完成碳排放约束时，可以通过购买减排成本较低企业富余的碳排放配额，因此能源部门通过碳交易能够实现自身减排任务，而并非通过硬约束来降低自身产出而推升进口价格，所以这些能源部门进口价格反而是降低了。原油和天然气的进口依存度很高，因此进口价格并未大幅下降。受进口价格变动影响，所有部门的进口数量（QM_c）均呈现小幅下降。其中，非金属矿和其他矿采选产品（-0.255%）、木材加工品和家具（-0.24%）、非金属矿物制品（-0.201%）、其他制造产品（-0.385%）、建筑业（-0.318%）、天然气（-0.424%）、电力（-0.336%）的降幅超过 0.2%，其余部门的降幅都很小。

　　就各部门出口和进口变动综合来看，碳交易情景推升大多数部门出口价格和进口价格上涨，但对出口数量和进口数量的影响并不大。碳交易情景抑制了高排放部门的碳排放量，从而约束了国内能源消费水平，因此国内能源销售价格和进口能源价格均受到显著影响。

4. 碳交易政策情景对各部门减排效应的分析

碳交易情景下，大多数部门的价值型能源数量（QEE_a）与基准情景相比都呈不同程度下降（见表 8 - 11）。其中，金属制品、机械和设备修理服务（- 24.797%），废品废料（- 23.625%），仪器仪表（- 19.34%）和其他制造产品（- 17.63%）的能源消费下降均超过 15%，但这些部门并非高能耗行业，因此实际降低的能源消费并不高。此外，水的生产和供应（- 8.814%），纺织服装鞋帽皮革羽绒及其制品（- 8.105%），交通运输、仓储和邮政业（- 6.553%），通用设备（- 6.497%），非金属矿物制品（- 5.624%），木材加工品和家具（- 5.384%）与批发、零售业和住宿、餐饮业（- 5.236%）的能源消费降幅也超过 5%。在碳交易政策情景下，有 4 个部门的价值型能源消费不降反升：原油（16.161%）、造纸印刷和文教体育用品（14.864%）、煤炭（9.162%）和天然气（3.495%）。这是由于碳交易鼓励减排成本小的行业超额减排，而减排成本高、难度大的企业可以从碳排放配额富余的企业购买配额，因此高能耗企业可能维持甚至提高能源消费，而通过碳交易完成减排配额。

碳交易情景下，大多数部门的碳排放（QCC_a）与基准情景相比大幅下降。其中，降幅超过 30% 的有：纺织服装鞋帽皮革羽绒及其制品（- 30.36%），通信设备、计算机和其他电子设备（- 31.134%），仪器仪表（- 41.168%），废品废料（- 42.507%），金属制品、机械和设备修理服务（- 46.112%），水的生产和供应（- 37.132%），批发、零售业和住宿、餐饮业（- 30.294%）。此外，金属矿采选产品（- 25.117%）、非金属矿和其他矿采选产品（- 22.486%）、食品和烟草（- 25.545%）、纺织品（- 29.067%）、木材加工品和家具（- 29.068%）、金属制品（- 29.172%）、通用设备（- 29.636%）、专用设备（- 27.849%）、交通运输设备（- 28.254%）、电气机械和器材（- 29.905%）、其他制造产品（- 25.074%）、建筑业（- 21.146%）的碳排放降幅也在 20% ~ 30% 之间，但以上这些部门都并非高排放行业。化学产品（- 13.952%）、非金属矿物制品（- 8.495%）、金属冶炼和压延加工品（- 12.261%）、电力

（－19.956%）这些高能耗行业碳排放基数很大，尽管减排比例不超过20%，对应实际的减排量是非常可观的。受价值型能源消费增加影响，原油（28.893%）、造纸印刷和文教体育用品（27.35%）、天然气（5.248%）和煤炭（1.096%）的碳排放不降反升。但通过碳交易机制，减排成本较低的行业超额减排，减排成本较高、难度较大的行业减排较少，其全社会整体的碳排放依然是大幅下降的，并且有效降低全社会减排成本。

对比各部门的减排效应（λ）[①] 可以发现，由于碳交易政策情景下存在4个部门（造纸印刷和文教体育用品、煤炭、原油、天然气）的价值型能源消费和碳排放与基准情景相比不降反升，因此对这4个部门的减排效应解释比较特殊（在减排效应数值右上打"＊"），其减排效应值采用1/λ来衡量。若碳排放增幅小于能源消费的增幅，即1/λ小于1，说明该部门能效提高是碳排放下降的主因（尽管该部门碳排放未降低，但能效提高对碳排放有显著抑制）；而该指标大于1，说明能源结构优化可以抑制该部门碳排放。煤炭的碳排放增幅（1.096%）低于能源消费增幅（9.162%），碳减排效应是0.12，表明能效提高有助于该部门碳排放下降；而造纸印刷和文教体育用品（3.745）、原油（1.789）、天然气（1.502）的指标均大于1，说明在碳交易情景下，这三个部门需要通过能源结构优化抑制碳排放增加。除了以上4个部门外，其余27个部门的碳排放降幅均大于能源消费降幅，减排效应采用λ来衡量。其中，非金属矿物制品（0.662）、仪器仪表（0.47）、其他制造产品（0.703）、废品废料（0.556）、金属制品、机械和设备修理服务（0.538）的减排效应值均大于0.4，说明这些部门的能效提高是碳排放下降的主因；部分部门的该减排效应值较小，如农林牧渔产品和服务（0.073）、金属矿采选产品（0.066）、化学产品（0.022）、金属制品（0.092）、建筑业（0.044）、其他行业（0.068）、成品油（0.045）、电力（0.051），这些行业的减排效应值都低于0.1，说明能源结构优化是这些部门碳排放下降的主因。

综合以上分析，高能耗部门对应高排放，这类部门以化石能源为主要

[①] 减排效应以λ表示，设λ＝能源消费变动/碳排放变动，λ越大，表示该部门能效提高是碳排放下降的主因；反之，λ越小，表示能源结构优化是该部门碳排放下降的主因。

原料或燃料，对能源的依赖程度较高，在碳交易政策情景下，其能源结构调整的空间很有限，所以这类部门能源消费和碳排放的下降比例也不高，甚至有部分部门不降反升。反之，能源消费较低的部门可积极调整能源结构，因此这类部门的碳减排幅度相对较高。对碳减排效应的分类可以发现，能效提高是少数部门碳排放下降的主因，而能源结构优化对大多数部门的碳减排作用更强，需要依据各部门的特点，实施有差别的碳减排政策引导，以获得更好的碳减排效果。

表 8-11 碳交易政策情景下各部门出口、进口和减排指标变动（与基准情景相比）

单位：%

序号	部门	出口数量	出口价格	进口数量	进口价格	能源消费	碳排放	减排效应
1	农林牧渔产品和服务	0.459	0.014	-0.046	0.031	-1.300	-17.699	0.073
2	金属矿采选产品	348.070	16.781	-0.031	4.005	-1.670	-25.117	0.066
3	非金属矿和其他矿采选产品	-0.827	0.019	-0.255	6.544	-3.403	-22.486	0.151
4	食品和烟草	0.145	0.080	-0.065	0.173	-2.960	-25.545	0.116
5	纺织品	0.084	6.381	-0.173	0.761	-3.376	-29.067	0.116
6	纺织服装鞋帽皮革羽绒及其制品	0.039	7.137	-0.170	0.071	-8.105	-30.360	0.267
7	木材加工品和家具	0.128	0.131	-0.240	0.404	-5.384	-29.068	0.185
8	造纸印刷和文教体育用品	0.080	6.382	-0.130	0.297	14.864	27.350	3.745 *
9	化学产品	0.038	5.821	-0.021	0.594	-0.313	-13.952	0.022
10	非金属矿物制品	0.166	0.101	-0.201	1.154	-5.624	-8.495	0.662
11	金属冶炼和压延加工品	0.084	6.324	-0.029	31.338	-1.537	-12.261	0.125
12	金属制品	0.101	6.452	-0.189	0.918	-2.681	-29.172	0.092
13	通用设备	0.059	6.039	-0.050	3.898	-6.497	-29.636	0.219
14	专用设备	0.120	0.054	-0.064	3.513	-4.175	-27.849	0.150
15	交通运输设备	0.068	6.268	-0.042	0.320	-3.616	-28.254	0.128
16	电气机械和器材	0.038	6.513	-0.063	0.305	-3.833	-29.905	0.128
17	通信设备、计算机和其他电子设备	0.014	10.264	-0.013	-7.644	-3.989	-31.134	0.128
18	仪器仪表	0.307	-0.136	-0.083	2.830	-19.340	-41.168	0.470
19	其他制造产品	1.800	0.048	-0.385	2.658	-17.630	-25.074	0.703

续表

序号	部门	出口数量	出口价格	进口数量	进口价格	能源消费	碳排放	减排效应
20	废品废料	−8.919	0.995	−0.094	5.384	−23.625	−42.507	0.556
21	金属制品、机械和设备修理服务	—	—	—	—	−24.797	−46.112	0.538
22	水的生产和供应	—	—	—	—	−8.814	−37.132	0.237
23	建筑业	0.504	−0.027	−0.318	0.088	−0.923	−21.146	0.044
24	交通运输、仓储和邮政业	0.068	6.380	−0.071	0.061	−6.553	−11.216	0.584
25	批发、零售业和住宿、餐饮业	0.037	5.674	−0.148	0.061	−5.236	−30.294	0.173
26	其他行业	0.009	1.997	−0.040	0.014	−1.047	−15.331	0.068
27	煤炭	−4.107	0.051	−0.072	−70.979	9.162	1.096	0.120*
28	原油	28.191	−0.303	−0.018	74.122	16.161	28.893	1.789*
29	成品油	0.385	0.680	−0.049	−65.375	−0.231	−5.191	0.045
30	天然气	—	—	−0.424	−1.924	3.495	5.248	1.502*
31	电力	37.445	0.063	−0.336	−15.509	−1.020	−19.956	0.051

注: 本表有关单元格中 "—" 的含义、"减排效应" 的单位, 均与表7-8相同。"减排效应" 标*的4个部门, 其能源消费与碳排放不降反升, 与其余部门的减排效应衡量方式不同。

(四) 碳交易政策情景的居民福利效应

1. 碳交易政策情景对居民收入、消费、效用和福利的影响

碳交易情景下, 居民收入、消费、效用和福利等指标相对于基准情景的变化如表8-12所示。

就居民收入 (YH_h) 而言, 在碳交易政策情景下, 城镇和农村居民收入变动很小, 虽然居民的收入在大多数年份均呈现微量下降, 但其降幅维持在0.003%左右, 因此可认为碳交易对居民收入无显著影响。

就居民消费 (CH_h) 而言, 在碳交易政策情景下, 城镇居民的消费有小幅下降, 大多数年份该指标降幅在1%左右波动, 2026~2028年间波动略有增加。农村居民生活消费在多数年份中也有下降, 其降幅在1.5%左右波动, 该波动在2026~2028年间略有增加。由此可以看出, 碳交易政策情景对农村居民消费的负向冲击略高于城镇居民。

需要说明的是, 碳交易情景模拟中, 2019年和2022年城乡居民的收

入、消费、效用和福利均有较大振幅,这可能是动态 CGE 模型预测模拟中产生的振荡,因此在分析变动趋势中,将这两个年份视为离群值。

受城乡居民收入、消费变动的影响,结合居民对各种商品的消费结构,居民效用(UH_h^i)也发生变动。城镇居民的效用与基准情景相比,降幅在 0.025% 左右波动,而农村居民的这一指标降幅在 0.25% 左右波动,可见碳交易政策情景对农村居民效用产生的负面冲击较大。

受城乡居民效用变动和各种商品销售价格变动的综合影响,可以计算出城乡居民福利等价性变化 EV_h 。城乡居民的福利等价性变化在 2012 ~ 2030 年期间有不同程度下降,并且降幅呈现不断扩大的趋势。其中,城镇居民的福利等价性变化多数年份在 − 100 亿 ~ − 50 亿元之间波动,而农村居民的该指标多数年份在 − 200 亿 ~ − 120 亿元之间波动,说明农村居民的福利下降高于城镇居民,这与城乡居民消费结构差异有关。在碳交易情景下,城乡居民的收入并无显著变动,但消费和效用均有不同程度下降,而农村居民收入相对较低,消费升级比较迟缓,碳交易政策情景下农村居民福利受到的负向冲击高于城镇居民。为了缓解碳交易对城乡居民的负向影响,有效提升居民收入水平,重点要增加农村居民收入,促进农村居民消费结构升级,推动农村居民减少食品和生产性商品的消费比重,以此减少碳交易对农村居民福利水平的负向影响。

表 8 - 12   2012 ~ 2030 年碳交易政策情景下居民收入、消费、
效用及福利变动（与基准情景相比）

单位:%,百亿元

年份	收入变动		消费变动		居民效用变动		福利等价性变化	
	城镇	农村	城镇	农村	城镇	农村	城镇	农村
2012	− 0.003	− 0.003	− 0.998	− 1.497	− 0.059	− 0.293	− 0.932	− 1.363
2013	− 0.003	− 0.003	− 0.997	− 1.491	− 0.048	− 0.261	− 0.788	− 1.279
2014	− 0.003	− 0.003	− 1.009	− 1.507	− 0.032	− 0.258	− 0.551	− 1.327
2015	− 0.003	− 0.003	− 1.005	− 1.507	− 0.023	− 0.243	− 0.426	− 1.315
2016	− 0.003	− 0.003	− 1.001	− 1.509	− 0.024	− 0.243	− 0.464	− 1.379
2017	− 0.003	− 0.003	− 0.996	− 1.510	− 0.025	− 0.237	− 0.503	− 1.427
2018	− 0.003	− 0.003	− 0.994	− 1.511	− 0.023	− 0.236	− 0.496	− 1.487
2019	− 0.004	− 0.005	− 1.018	− 2.603	− 0.502	− 1.808	− 11.174	− 12.000

续表

年份	收入变动		消费变动		居民效用变动		福利等价性变化	
	城镇	农村	城镇	农村	城镇	农村	城镇	农村
2020	-0.003	-0.003	-0.992	-1.523	-0.023	-0.251	-0.535	-1.747
2021	-0.003	-0.003	-0.993	-1.532	-0.021	-0.265	-0.512	-1.933
2022	-0.001	-0.001	-0.968	-0.420	0.485	1.335	12.486	10.309
2023	-0.003	-0.003	-1.003	-1.557	-0.015	-0.321	-0.383	-2.588
2024	-0.003	-0.003	-0.998	-1.558	-0.010	-0.300	-0.280	-2.543
2025	-0.003	-0.003	-0.990	-1.555	-0.005	-0.270	-0.160	-2.414
2026	-0.003	-0.003	-1.627	-0.871	-0.034	-0.010	-1.023	-0.071
2027	-0.003	-0.003	-1.219	-1.151	0.005	-0.070	0.169	-0.646
2028	-0.003	-0.003	-1.330	-1.015	-0.002	-0.085	-0.079	-0.780
2029	-0.003	-0.003	-0.991	-1.494	0.032	-0.229	1.161	-2.528
2030	-0.003	-0.003	-1.066	-1.244	0.021	-0.185	0.811	-2.002
t	0	0	-0.013*	0.024	0.006	0.016	0.126	0.039
常数	-0.025	-0.043	24.339*	-50.711	-11.663	-31.676	-255.41	-80.937
R^2	0.017	0.022	0.187	0.109	0.038	0.027	0.032	0.003

注：本表中"t"值的标注 * 规则与表 8 - 5 相同。

2. 碳交易政策情景对居民消费结构的影响

在碳交易情景下，城乡居民的消费结构变动如表 8 - 13 所示。

就各商品消费的总体变动而言，城乡居民对除成品油和电力外的 22 种商品的消费都呈现不同程度下降，其中，降幅最大的是天然气，其次是煤炭。城乡居民对这两种商品原有的消费比重较低，基准情景下城镇居民对煤炭和天然气的消费仅占生活总消费的 0.044% 和 0.798%，农村居民对这两种商品的消费也仅有 0.215% 和 0.14%（参考表 6 - 10），在碳交易情景下，城镇居民对这两种商品的消费分别减少 10.312% 和 19.409%，农村居民对这两种商品的消费分别减少 6.494% 和 69.445%，其减少的消费数量其实并不高。此外，城镇和农村居民消费降幅较大的还有仪器仪表（分别下降 0.967% 和 1.619%）、专用设备（分别下降 1.158% 和 3.772%）和通用设备（分别下降 1.126% 和 1.947%），这三类商品在居民生活中的消费比重也较低，在碳交易政策情景下可降低该类商品需求，调整对这类商品的消费结构，以满足效用最大化。其他商品的消费降幅大多在 1% 以内。

碳交易情景下，居民消费增加的商品有成品油和电力，其中，城镇居民对这两种商品的消费分别增加了7.868%和7.496%，农村居民对成品油和电力的消费分别增加了4.91%和6.713%。城乡居民对成品油和电力的消费大幅增加，主要与这两种商品的国内销售价格在碳交易政策情景下大幅下降有关，成品油和电力分别比基准情景下降了70.273%和69.692%（参考表8-10），降低了居民获得该类能源的消费成本，所以城乡居民可以通过增加其消费以获得效用最大化，特别是电力在居民生活中对其他能源的替代性较强，进而促进了居民优化能源消费结构。

表8-13　碳交易政策情景下居民消费结构变动（与基准情景相比）

单位：%

商品种类	居民消费		商品种类	居民消费	
	城镇	农村		城镇	农村
农林牧渔产品和服务	-0.017	-0.024	电气机械和器材	-0.077	-0.186
食品和烟草	-0.008	-0.017	通信设备、计算机及其他电子设备	-0.064	-0.161
纺织品	-0.414	-0.551	仪器仪表	-0.967	-1.619
纺织服装鞋帽皮革羽绒及其制品	-0.022	-0.069	其他制造产品	-0.903	-1.561
木材加工品和家具	-0.231	-0.524	水的生产和供应	-0.346	-1.329
造纸印刷和文教体育用品	-0.144	-0.410	交通运输、仓储和邮政业	-0.038	-0.125
化学产品	-0.043	-0.130	批发、零售业和住宿、餐饮业	-0.011	-0.035
非金属矿物制品	-0.578	-0.797	其他行业	-0.003	-0.011
金属制品	-0.495	-1.085	煤炭	-10.312	-6.494
通用设备	-1.126	-1.947	成品油	7.868	4.910
专用设备	-1.158	-3.772	天然气	-19.409	-69.445
交通运输设备	-0.033	-0.170	电力	7.496	6.713

从城乡居民消费变动的差异来看，农村居民对天然气消费的降幅（-69.445%）远超城镇居民（-19.409%）。一方面是因为天然气的国内销售价格大幅上升，农村居民收入水平较低，因此天然气价格上涨对农村居民消费的抑制更大；另一方面是天然气消费在农村地区的普及程度极

低，虽然农村居民对其消费比重降幅很大，其对应的天然气量减少很小，而城镇居民的天然气下降幅度会对应较大的天然气需求量下降。就成品油和电力的消费增幅来看，城镇居民的增幅超过农村居民。因为城镇居民收入水平较高，城乡居民消费结构差异较大，城镇居民对私家车的拥有量和家用电器的拥有量都远高于农村居民，为实现效用最大化，城镇居民对成品油和电力的消费增长比例更大。

二　碳税政策模拟的效应

通过第五章 CGE 模型的式（5.1）~式（5.67），以及碳税政策情景设计的式（8.5）~式（8.15）模拟，可得到 6 种碳税情景下，经济、能源和碳排放的相关指标与基准情景相比的变化情况。

（一）碳税政策的静态分析及情景选择

由于碳税政策设置对应 6 种情景，可对各情景在基期年份（2012年）宏观经济的影响进行静态对比（见表 8 - 14），由此可以看出：①碳税情景对宏观经济指标产生负效应，在情景 3（碳税为 60 元/吨，碳税不返还）时，实际 GDP、总产出和出口的下降幅度最大，分别下降 3.313%、2.765% 和 10.444%；在情景 5（碳税为 100 元/吨，碳税不返还）时，实际 GDP、总产出、出口和进口的涨幅最大。②碳税在 20~80 元/吨之间的碳减排效果比较显著。征收 60 元/吨碳税时，碳排放和能源消费分别下降 4.997% 和 4.863%，碳强度和能源强度分别下降 1.727% 和 1.512%；但碳税过低（20 元/吨）和过高（100 元/吨）反而增加碳排放和能源消费。若将实际 GDP 的下降看作碳减排的经济成本，则减排效果越好，所付出的经济成本就越高。③碳税情景对企业收入基本无影响，这是由于企业生产过程中增加的税负可以通过产品价格转嫁给消费者。与此同时，投资总额和政府收入都显著增加，特别是政府收入增幅较多，且碳税税额越高，政府收入增幅越大。④碳税情景 1~4，和情景 6 对居民收入、消费和效用都产生负面影响，使居民福利下降，分析其主要原因：一是征收碳税，导致企业成本增加，从而降低了劳动力的边际生产率，使劳动力价格下降；二是碳税通过产品价格增加传导给消费者。随着碳税的增加，对居民收入和消费的影响逐渐减小，这与居民依据自身效用最大化而自行调整消费结构有关。居民的效用变化和福利变动可以看作碳减排的福利成本，当碳排放减少 4.997% 时，城镇和农村居民的效用分别下降 3.672% 和 3.229%，福利等价变动分别下降了 57.662 百亿元和 14.912 百亿元，说明碳税征收使居民福利下降了，城镇居民的效用和福利降幅都高于农村居民，这与城乡居民的能源消费结构差异相关。因此，制定适当的碳税返还机制，是弥补居民福利损失的重要手段。⑤情景 6 中，征收碳税并将碳税收入返还给企业和居民，能够缓解宏观经济、居民效用和福利的负向冲击，但碳减排幅度较小，能源消费小幅下降，因此碳税中性的"双重红利"作用有限，这是由于在既定的能源效率下，企业和居民获得税收补偿，降低了能源替代的动力，从而维持原有的能源消费。

表 8-14　2012 年碳税政策情景 1~6 的宏观指标变动（与基准情景相比）

指标	基准情景	碳税情景 1~6 与基准情景的相对变化（%）					
		情景 1	情景 2	情景 3	情景 4	情景 5	情景 6
实际 GDP（万亿元）	56.170	-0.976	-1.665	-3.313	-1.317	1.405	-0.103
总产出（万亿元）	171.311	-0.603	-1.807	-2.765	-1.839	1.661	-1.398
出口（万亿元）	13.915	-2.642	-4.169	-10.444	-6.226	5.915	-4.166
进口（万亿元）	14.144	-0.372	1.113	-0.364	-0.426	1.883	0.243
碳排放总量（亿吨）	92.960	0.413	-1.423	-4.997	-2.675	3.307	-0.062
碳强度（吨/万元）	1.655	1.426	0.251	-1.727	-1.356	1.858	0.003
能源消费（万亿元）	15.146	0.167	-2.742	-4.863	-2.644	2.665	-1.159
能源强度（万元/万元）	0.270	1.144	-1.139	-1.512	-1.137	1.526	-1.138
企业收入（万亿元）	17.883	-0.206	0.008	0.006	0.001	0.695	-0.336
投资总额（万亿元）	28.179	0.172	1.525	2.106	1.276	-0.025	0.705
政府收入（万亿元）	12.189	1.195	2.721	3.441	5.326	8.931	-0.463
政府支出（万亿元）	9.034	0.745	0.893	4.634	2.262	0.535	0.307
城镇居民收入（万亿元）	27.725	-0.516	-0.465	-0.112	-0.087	1.632	-1.092

续表

指标	基准情景	碳税情景1~6 与基准情景的相对变化					
		情景1	情景2	情景3	情景4	情景5	情景6
农村居民收入（万亿元）	7.172	−0.608	−0.549	−0.132	−0.106	1.906	−1.273
城镇居民消费（万亿元）	15.926	−0.515	−0.466	−0.119	−0.088	1.631	−1.005
农村居民消费（万亿元）	4.677	−0.602	−0.542	−0.138	−0.104	1.908	−1.204
城镇居民效用（百亿元）	183.477	−0.646	−0.428	−3.672	−2.218	2.665	−0.419
农村居民效用（百亿元）	57.768	−0.725	−0.694	−3.229	−1.957	2.731	−0.834
城镇居民福利等价性变化（百亿元）*	—	−10.192	−6.662	−57.662	−34.836	41.744	−6.628
农村居民福利等价性变化（百亿元）*	—	−3.377	−3.226	−14.912	−9.042	12.615	−3.859

注：1."基准情景"列的数值单位为各指标括号中标注的单位。2. 情景1~6分别对应表 8 - 4 中的碳税设置方案。3. 最后两行标注 ＊ 的"城镇居民福利等价变动"和"农村居民福利等价变动"，其所对应值的单位是百亿元，不是% 。

在 2012 年静态 CGE 模拟的基础上，进行动态 CGE 预测后发现，设定政府将碳税收入通过降低所得税率的方式返还给企业和居民，在 2012 ~ 2030 年的模拟中，具有环境改善和增加社会福利的"双重红利"效应。因此对情景1~6 的动态模拟进行比较后，选定情景 6（即 $tc = 60$ 元/吨，并进行碳税返还）为最终碳税方案，该方案碳减排效果较好且对经济系统冲击最小。下文对碳税情景的宏观效应、减排效应、结构效应和居民福利效应分析中的"碳税情景"，均是指情景 6 的模拟结果与基准情景对比的结果。

（二）碳税政策情景的宏观效应

1. 碳税政策情景的宏观指标数量变动

就实际 GDP 的变动而言（见表 8 – 15），在碳税情景下，该指标 2012

~2030 年间变化极小，仅在 2026～2028 年有 0.015%～0.016% 的降幅，其余年份的实际 GDP 变动均未超过 0.005%，因此可认为碳税情景对实际 GDP 无显著影响，其模拟结果主要体现在其他宏观经济指标变动和结构变动上，这与行政型政策情景和碳交易情景的分析方向一致。

就总产出量、国内总消费量和总投资额的变动来看，在碳税情景下，一是总产出量（$TQoutput$）整体呈现上升，且涨幅有增大趋势，在 2026 年和 2028 年涨幅超过 3%，其余多数年份涨幅在 0.4% 左右波动，整体而言平均每年上升 0.109%，说明碳税情景对总产出有小幅助推作用。二是国内总消费量（TQQ）在碳税情景下多数年份呈现微量下降，且降幅均不超过 0.3%，在 2026 年、2028 年和 2030 年，该指标呈现小幅上涨。整体而言，碳税情景对国内总消费量的影响很小。三是总投资额（$EINV$）在碳税情景下呈现下降，在 2025 年之前，该指标变动很小，而在 2025 年，以及 2026 年、2028～2030 年，总投资额的降幅都较大（2027 年该指标出现较大增幅，可能是由动态 CGE 模型振荡所致）。

就总出口量（$TQexport$）和总进口量（$TQimport$）来看，碳税情景下，这两个指标在预测期的多数年份呈现上涨，在 2025 年，总出口量和总进口量的涨幅接近并超过 2%。2027～2028 年，总出口量和总进口量均有较大反向波动，总出口量在这两年的降幅分别达到 6.369% 和 4.467%，总进口量在这两年的降幅分别为 2.476% 和 1.483%。总体而言，总出口量和总进口量的变动几乎同步，碳税情景对出口量和进口量都有促进作用。

表 8-15　2012～2030 年碳税政策情景下的宏观指标数量变动（与基准情景相比）

单位：%

年份	实际 GDP	总产出量	国内总消费量	总投资额	总出口量	总进口量
2012	0.000	0.043	0.000	0.085	0.046	0.039
2013	0.000	0.120	0.000	0.269	0.238	0.154
2014	0.000	0.182	-0.001	-0.508	0.016	-0.066
2015	0.000	0.244	-0.001	-0.208	0.158	0.100
2016	0.000	0.302	-0.002	-0.201	0.302	0.118
2017	0.001	0.355	-0.002	0.229	0.876	0.374
2018	0.001	0.402	-0.002	0.299	0.719	0.441

续表

年份	实际 GDP	总产出量	国内总消费量	总投资额	总出口量	总进口量
2019	0.003	0.438	0.001	2.002	−0.341	1.315
2020	0.000	0.458	−0.004	−0.040	1.028	0.349
2021	0.001	0.445	−0.003	0.809	1.295	0.964
2022	0.005	0.371	0.000	3.880	−0.799	2.880
2023	0.000	0.127	−0.008	−0.114	0.669	0.478
2024	0.000	0.074	−0.010	−0.226	0.480	0.243
2025	0.003	0.789	−0.004	2.210	2.855	1.952
2026	−0.015	3.793	0.131	−9.222	2.057	2.469
2027	−0.012	0.864	−0.007	36.993	−6.369	−2.476
2028	−0.016	3.530	0.035	−16.864	−4.467	−1.483
2029	−0.002	0.569	−0.023	−17.789	1.167	1.241
2030	−0.003	1.589	0.016	−15.429	0.651	2.984
t	−0.001**	0.109**	0.001	−0.376	−0.073	0.049
常数	1.055**	−219.62**	−2.813	759.608	147.17	−99.175
R^2	0.250	0.324	0.059	0.035	0.038	0.042

注：本表中"t"值的标注 * 规则与表 8 – 5 相同。

2. 碳税政策情景的宏观指标价格变动

碳税情景下，生产价格、国内销售价格、出口和进口价格、劳动力价格和资本价格等宏观价格指标，相对于基准情景有不同程度变动（见表 8 – 16）。

就生产价格（$\overline{PA_a}$）变动来看，在碳税情景下，该指标由 2012 年下降 0.208% 逐步扩大到 2024 年下降 2.95%，2025 年后生产价格的变动波动上升，至 2030 年比基准情景上升 6.607%。与行政型碳减排情景以及碳交易情景的生产价格变动相比，碳税情景的该指标变动幅度更大，说明生产部门在生产环节征收碳税，其纳税成本可转嫁至下游部门，因此并未推高各部门自身的生产成本，但随着时间推移，生产成本逐渐由降反升。

就国内销售价格（$\overline{PQ_c}$）变动来看，该指标在 2012 ~ 2025 年有缓慢上升趋势，到 2025 年比基准情景增加 2.702%。但在 2026 年以后，国内销售价格振荡下降，且降幅超过 10%，到 2030 年比基准情景下降 12.681%。

国内销售价格变动与生产成本变动相反，说明生产环节将税收成本向下游转嫁，对生产部门来说成本并未提高，但通过投入产出之间的传导，生产的商品最终到消费环节，其国内销售价格必定会增加。

就出口价格（$\overline{PE_a}$）和进口价格（$\overline{PM_c}$）变动来看，在碳税情景下，在2025年之前，出口价格小幅上升，2014～2024年的增幅大多在3%左右波动（2025年出口价格增幅达到28.461%，可能是动态CGE模型振荡所致），但在2026年以后，出口价格大幅下降，到2030年，比基准情景下降33.552%。进口价格在2014～2029年与基准情景相比均有下降，除2029年之外，多数年份的降幅在7%～19%之间。整体来看，碳税情景下出口价格的变动与国内销售价格的趋势基本一致，说明国内销售价格同向影响出口价格变动，也说明出口需求增加了。而碳税情景下进口价格下降，说明对进口商品的需求呈现上升。

就劳动力价格（WL）和资本价格（WK）的变动来看，碳税情景下劳动力价格在2025年之前小幅提升，在2026年后增幅扩大，由2026年的增幅1.188%上升至2030年的9.779%，整体而言，平均每年上涨0.338%。资本价格在碳税情景下呈现微量下降，除2018年及之前，其余年份该指标的降幅在0.05%左右。与行政型政策情景和碳交易情景相比，碳税情景下的劳动力价格和资本价格变动更加显著，特别是劳动力价格在2026年之后涨幅较大。

表8-16　2012～2030年碳税政策情景下的宏观指标价格变动（与基准情景相比）

单位：%

年份	生产价格	国内销售价格	出口价格	进口价格	劳动力价格	资本价格
2012	-0.208	0.083	-0.025	0.086	0.000	0.000
2013	-0.454	0.461	-0.076	0.433	0.025	-1.007
2014	-0.650	-0.740	1.670	-16.242	0.054	-1.645
2015	-0.834	-0.276	2.413	-16.023	0.080	-2.090
2016	-1.008	-0.098	2.425	-15.904	0.108	-0.198
2017	-1.178	0.241	9.235	-15.662	0.136	-0.140
2018	-1.350	0.411	3.159	-8.871	0.163	-0.105
2019	-1.531	1.449	2.273	-8.247	0.180	-0.076

续表

年份	生产价格	国内销售价格	出口价格	进口价格	劳动力价格	资本价格
2020	− 1. 714	0. 572	2. 533	− 8. 783	0. 220	− 0. 066
2021	− 1. 929	1. 145	3. 341	− 8. 499	0. 249	− 0. 063
2022	− 2. 225	2. 928	1. 948	− 7. 626	0. 252	− 0. 060
2023	− 2. 783	1. 063	2. 161	− 8. 596	0. 307	− 0. 053
2024	− 2. 950	1. 294	2. 498	− 8. 502	0. 329	− 0. 053
2025	0. 536	2. 702	28. 461	− 7. 790	0. 346	− 0. 046
2026	− 5. 296	− 12. 541	− 3. 784	− 10. 191	1. 188	− 0. 046
2027	− 2. 527	1. 396	− 7. 268	− 13. 758	0. 603	− 0. 043
2028	1. 500	− 16. 170	− 59. 486	− 18. 724	4. 268	− 0. 040
2029	4. 651	− 14. 257	− 28. 135	− 36. 852	8. 133	− 0. 040
2030	6. 607	− 12. 681	− 33. 552	10. 657	9. 779	− 0. 036
t	0. 149	− 0. 664 **	− 1. 701 **	− 0. 255	0. 338 **	0. 057 **
常数	− 300. 88	1340. 567 **	3433. 162 **	504. 746	− 681. 26 **	− 114. 73 **
R^2	0. 098	0. 354	0. 265	0. 023	0. 447	0. 285

注：本表中"t"值的标注 * 规则与表 8 - 5 相同。

3. 碳税政策情景对企业与政府部门宏观指标的影响

由于碳税情景设计对应生产部门和居民部门的碳税征收和碳税返还，因此企业和政府部门的收入、支出和储蓄等都受到影响，特别是政府收入和储蓄受到的影响更加显著。

就企业部门来看，碳税情景下，企业总收入（*YENT*）在 2012～2027年间与基准情景相比有微量下降，其降幅在 0.04% 左右波动。2028 年后，该指标显著上升，到 2030 年，企业总收入比基准情景上升了 0.858%。与企业总收入相比，企业储蓄（*ENTSAV*）的变动幅度更大，在 2012～2025年之间，企业储蓄不断下降，降幅由 2013 年的 0.296% 逐渐扩大到 2025年的 3.605%。2026～2030 年，企业储蓄呈现较大波动，到 2030 年，该指标比基准情景下降了 2.616%。总体而言，碳税情景对企业总收入影响不大，但对企业储蓄有显著的抑制作用，尽管征收的碳税能够通过产品价格转嫁到下游行业，但该政策仍然会促使企业增加节能减排的设备及技术投入，因此缩减了企业储蓄。

就政府部门来看，碳税情景有效增加了政府总收入（*YG*）和政府储蓄（*GSAV*）。对政府总收入而言，其涨幅在4.2%～5%之间波动，其中，在2012～2025年间，政府总收入的涨幅与年俱增，而在2026～2030年该指标波动下降，到2030年，政府总收入比基准情景增加4.311%。政府总支出（*EG*）在预测期变动很小，在2012～2025年该指标不断上升，但2025年也仅比基准情景增加0.034%，2026～2030年该指标波动下降，这与该时期政府总收入涨幅收窄有关。政府储蓄在2012～2030年间涨幅较大，其涨幅基本在14%～16%之间波动，且政府储蓄的涨幅在2025年之前单调上升，在2026～2030年之间波动下降，到2030年比基准时期增加14.038%。

表8-17　2012～2030年碳税政策情景下企业与政府部门
宏观指标变动（与基准情景相比）

单位：%

年份	企业总收入	企业储蓄	政府总收入	政府总支出	政府储蓄
2012	0.000	0.005	4.576	0.000	14.514
2013	-0.009	-0.296	4.633	0.002	14.750
2014	-0.016	-0.657	4.675	0.006	14.915
2015	-0.022	-0.926	4.713	0.009	15.068
2016	-0.027	-1.156	4.747	0.011	15.208
2017	-0.032	-1.337	4.779	0.012	15.340
2018	-0.036	-1.548	4.809	0.014	15.460
2019	-0.040	-1.795	4.838	0.017	15.580
2020	-0.044	-2.037	4.858	0.018	15.657
2021	-0.047	-2.154	4.881	0.021	15.749
2022	-0.050	-2.488	4.914	0.024	15.880
2023	-0.052	-2.973	4.919	0.026	15.897
2024	-0.055	-3.580	4.939	0.030	15.970
2025	-0.057	-3.605	4.960	0.034	16.050
2026	0.025	2.029	4.444	-0.110	14.320
2027	-0.047	-0.354	4.880	0.027	15.727
2028	0.553	1.656	4.761	-0.026	15.383

年份	企业总收入	企业储蓄	政府总收入	政府总支出	政府储蓄
2029	1.015	−2.302	4.262	−0.334	14.154
2030	0.858	−2.616	4.311	−0.219	14.038
t	0.035***	−0.039	−0.007	−0.009**	−0.002
常数	−70.173***	76.855	18.673	18.485**	18.915
R^2	0.362	0.020	0.036	0.285	0.000

注：本表中"t"值的标注 * 规则与表8−5相同。

在行政型政策情景和碳交易情景下，企业部门与政府部门的宏观指标基本无显著变化，而在碳税情景下，企业部门和政府部门的宏观指标变动较大，特别是政府总收入和政府储蓄大幅增加，主要是受碳税收入影响。表8−18显示了2012~2030年碳税征收的情况。

碳税情景下，碳税收入（$TCTAX$）总额由2012年的55.776百亿元，逐步上升至2030年的134.232百亿元，平均每年增加4.312百亿元，年均增长率为4.879%，该涨幅与基准情景下的实际GDP涨幅（4.881%）基本同步，征收的碳税占实际GDP的0.993%。将碳税收入按生产部门和居民部门细分，生产部门征收的碳税由2012年的52.847百亿元逐步上升至2030年的127.195百亿元，年均增长率为4.88%，生产部门的碳税收入占碳税总收入的94.752%。居民部门征收的碳税由2012年的2.929百亿元逐渐增加至2030年的7.042百亿元，年均增长率为4.873%，居民部门的碳税收入占碳税总收入的5.249%。生产部门与居民部门的碳税收入之比，与这两个部门的碳排放之比基本一致。由能源种类来细分，煤炭、原油、成品油、天然气和电力对应的碳税收入在2012~2030年间匀速增加。其中，电力的碳税收入平均占碳税总收入的46.779%，由2012年的26.092百亿元上升至2030年的62.793百亿元，年均增长率为4.879%。煤炭和成品油对应的碳税收入紧随其后，分别占碳税总收入的26.477%和24.17%，年均增长率均为4.879%，到2030年，煤炭和成品油的碳税收入分别达到35.541百亿元和32.444百亿元。天然气和原油的碳税收入较低，分别仅占碳税总收入的2.354%和0.221%，在2012~2030年的年均增长率分别为4.885%和4.878%，到2030年，天然气和原油的碳税收入分别为3.161

表 8-18 2012~2030 年碳税政策情景下的碳税收入预测

单位：百亿元

年份	碳税总额	按部门分		按能源种类分				
		其中：生产部门碳税	其中：居民部门碳税	其中：煤炭部门碳税	其中：原油部门碳税	其中：成品油部门碳税	其中：天然气部门碳税	其中：电力部门碳税
2012	55.776	52.847	2.929	14.767	0.123	13.481	1.313	26.092
2013	58.565	55.490	3.075	15.506	0.129	14.155	1.378	27.396
2014	61.493	58.264	3.229	16.281	0.136	14.863	1.447	28.766
2015	64.568	61.178	3.390	17.095	0.143	15.606	1.519	30.204
2016	67.796	64.236	3.560	17.950	0.150	16.387	1.595	31.715
2017	71.186	67.448	3.738	18.847	0.157	17.206	1.675	33.300
2018	74.745	70.821	3.925	19.790	0.165	18.066	1.759	34.966
2019	78.483	74.362	4.121	20.779	0.173	18.969	1.847	36.714
2020	82.407	78.080	4.327	21.818	0.182	19.918	1.939	38.550
2021	86.527	81.984	4.543	22.909	0.191	20.914	2.036	40.477
2022	90.854	86.084	4.771	24.055	0.201	21.960	2.138	42.501
2023	95.396	90.388	5.009	25.258	0.211	23.058	2.245	44.626
2024	100.166	94.908	5.260	26.520	0.221	24.211	2.358	46.857
2025	105.174	99.654	5.522	27.847	0.232	25.421	2.476	49.200
2026	110.433	104.648	5.788	29.242	0.245	26.683	2.607	51.658

续表

年份	碳税总额	按部门分		按能源种类分				
		其中：生产部门碳税	其中：居民部门碳税	其中：煤炭部门碳税	其中：原油部门碳税	其中：成品油部门碳税	其中：天然气部门碳税	其中：电力部门碳税
2027	115.955	109.872	6.085	30.701	0.256	28.027	2.730	54.243
2028	121.753	115.369	6.387	32.236	0.269	29.427	2.867	56.955
2029	127.840	121.134	6.711	33.848	0.282	30.900	3.010	59.803
2030	134.232	127.195	7.042	35.541	0.297	32.444	3.161	62.793
年均增长率（%）	4.879	4.88	4.873	4.879	4.878	4.879	4.885	4.879
t	4.312***	4.087***	0.226***	1.142***	0.010***	1.042***	0.102***	2.017***
常数	-8625.9***	-8174.2***	-452.2***	-2283.2***	-19.1***	-2084.7***	-203.330***	-4035.1***
R^2	0.986	0.986	0.986	0.986	0.986	0.986	0.986	0.986

注：本表有关"年均增长率"、"t"值的标注＊规则，以及常数保留小数位等说明，均与表6-1相同。

百亿元和 0.297 百亿元。

（三） 碳税政策情景的减排效应

1. 碳税政策情景对能源消费和能源强度的影响

由表 8-19 可知，碳税情景与基准情景相比，价值型能源消费 （ $TQEE$ ）不断下降 （碳税情景减排效应模拟中，2026 年的各项指标出现较大波动，可能是由于动态 CGE 模型振荡导致的），降幅由 2012 年的 0.002%逐渐扩张至 2030 年的 0.095%，平均每年下降 0.004%，但整体降幅仍然较小。由于碳税情景下实际 GDP 与基准情景相比无显著变化，因此价值型能源强度 （ QEI ） 的降幅与能源消费降幅基本同步，由 2013 年的 0.004%逐渐增加至 2030 年的 0.093%。由价值型能源消费和能源强度的变化可以看出，在碳税情景下，经济系统对能源整体消费需求仍然是刚性的，碳减排需要依靠能源结构优化和能源效率提升等手段来实现。

就能源种类细分来看，除原油外，其余四种能源的价值型消费均有不同程度下降，其中降幅最大的是天然气，其消费量降幅由 2012 年的 0.002%逐渐扩大到 2030 年的 1.615%，平均每年下降 0.099%。能源中，消费降幅排第二的是煤炭，其降幅由 2012 年的 0.005%不断扩大到 2030 年的 0.23%，平均每年下降 0.016%。电力和成品油的消费降幅紧随其后，其中，电力消费降幅由 2012 年的 0.002%逐渐增加至 2030 年的 0.119%；成品油的消费降幅波动相对较大，2029 年达到最大降幅为 0.102%。碳税情景下，仅有原油消费量有微量增加，其增幅由 2013 年的 0.001%逐渐扩张到 2030 年的 0.075%。就各种能源消费的变动来看，其降幅与增幅的规模均很小，从结构上看，电力和煤炭的降幅略大一些，对应电力 （电力部门对应的消费量主要是生产中煤炭分配的） 和煤炭的消费量降低较多，说明碳税情景下对煤炭依赖度有下降趋势，这对碳减排有积极的影响。

2. 碳税政策情景对碳排放与碳强度的影响

（1） 碳税情景对能源结构细分的碳排放影响

在碳税情景下，碳排放总量 （ $TQCC$ ） 呈现大幅下降 （见表 8-20），到 2020 年和 2030 年的碳排放分别比基准情景下降 13.156% 和 25.756%，降幅以平均每年 1.207% 的速度递增，减排效果非常显著。随着碳排放大幅下降，碳强度（QCI）也随之下降，因碳税情景下实际 GDP 无显著变化，碳强度的降幅与碳排放降幅基本一致，在 2020 年和 2030 年，碳强度分别比基准情景下降了 13.156% 和 25.754%。在碳强度下降目标约束中，2005 年价格的碳强度到 2030 年下降 60%，将其换算为 2012 年价格碳强度的下降比率为 50.094%，而行政型碳减排政策模拟下的 2030 年降幅 30.398% 与目标下降率 50.094% 相比，完成了一半的碳减排任务，说明在经济稳定增长的情况下，碳税政策情景能够有效促进碳强度下降，与行政型碳减排效果相比，减排程度有不足，与碳交易情景的减排效果相比，碳税的减排效果略优一些。由此可见，完全依靠碳税机制实现碳减排也是不够的，需要其他形式的碳减排政策辅助实现碳减排目标。

从五种能源细分碳排放变动来看，电力碳排放降幅最大，其降幅由 2012 年的 0.028% 不断扩大至 2030 年的 52.611%。由于基准情景下，电力的碳排放占总碳排放的 46.722%，因此电力的碳减排对碳排放总量减少起到至关重要的作用，这一方面是由于非化石能源比重提高使得电力碳排放系数不断下降，另一方面是由于电力消费比重不断上升导致。除了电力外，天然气和煤炭的碳排放降幅在其余四种能源中略高一些，天然气的碳排放降幅由 2012 年的 0.018% 不断扩大到 2030 年的 12.254%；煤炭的碳排放降幅由 2012 年的 0.061% 逐渐增加至 2030 年的 2.923%，尽管煤炭直接对应的碳减排较少，但电力的碳减排主要是折算入火力发电中的煤炭对应的，因此实际的煤炭减排量仍是碳排放总量控制的主要方面。成品油和原油碳排放降幅都较小，其中，原油的碳排放降幅未超过 0.1%，可认为碳税情景对其基本无影响；成品油的碳排放降幅除了在 2026 年和 2028 年有正向振荡外，其余年份的降幅也未超过 1%。

（2）碳税情景对生产部门与居民部门细分的碳排放影响

就碳税情景对生产部门和居民部门碳排放的影响来看（见表 8 - 21），生产部门的碳排放（$TQCC\_ENT$）降幅在 2013～2030 年间逐渐扩大，到 2030 年生产部门的碳排放比基准情景下降了 26.026%，平均每年降幅扩大 1.239%；居民部门的碳排放（$TQCC\_H$）降幅在 2012～2025 年间

表 8 - 19 2012 ~ 2030 年碳税政策情景下能源消费与能源强度的变动（与基准情景相比）

单位：%

年份	价值型能源消费	其中：煤炭消费	其中：原油消费	其中：成品油消费	其中：天然气消费	其中：电力消费	价值型能源强度
2012	-0.002	-0.005	0.000	0.000	-0.002	-0.002	0.000
2013	-0.005	-0.014	0.001	-0.002	0.005	-0.006	-0.004
2014	-0.010	-0.025	-0.001	-0.005	-0.054	-0.010	-0.007
2015	-0.014	-0.033	0.000	-0.007	-0.088	-0.014	-0.015
2016	-0.018	-0.042	0.000	-0.009	-0.091	-0.018	-0.019
2017	-0.021	-0.050	0.002	-0.011	-0.097	-0.023	-0.019
2018	-0.025	-0.059	0.003	-0.014	-0.101	-0.027	-0.026
2019	-0.030	-0.058	0.015	-0.010	-0.477	-0.031	-0.033
2020	-0.035	-0.080	0.003	-0.022	-0.137	-0.039	-0.037
2021	-0.039	-0.085	0.009	-0.023	-0.220	-0.044	-0.041
2022	-0.039	-0.085	0.023	-0.021	-0.303	-0.051	-0.044
2023	-0.054	-0.109	0.007	-0.037	-0.326	-0.059	-0.052
2024	-0.064	-0.124	0.004	-0.047	-0.364	-0.068	-0.063
2025	-0.065	-0.126	0.017	-0.042	-0.509	-0.075	-0.067
2026	0.095	-0.612	0.149	0.683	-3.421	0.137	0.111
2027	-0.083	-0.157	0.016	-0.045	-0.792	-0.092	-0.074

续表

年份	价值型能源消费	其中：煤炭消费	其中：原油消费	其中：成品油消费	其中：天然气消费	其中：电力消费	价值型能源强度
2028	-0.063	-0.196	0.057	0.059	-1.536	-0.075	-0.048
2029	-0.129	-0.210	-0.001	-0.102	-1.070	-0.126	-0.126
2030	-0.095	-0.230	0.075	0.012	-1.615	-0.119	-0.093
t	-0.004**	-0.016***	0.003**	0.005	-0.099***	-0.004*	-0.004*
常数	8.489**	31.739***	-6.979**	-9.632	200.274***	9.003*	7.607*
R^2	0.264	0.425	0.273	0.027	0.441	0.202	0.2

注：本表中"t"值的标注＊规则与表8-5相同。

表8-20　2012～2030年碳税政策情景下碳排放及碳强度的变动（与基准情景相比）

单位：%

年份	碳排放	其中：煤炭碳排放	其中：原油碳排放	其中：成品油碳排放	其中：天然气碳排放	其中：电力碳排放	碳强度
2012	-0.031	-0.061	-0.004	-0.004	-0.018	-0.028	-0.031
2013	-1.900	-0.158	-0.007	-0.026	-0.270	-3.945	-1.900
2014	-6.199	-0.244	-0.011	-0.048	-0.476	-13.064	-6.199
2015	-8.728	-0.331	-0.013	-0.078	-0.771	-18.391	-8.728
2016	-9.755	-0.421	-0.015	-0.106	-0.734	-20.521	-9.755
2017	-10.490	-0.519	-0.017	-0.140	-0.839	-22.015	-10.491

续表

年份	碳排放	其中：煤炭碳排放	其中：原油碳排放	其中：成品油碳排放	其中：天然气碳排放	其中：电力碳排放	碳强度
2018	-11.245	-0.619	-0.020	-0.175	-0.752	-23.558	-11.246
2019	-12.058	-0.750	-0.014	-0.233	-1.312	-25.165	-12.060
2020	-13.156	-0.816	-0.026	-0.262	-0.601	-27.490	-13.156
2021	-14.478	-0.910	-0.027	-0.323	-0.957	-30.211	-14.479
2022	-15.560	-1.082	-0.022	-0.429	-1.514	-32.351	-15.564
2023	-16.570	-1.097	-0.035	-0.468	-0.369	-34.524	-16.570
2024	-17.708	-1.257	-0.042	-0.535	-0.620	-36.815	-17.708
2025	-18.887	-1.459	-0.040	-0.516	-1.452	-39.189	-18.890
2026	-14.230	0.378	0.073	3.963	2.170	-39.830	-14.217
2027	-21.512	-2.111	-0.044	-0.567	-6.556	-44.193	-21.503
2028	-22.657	-2.468	-0.023	0.339	-13.695	-46.699	-22.644
2029	-24.096	-1.837	-0.083	-0.878	-4.543	-49.747	-24.093
2030	-25.756	-2.923	-0.030	-0.531	-12.254	-52.611	-25.754
t	-1.207***	-0.119***	-0.002	0.009	-0.453***	-2.559***	-1.206***
常数	2424.646***	240.374***	3.065	-19.01	912.8***	5141.827***	2423.786***
R^2	0.931	0.607	0.088	0.003	0.380	0.968	0.931

注：本表中"t"值的标注＊规则与表8-5相同。

超过生产部门，因为生产部门对煤炭和原油的需求比例高，碳排放下降的空间有限，而居民部门生活消费电力和天然气较多，且未来对这两种能源的消费比例还会不断上升，而电力和天然气的碳排放系数较低，因此居民碳排放下降的空间较大。在2025年，居民部门碳排放相比基准情景下降了25.586%，但2026~2030年间，居民部门碳排放降幅（包括细分城镇和农村居民的碳排放降幅）出现大幅波动，可能是动态CGE模型振荡导致，到2029年居民碳排放降幅最大（-30.375%）。

就居民部门碳排放变动细分为城镇和农村居民来看，除2026~2030年大幅振荡外，其余年份中，农村居民的碳排放降幅均超过城镇居民，如农村居民和城镇居民在2025年的碳排放降幅分别为36.651%和23.097%，在2029年降幅分别为40.89%和28.046%。农村居民碳排放降幅超过城镇居民，是由于农村居民能源消费结构和消费效率均有很大提升空间，碳税情景约束下，农村居民大幅增加对电力和天然气的消费，有效优化生活中的能源消费结构，而且随着农村居民生活水平提高，对家用电器等消耗能源的产品需求越来越多，尽管各类产品的能源效率不断提高，但"享受型"消费是农村居民消费升级的主要方向，而农村居民的这种消费升级空间很大，因此农村居民碳排放的降幅空间较大。而城镇居民原本的能源消费中电力和天然气的消费比重就较大，并且由于生活水平比农村居民高，因此"享受型"消费已经具有相当比例，其消费升级的空间相对有限，因此碳减排空间比农村居民略低。

表8-21 2012~2030年碳税政策情景下生产部门与居民部门
碳排放变动（与基准情景相比）

单位：%

年份	生产部门碳排放	居民部门碳排放	其中：城镇居民碳排放	其中：农村居民碳排放
2012	-0.032	-0.020	-0.019	-0.024
2013	-1.844	-2.912	-2.522	-4.797
2014	-6.088	-8.166	-7.294	-12.337
2015	-8.567	-11.566	-10.296	-17.545
2016	-9.562	-13.126	-11.662	-19.957
2017	-10.262	-14.469	-12.814	-22.113

年份	生产部门碳排放	居民部门碳排放	其中：城镇居民 碳排放	其中：农村居民 碳排放
2018	− 10.992	− 15.648	− 13.862	− 23.843
2019	− 11.710	− 17.980	− 15.668	− 28.228
2020	− 12.870	− 18.096	− 16.117	− 27.109
2021	− 14.170	− 19.779	− 17.720	− 29.146
2022	− 15.116	− 22.992	− 20.163	− 35.180
2023	− 16.261	− 21.882	− 19.849	− 31.188
2024	− 17.372	− 23.445	− 21.211	− 33.545
2025	− 18.492	− 25.586	− 23.097	− 36.651
2026	− 16.455	5.875	4.471	27.338
2027	− 21.817	− 15.354	− 17.743	0.604
2028	− 23.194	− 10.605	− 15.629	15.757
2029	− 23.725	− 30.375	− 28.046	− 40.890
2030	− 26.026	− 20.407	− 22.079	− 10.163
t	− 1.239 ***	− 0.752 **	− 0.878 **	0.107
常数	2489.655 ***	1504.364 **	1760.942 **	− 232.83
R^2	0.958	0.216	0.355	0.001

注：本表中"t"值的标注 * 规则与表 8 - 5 相同。

（四）碳税政策情景的结构效应

碳税情景下，各部门的相关指标都呈现不同变动，表 8 - 22 和表 8 - 23 列出了总产出、中间投入、国内销售、出口和进口的数量与价格，以及碳排放等指标均值与基准情景均值相比的变化，用以评价碳税情景的结构效应。

1. 碳税政策情景对各部门生产及中间投入的影响

各部门生产价格（PA_a）的变动能够反映生产活动中该部门的供需变化，即生产价格上涨说明对该部门产品的需求减少，反之，生产价格下降，说明对该部门产品的需求增加。碳税政策情景下，绝大多数部门的生产价格呈现小幅下降。其中，天然气（− 4.759%）、电力（− 2.149%）、成品油（− 1.509%）的生产价格降幅位于前三位；其次，金属冶炼和压延加工品（－1.342％），化学产品（－1.236％），交通运输、仓储和邮政业（－1.079％），非金属矿物制品（－1.018％）的生产价格降幅在第四至七位，且降幅均超过1％。以上七个部门均有高能耗高排放特征，其生产价格降低，说明对这类部门的需求增加。此外，大多数部门的生产价格降幅都不超过1％，仅有三个部门的生产价格有微量上升：农林牧渔产品和服务（0.635％）、建筑业（0.537％）和其他行业（0.01％）。受到生产价格普遍降低的影响，各部门生产数量（QA_a）均有不同程度上升。其中，废品废料（5.243％），其他行业（3.307％），电力（0.844％），天然气（0.716％），水的生产和供应（0.65％），交通运输、仓储和邮政业（0.613％），化学产品（0.528％），金属冶炼和压延加工品（0.526％），成品油（0.512％），非金属矿物制品（0.506％）的生产数量上升都超过0.5％，其余部门的该指标涨幅均在0.5％以内。由各部门生产数量变动来看，碳税情景对生产具有小幅促进作用。

表 8－22　碳税政策情景下各部门生产、中间投入和国内
销售的变动（与基准情景相比）

单位：%

序号	部　门	生产数量	生产价格	中间投入数量	中间投入价格	国内销售数量	国内销售价格
1	农林牧渔产品和服务	0.280	0.635	－2.321	3.041	0.005	－2.941
2	金属矿采选产品	0.443	－0.579	－1.469	0.792	0.038	－11.060
3	非金属矿和其他矿采选产品	0.495	－0.412	－1.448	1.000	0.126	－9.870
4	食品和烟草	0.460	－0.883	－1.513	0.480	0.006	－2.653
5	纺织品	0.424	－0.708	－1.364	0.555	0.022	－5.693
6	纺织服装鞋帽皮革羽绒及其制品	0.406	－0.515	－1.388	0.770	0.039	－2.522
7	木材加工品和家具	0.432	－0.754	－1.675	0.721	0.048	－3.865
8	造纸印刷和文教体育用品	0.444	－0.689	－1.688	0.822	0.037	－3.060
9	化学产品	0.528	－1.236	－1.711	0.284	0.004	－2.765
10	非金属矿物制品	0.506	－1.018	－1.856	0.638	0.016	－7.411
11	金属冶炼和压延加工品	0.526	－1.342	－1.723	0.166	0.003	－11.682
12	金属制品	0.451	－0.860	－1.543	0.537	0.028	－5.380

序号	部门	生产数量	生产价格	中间投入数量	中间投入价格	国内销售数量	国内销售价格
13	通用设备	0.420	−0.679	−1.410	0.622	0.019	−11.530
14	专用设备	0.403	−0.648	−1.420	0.649	0.029	−8.353
15	交通运输设备	0.424	−0.702	−1.349	0.555	0.013	−2.535
16	电气机械和器材	0.449	−0.928	−1.465	0.396	0.019	−2.973
17	通信设备、计算机和其他电子设备	0.440	−0.687	−1.270	0.526	0.012	−2.852
18	仪器仪表	0.265	−0.590	−1.600	0.695	0.128	−7.042
19	其他制造产品	0.081	−0.402	−1.552	0.710	0.293	−6.802
20	废品废料	5.243	−0.657	−0.066	−10.286	0.138	−10.063
21	金属制品、机械和设备修理服务	0.382	−0.197	−1.073	0.908	0.042	12.360
22	水的生产和供应	0.650	−0.975	−5.050	2.988	0.019	−4.288
23	建筑业	0.159	0.537	−0.428	1.151	0.005	11.942
24	交通运输、仓储和邮政业	0.613	−1.079	−6.426	4.881	0.011	1.669
25	批发、零售业和住宿、餐饮业	0.106	−0.925	−4.784	12.738	0.010	−2.479
26	其他行业	3.307	0.010	−13.926	9.660	0.006	−0.929
27	煤炭	0.399	−0.204	−1.275	1.024	−0.144	−19.981
28	原油	0.116	−0.593	−1.014	0.144	0.025	−38.690
29	成品油	0.512	−1.509	−1.472	−0.179	0.026	−1.130
30	天然气	0.716	−4.759	−3.461	−2.393	−0.737	4.621
31	电力	0.844	−2.149	−4.137	1.178	−0.046	38.944

各部门中间投入价格（$PINTA_a$）的变化，能够反映各部门投入产出之间的需求变动情况，中间投入价格上升说明对该部门产品中间投入需求下降，反之，中间投入价格下降说明对该部门产品中间投入需求上升。据此来看，碳税情景下，绝大多数部门的中间投入价格呈现小幅上升，其中，批发、零售业和住宿、餐饮业（12.738%），其他行业（9.66%），交通运输、仓储和邮政业（4.881%），农林牧渔产品和服务（3.041%），水的生产和供应（2.988%），电力（1.178%），建筑业（1.151%），煤炭

（1.024%），非金属矿和其他矿采选产品（1%）的中间投入价格涨幅均不少于1%。仅有三个部门的中间投入价格是下降的：废品废料（－10.286%）、天然气（－2.393%）和成品油（－0.179%）。因中间投入价格变动，各部门中间投入数量（$QINTA_a$）呈现不同程度下降，降幅排在前三位的部门有：其他行业（－13.926%），交通运输、仓储和邮政业（－6.426%），水的生产和供应（－5.05%）；其次，批发、零售业和住宿、餐饮业（－4.784%），电力（－4.137%），天然气（－3.461%），农林牧渔产品和服务（－2.321%）的中间投入数量降幅也超过2%，其余部门的该指标降幅均在2%以下。可以看出，碳税情景对各部门中间投入具有促进或抑制作用。

总体而言，碳税情景对生产的影响比较显著，在生产的中间环节，碳税情景对中间投入有小幅抑制，但在生产的最终环节，碳税情景对产出具有小幅促进作用，其原因是征收碳税使得各部门上下游之间生产成本转嫁，最终依然促进产出增加，并且高能耗高排放的部门（如化学产品、非金属矿物制品、金属冶炼和压延加工品、电力，以及交通运输、仓储和邮政业）产出增幅相对较高。

2. 碳税政策情景对各部门国内销售的影响

碳税情景下，各部门国内销售价格（PQ_c）受到的影响较大，表现为大多数部门的该指标都呈现不同程度下降，这与碳交易情景下国内销售价格普遍小幅上升不同。其中，国内销售价格降幅超过10%的部门有：原油（－38.69%）、煤炭（－19.981%）、通用设备（－11.53%）、金属冶炼和压延加工品（－11.682%）、金属矿采选产品（－11.06%）、废品废料（－10.063%）；此外，非金属矿和其他矿采选产品（－9.87%）、专用设备（－8.353%）、非金属矿物制品（－7.411%）、仪器仪表（－7.042%）、其他制造产品（－6.802%）、纺织品（－5.693%）、金属制品（－5.38%）的国内销售价格降幅也超过5%。该指标上涨的仅有5个部门：电力（38.944%），金属制品、机械和设备修理服务（12.36%），建筑业（11.942%），天然气（4.621%）和交通运输、仓储和邮政业（1.669%）。从需求方面来看，各部门国内销售价格的变动能够促进各部门国内销售数量。

受国内销售价格影响，绝大多数国内销售数量（QQ_c）呈现微量上升，其上升幅度远小于国内销售价格的降幅。其中，其他制造产品（0.293%）、废品废料（0.138%）、仪器仪表（0.128%）、非金属矿和其他矿采选产品（0.126%）的国内销售数量增幅超过0.1%。该指标下降的部门仅有三个：天然气（-0.737%）、煤炭（-0.144%）和电力（-0.046%）。总体而言，碳税情景对国内销售数量的影响很小。

3. 碳税政策情景对各部门出口和进口的影响

就碳税情景下各部门的出口变动而言，各部门出口价格（PE_a）和出口数量（QE_a）受到较大的影响（见表8-23）。就出口价格变动来看，大多数部门的该指标呈现不同程度下降。其中，非金属矿和其他矿采选产品（-10.925%）的出口价格降幅超过10%。此外，其他制造产品（-9.558%）、农林牧渔产品和服务（-9.139%）、建筑业（-9.084%）、成品油（-9.075%）、仪器仪表（-9.036%）、其他行业（-8.816%）、非金属矿物制品（-7.909%）、食品和烟草（-7.722%）、木材加工品和家具（-7.131%）、专用设备（-6.753%）、电力（-5.016%）的该指标降幅均超过5%。与基准情景相比，出口价格上涨的仅有两个部门：废品废料（12.459%）、纺织服装鞋帽皮革羽绒及其制品（1.047%）。其余部门的出口价格均有5%以内的降幅。受出口价格的影响，各部门出口数量变动幅度也较大，大多数部门的该指标呈现上涨。其中，金属矿采选产品（37.064%）、废品废料（28.721%）、非金属矿和其他矿采选产品（15.831%）、电力（13.787%）、原油（6.711%）、煤炭（6.701%）的出口数量涨幅超过5%。此外，建筑业（2.403%）、金属冶炼和压延加工品（1.921%）、食品和烟草（1.82%）、化学产品（1.042%）的该指标增幅也超过1%。有10个部门的出口数量是下降的，其中，其他制造产品（-19.546%）、仪器仪表（-3.739%）、其他行业（-2.737%）、成品油（-1.567%）、木材加工品和家具（-1.024%）的出口数量降幅超过1%。

就进口的变动来看，碳税情景下，各部门的进口价格（PM_c）变动也较大，大多数部门的该指标呈现较大降幅。其中，原油（-38.668%），煤炭（-17.756%），通用设备（-12.306%），通信设备、计算机和其他电子设备（-12.107%），专用设备（-10.185%）的进口价格降幅超过

10%。此外，金属矿采选产品（－8.243%）、非金属矿和其他矿采选产品（－8.403%）、食品和烟草（－6.479%）、纺织品（－8.61%）、纺织服装鞋帽皮革羽绒及其制品（－6.99%）、木材加工品和家具（－7.717%）、造纸印刷和文教体育用品（－7.076%）、非金属矿物制品（－9.586%）、金属制品（－8.31%）、交通运输设备（－6.058%）、电气机械和器材（－6.686%）、仪器仪表（－9.725%）、其他制造产品（－9.104%）、废品废料（－9.639%）、成品油（－6.936%）的进口价格降幅也均超过5%。与基准情景相比，碳税情景下进口价格上升的仅有3个部门：金属冶炼和压延加工品（32.994%），交通运输、仓储和邮政业（1.249%）和电力（1.327%）。基于进口价格的普遍下降，各部门的进口数量（QM_c）也呈现普遍上涨，但其增幅远小于进口价格的降幅。其他制造产品（5.589%）、电力（5.85%）的进口数量增幅超过5%。此外，非金属矿和其他矿采选产品（3.439%）、纺织品（2.263%）、纺织服装鞋帽皮革羽绒及其制品（2.238%）、木材加工品和家具（3.217%）、非金属矿物制品（2.635%）、金属制品（2.494%）、建筑业（4.474%）、天然气（4.021%）的进口数量降幅均超过2%。其余部门的进口数量增幅均在2%以内。

就各部门出口和进口的变动来看，尽管碳税情景下大多数部门的出口价格和进口价格呈现不同程度下降，但该情景对大多数部门的出口数量起到促进作用，对所有部门的进口数量也起到促进作用。

4. 碳税政策情景对各部门减排效应的分析

碳税情景下，大多数部门的价值型能源数量（QEE_a）与基准情景相比都呈现下降见表8－23，其中，仪器仪表（－28.662%），金属制品、机械和设备修理服务（－27.341%），废品废料（－11.442%）的能源消费降幅位于前三位，且降幅都超过10%。此外，其他制造产品（－9.229%）、水的生产和供应（－8.812%）、纺织服装鞋帽皮革羽绒及其制品（－7.286%）、木材加工品和家具（－4.56%）、其他行业（－3.342%）和纺织品（－3.195%）的能源消费降幅均超过3%。但以上部门并非高能耗行业，而在基准情景下能源消费较多的部门，其能源消费降幅均很低，例如非金属矿物制品（－0.005%）、电力（－0.792%），甚至还有能源消费上升的部门，例如化学产品（0.31%）、金属冶炼和压延加工品（0.217%）。这些高能耗部门通过降低能源消费的方式进行减排的压力很大，因此更需要通过优化能源结构、提高能源效率的方式促进减排。

碳税情景下，各部门的碳排放（QCC_a）与基准情景相比均呈现大幅下降。其中，金属制品、机械和设备修理服务（-51.344%）和仪器仪表（-51.181%）的碳排放降幅超过50%，纺织品（-30.217%）、纺织服装鞋帽皮革羽绒及其制品（-32.895%）、木材加工品和家具（-30.595%）、废品废料（-38.362%）、水的生产和供应（-38.197%）的降幅均超过30%。此外，另有14个部门的碳排放降幅在20%～30%之间，仅有交通运输、仓储和邮政业（-1.037%），煤炭（-7.665%）和成品油（-4.674%）的碳排放降幅在10%以内。由此看来，碳税情景下，各部门的碳减排效果非常显著，这是由于该情景设计中，所有部门的生产环节和居民消费环节均需要征收碳税，其政策情景设计是对所有部门全覆盖的，所有部门都受到影响，而碳交易情景仅覆盖了10个重点部门，因此碳减排效果相对低一些。

对比碳税情景下各部门的减排效应（λ），化学产品（-0.023）和金属冶炼和压延加工品（-0.016）的λ小于0，这两个部门的能源消费分别上升0.31%和0.217%，但碳排放分别下降13.304%和13.625%，说明这两个部门的碳排放下降均是能效提高带来的，并且这两个部门是典型的高能耗高排放的重点部门，其碳排放下降对整个生产部门的碳减排起到重要的促进作用。交通运输、仓储和邮政业是唯一一个碳排放降幅（-1.037%）小于能源消费降幅（-1.055%）的部门，计算得λ为1.018。为合理解释，取该部门的λ＝1，表明该部门碳排放下降完全由能效提高引起的，能源结构优化和非化石能源比重提高对该部门的碳减排没有作用。此外，仪器仪表（0.56），金属制品、机械和设备修理服务（0.532），其他制造产品（0.386）的减排效应也均在0.3以上，说明这些部门的能效提高是碳排放下降的主因。λ在0.2～0.3之间的部门有：纺织服装鞋帽皮革羽绒及其制品（0.222）、废品废料（0.298）、水的生产和供应（0.231）、其他行业（0.207）、煤炭（0.261）、天然气（0.2），这些部门的能效提高和能源结构优化共同作用是这些部门碳排放下降的因素。其余多数部门的 λ 在 0.2 以下，说明能源结构优化是碳减排下降的主因。

综合以上分析，碳税情景对部门实行全覆盖，有效推进生产部门整体减排，但由于各部门能源投入差异较大，其碳减排的效果也相差较大。能效提高是少数部门碳排放下降的主因，而能源结构优化对多数部门的碳减排作用更强，需要依据各部门的特点，有效调节碳税税率，以获得更好的碳减排效果。

表 8 - 23　碳税政策情景下各部门出口、进口和减排
指标变动（与基准情景相比）

单位：%

序号	部　门	出口数量	出口价格	进口数量	进口价格	能源消费	碳排放	减排效应
1	农林牧渔产品和服务	0.710	- 9.139	0.569	- 3.129	- 1.642	- 16.199	0.101
2	金属矿采选产品	37.064	- 0.625	0.391	- 8.243	- 0.702	- 24.975	0.028
3	非金属矿和其他矿采选产品	15.831	- 10.925	3.439	- 8.403	- 1.985	- 22.837	0.087
4	食品和烟草	1.820	- 7.722	0.803	- 6.479	- 1.351	- 25.351	0.053
5	纺织品	- 0.459	- 1.956	2.263	- 8.610	- 3.195	- 30.217	0.106
6	纺织服装鞋帽皮革羽绒及其制品	- 0.279	1.047	2.238	- 6.990	- 7.286	- 32.895	0.222
7	木材加工品和家具	- 1.024	- 7.131	3.217	- 7.717	- 4.560	- 30.595	0.149
8	造纸印刷和文教体育用品	- 0.565	- 2.115	1.700	- 7.076	- 2.034	- 22.448	0.091
9	化学产品	1.042	- 2.389	0.255	- 4.523	0.310	- 13.304	- 0.023 *
10	非金属矿物制品	0.181	- 7.909	2.635	- 9.586	- 0.005	- 13.726	0.000
11	金属冶炼和压延加工品	1.921	- 2.074	0.340	32.994	0.217	- 13.625	- 0.016 *
12	金属制品	- 0.401	- 1.843	2.494	- 8.310	- 0.168	- 27.695	0.006
13	通用设备	- 0.209	- 2.051	0.629	- 12.306	- 1.352	- 26.294	0.051
14	专用设备	- 0.615	- 6.753	0.813	- 10.185	- 2.347	- 28.018	0.084
15	交通运输设备	0.194	- 2.015	0.530	- 6.058	- 1.954	- 28.345	0.069
16	电气机械和器材	0.016	- 2.114	0.789	- 6.686	- 0.996	- 28.741	0.035
17	通信设备、计算机和其他电子设备	0.099	- 0.020	0.158	- 12.107	- 1.883	- 29.911	0.063

续表

序号	部　门	出口数量	出口价格	进口数量	进口价格	能源消费	碳排放	减排效应
18	仪器仪表	-3.739	-9.036	1.072	-9.725	-28.662	-51.181	0.560
19	其他制造产品	-19.546	-9.558	5.589	-9.104	-9.229	-23.878	0.386
20	废品废料	28.721	12.459	1.215	-9.639	-11.442	-38.362	0.298
21	金属制品、机械和设备修理服务	—	—	—	—	-27.341	-51.344	0.532
22	水的生产和供应	—	—	—	—	-8.812	-38.197	0.231
23	建筑业	2.403	-9.084	4.474	-0.050	-0.196	-20.819	0.009
24	交通运输、仓储和邮政业	0.963	-2.014	0.900	1.249	-1.055	-1.037	1.018
25	批发、零售业和住宿、餐饮业	0.399	-1.941	1.964	-2.829	-2.158	-24.295	0.089
26	其他行业	-2.737	-8.816	0.439	-1.108	-3.342	-16.171	0.207
27	煤炭	6.701	-3.901	1.362	-17.756	-2.000	-7.665	0.261
28	原油	6.711	-4.801	0.228	-38.668	-1.187	-24.414	0.049
29	成品油	-1.567	-9.075	0.943	-6.936	-0.299	-4.674	0.064
30	天然气	—	—	4.021	-3.954	-2.469	-12.323	0.200
31	电力	13.787	-5.016	5.850	1.327	-0.792	-18.431	0.043

注：本表有关单元格中"—"的含义、"减排效应"的单位，均与表7-8相同。"减排效应"标*的两个部门，其能源消费小幅上升，而碳排放大幅下降，因此减排效应值为负。

（五）碳税政策情景的居民福利效应

1. 碳税政策情景对居民收入、消费、效用和福利的影响

碳税情景下，居民收入、消费、效用和福利等指标相对于基准情景的变化如表8-24所示。

就居民收入（YH_h）而言，在碳税情景下，城镇和农村居民收入在2012~2027年间变动很小，仅有微量下降，但在2028~2030年间呈现小幅提升，到2030年，城镇和农村居民的收入相比基准情景分别上升0.257%和1.407%。整体而言，碳税情景下，居民收入的变动幅度并不大。

就居民消费（CH_h）而言，在碳税情景下，城镇和农村居民的生活消费在2012~2025年呈现小幅上升，但在2026~2030年出现大幅振荡下降。

截至 2030 年，城镇和农村居民的消费相比基准情景分别下降了 9.888%
和 10.363% 。

表 8 - 24　2012 ～ 2030 年碳税政策情景下居民收入、消费、
效用及福利变动（与基准情景相比）

单位：% ，百亿元

年份	收入变动		消费变动		居民效用变动		福利等价性变化	
	城镇	农村	城镇	农村	城镇	农村	城镇	农村
2012	0.000	0.000	0.027	0.014	- 0.003	- 0.009	- 0.046	- 0.037
2013	- 0.004	- 0.005	0.107	0.065	- 0.030	- 0.067	- 0.490	- 0.331
2014	- 0.007	- 0.009	0.280	0.317	- 0.014	0.016	- 0.238	0.081
2015	- 0.010	- 0.012	0.403	0.398	- 0.048	- 0.061	- 0.892	- 0.327
2016	- 0.012	- 0.016	0.472	0.482	- 0.058	- 0.058	- 1.102	- 0.329
2017	- 0.014	- 0.019	0.529	0.473	- 0.025	- 0.237	- 0.503	- 1.427
2018	- 0.016	- 0.021	0.593	0.545	- 0.112	- 0.164	- 2.369	- 1.034
2019	- 0.018	- 0.025	0.675	0.309	- 0.270	- 0.605	- 6.001	- 4.015
2020	- 0.020	- 0.027	0.762	0.851	- 0.089	- 0.022	- 2.076	- 0.151
2021	- 0.021	- 0.029	0.857	0.809	- 0.021	- 0.265	- 0.512	- 1.933
2022	- 0.024	- 0.033	0.989	0.345	- 0.454	- 1.020	- 11.689	- 7.877
2023	- 0.024	- 0.033	1.124	1.440	- 0.073	0.201	- 1.967	1.614
2024	- 0.026	- 0.036	1.289	1.675	- 0.071	0.251	- 2.019	2.137
2025	- 0.027	- 0.039	1.376	1.195	- 0.344	- 0.516	- 10.272	- 4.611
2026	0.017	0.063	- 5.635	- 6.789	1.752	1.514	53.278	10.177
2027	- 0.021	- 0.028	1.374	3.765	1.205	3.939	39.507	36.653
2028	0.197	0.395	- 1.485	0.547	1.041	4.914	35.755	45.509
2029	0.330	1.420	- 16.795	- 18.557	- 0.317	- 0.458	- 11.605	- 5.062
2030	0.257	1.407	- 9.888	- 10.363	0.040	1.286	1.517	13.887
t	0.011 ***	0.047 ***	- 0.447 **	- 0.437 **	0.037	0.132 **	1.144	1.193 **
常数	- 22.6 ***	- 95.8 ***	902.6 **	881.2 **	- 74.0	- 266.9 **	- 2307.0 ***	- 2407.3 ***
R^2	0.353	0.346	0.287	0.22	0.13	0.239	0.129	0.233

注：本表中 "t" 值的标注 * 规则与表 8 - 5 相同。

受城乡居民收入、消费变动的影响，再结合居民对各种商品的消费结
构，影响居民效用（UH_h^i）也发生变动。城镇和农村居民的效用在 2012 ～
2025 年间变动幅度很小，其大多数年份呈现微量下降，但在 2026 ～ 2030
年间，城镇和农村居民的效用波动上升，到 2030 年，城镇和农村居民的效

用分别比基准情景上升了 0.04% 和 1.286% 。

整体来看，城镇居民的效用与基准情景相比降幅在 0.025% 左右波动，而农村居民的这一指标降幅在 0.25% 左右波动，可见碳税政策情景对农村居民的效用产生的负面冲击较大。

受城乡居民效用变动和各种商品销售价格变动的综合影响，可以计算出城乡居民福利等价性变化 EV_h 。城乡居民的福利等价性变化在 2012 ~ 2025 年间呈现下降，但在 2026 ~ 2028 年间有很大的正向波动，这可能是动态 CGE 模型振荡引起的。到 2030 年，城镇和农村居民的福利分别比基准情景上升 1.517 百亿元和 13.887 百亿元。整体而言，碳税情景下，从 2012 年基年的 CGE 模型校准结果来看，居民个人所得税率为 2.157% ，这是根据 SAM 表的数据特征计算而得的，且这一税率仅针对城镇居民，农村居民由于其收入较低，基本不上缴个人所得税，因此在碳税返还时，减少的个人所得税率其实与农村居民是无关的，并且城镇居民也只有一部分群体上缴个人所得税，并且碳税通过减少居民所得税率的形式返还给居民，因此碳税情景对居民福利并未产生抑制作用。

2. 碳税政策情景对居民消费结构的影响

在碳税情景下，城乡居民的消费结构变动如表 8 - 25 所示。

就各商品消费的总体变动来看，城乡居民对 4 种能源的消费变动较大。其中，城乡居民对煤炭的消费增幅最大，城镇和农村居民对该商品的消费增幅分别为 28.391% 和 17.749% ，尽管城乡居民在碳税情景下对煤炭消费的增幅较大，但在基准情景下，城乡居民对煤炭的消费比重很低（城镇和农村居民对煤炭消费分别占总消费的 0.044% 和 0.215% ，见表 6 - 10），因此对煤炭实际增加的消费量是很小的。其次，城乡居民对成品油的消费增幅分别为 3.672% 和 14.854% ，农村居民对成品油的消费增幅远高于城镇居民，这是由于成品油对农村居民的需求价格弹性较高，该商品价格小幅降低，使农村居民大幅提高对成品油的消费。城镇和农村居民对天然气的消费增幅分别为 9.362% 和 4.906% 。城镇和农村居民的电力消费分别下降 12.848% 和 5.845% ，这是由于碳税情景下电力的国内销售价格大幅上涨（见表 8 - 22），对城乡居民的电力消费产生抑制。

除了能源商品以外，城镇居民对其他商品的消费变动均不超过 4% 。就城镇居民而言，对非金属矿物制品（3.654%）、纺织品（3.323%）、金属制品（3.016%）、通用设备（2.756%）、水的生产和供应（2.346%）、仪器仪表（2.143%）的消费增幅均超过2%，但对其他行业（−0.045%）的消费有微量下降。除能源商品外，农村居民对木材加工品和家具（4.027%）、非金属矿物制品（3.864%）、纺织品（3.828%）、造纸印刷和文教体育用品（3.65%）的消费均超过3%，但对专用设备（−8.162%）、水的生产和供应（−2.95%）、其他制造产品（−2.08%）、仪器仪表（−1.514%）、其他行业（−0.061%）、通用设备（−0.037%）的消费有不同程度下降。非能源商品中，专用设备、仪器仪表、其他制造产品等都属于资本密集型商品，其受碳税政策影响较小，这类商品在基准情景下农村居民消费比重较低，其效用比重较小，农村居民会通过调整这类商品消费来满足效用最大化。

表8−25　碳税政策情景下居民消费结构变动（与基准情景相比）

单位：%

商品种类	居民消费		商品种类	居民消费	
	城镇	农村		城镇	农村
农林牧渔产品和服务	0.197	0.184	电气机械和器材	0.575	1.642
食品和烟草	0.092	0.104	通信设备、计算机和其他电子设备	0.504	1.613
纺织品	3.323	3.828	仪器仪表	2.143	−1.514
纺织服装鞋帽皮革羽绒及其制品	0.154	0.521	其他制造产品	1.889	−2.080
木材加工品和家具	1.685	4.027	水的生产和供应	2.346	−2.950
造纸印刷和文教体育用品	0.934	3.650	交通运输、仓储和邮政业	0.133	1.119
化学产品	0.448	1.905	批发、零售业和住宿、餐饮业	0.092	0.254
非金属矿物制品	3.654	3.864	其他行业	−0.045	−0.061
金属制品	3.016	1.690	煤炭	28.391	17.749
通用设备	2.756	−0.037	成品油	3.672	14.854
专用设备	1.592	−8.162	天然气	9.362	4.906
交通运输设备	0.261	1.677	电力	−12.848	−5.845

综上分析，碳税设置中的碳税返还形式，在生产部门可以通过减少企业所得税率的形式进行，但在居民部门中，通过减少个人所得税率的形式

返还适用性不强，应该采用转移支付的方式返还给居民更好。例如有针对性地鼓励和促进居民低碳消费的生活方式，通过对城镇居民购买节能产品时的价格减免、对农村居民使用户用沼气或太阳能热水器等清洁能源时补贴奖励等，这样能够有效鼓励城乡居民在生活中形成长效的低碳消费习惯，有效促进生活领域碳减排。

第三节　本章小结

本章基于经济－能源－碳排放动态 CGE 模型，考虑非化石能源比重提高的同时，模拟包括碳交易情景和碳税情景在内的市场型碳减排政策下，我国在 2012 ~2030 年的宏观经济、碳减排效果、部门结构和居民福利受到的影响。研究得出：

第一，从宏观经济受到的影响来看，碳交易情景会促使国内综合销售价格小幅下降，总投资额受到少量抑制，生产价格和总产出量受到的影响很小，但对出口产生促进作用。碳税情景下，宏观经济所受到的正向推动较为显著，其中，总产出量和进口量都呈现小幅增加，劳动力价格显著上升，资本价格小幅下降，政府总收入显著提高，企业总收入小幅增加，国内销售价格小幅下降。

第二，从减排效果来看，碳交易与碳税的减排效果比较近似。到2030年，碳交易与碳税情景的碳强度分别比基准情景下降了 24.02% 和 25.754%。与碳减排目标相比，市场型碳减排政策仅完成了减排目标的一半，比行政型政策情景的减排效果略低。

第三，从部门结构变动来看，碳交易情景下的原油、天然气的销售价格大幅上涨，年平均涨幅分别达到 72.83% 和 148.426%；而煤炭、成品油和电力的销售价格大幅下降，其年平均降幅分别达到 76.305%、70.273% 和 69.692%。此外，各部门在碳交易情景下的生产价格、生产数量、进口数量的变动都很小。碳税情景下，各部门的国内销售价格变动相对较小，其中，天然气和电力的销售价格分别上涨 4.621% 和 38.944%，煤炭和原油的销售价格分别下降 19.981% 和 38.69%。此外，碳税情景下各部门的生产数量、出口和进口数量呈现小幅增加，说明该情景对生产和外贸均有显著促进作用。

第四，就居民消费来看，碳交易情景下，城乡居民的消费都出现小幅下降，因此对城乡居民的福利产生负向冲击，并且农村居民受到的负向冲击幅度高于城镇居民。碳税情景下，城乡居民收入均呈现小幅上升，且农村居民的收入增幅高于城镇居民。此外，城乡居民在碳税情景下的福利均有正向变动，其中，农村居民福利增幅超过城镇居民。

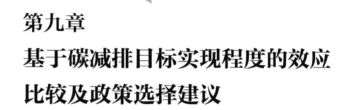

第九章

基于碳减排目标实现程度的效应
比较及政策选择建议

第一节　基于碳减排目标实现程度的
政策效应比较

通过对行政型和市场型碳减排政策情景的模拟可知，各类政策的减排效果都比较显著，但各情景模拟下，宏观经济、部门结构以及居民福利受到的影响都存在差异，因此，各类政策也各有优缺点。选择何种碳减排政策及政策组合，既能较好地实现 2030 年碳减排目标，又能符合中国现阶段及未来经济发展的需要，是碳减排机制设计的重点。

通过第七章和第八章的模拟，可以从三个方面综合评价：第一，碳减排效应是否更接近减排目标；第二，对宏观经济和居民福利是否冲击较小；第三，是否有利于部门结构优化。

一　各类碳减排政策的减排目标实现程度比较

为了比较行政型和市场型政策的碳减排效果，表 9-1 汇聚了各种情景下模拟得到的 2012~2030 年碳排放和碳强度数值，并将各情景 2030 年的碳减排实现程度汇总在表 9-2 中。本小节对比 5 种情景：①目标情景，即完全实现 2030 年的碳减排目标，也是碳减排的最高要求。②基准情景，即无任何碳减排政策下，模拟 2012~2030 年碳排放和碳强度的走势。③行政型情景，即行政型碳减排政策下碳排放和碳强度的走势。④碳交易情景，即市场型政策中碳交易情景下碳排放和碳强度的走势。⑤碳税情景，即市场型政策中碳税情景下碳排放和碳强度的走势，需要说明的是，本小节只选取了碳税情景 6（即碳税税率为 60 元/吨，并返还碳税收入）的模拟结果。

由表 9-1 可以看出，若要实现 2030 年碳强度比 2005 年下降 60% 的目标，2012~2030 年碳排放应保持低速增长，即由 2012 年的 92.957 亿吨逐渐增加至 2030 年的 138.233 亿吨，其年均增长速度为 2.623%，需要远低

表 9 - 1 2012～2030 年各政策情景下碳排放与碳强度预测

单位：亿吨，吨/万元

年份	碳排放预测					碳强度预测				
	目标情景	基准情景	行政型情景	碳交易情景	碳税情景	目标情景	基准情景	行政型情景	碳交易情景	碳税情景
2012	92.957	92.960	92.958	93.307	92.931	1.720	1.655	1.655	1.661	1.654
2013	96.414	97.576	96.081	96.163	95.722	1.655	1.654	1.629	1.630	1.623
2014	94.108	102.418	95.244	96.582	96.069	1.506	1.654	1.538	1.560	1.551
2015	94.839	107.504	96.727	98.716	98.121	1.419	1.653	1.488	1.518	1.509
2016	99.416	112.831	100.853	102.500	101.825	1.395	1.653	1.477	1.501	1.491
2017	104.356	118.421	105.407	106.769	105.999	1.369	1.652	1.470	1.489	1.479
2018	108.981	124.279	109.888	111.170	110.304	1.343	1.651	1.460	1.477	1.465
2019	113.767	130.467	114.530	115.621	114.735	1.316	1.651	1.449	1.463	1.452
2020	118.521	136.851	118.949	119.938	118.847	1.287	1.649	1.433	1.445	1.432
2021	122.218	143.586	122.834	124.034	122.799	1.252	1.648	1.410	1.423	1.409
2022	125.715	150.737	126.986	128.951	127.282	1.215	1.648	1.388	1.410	1.391
2023	129.039	157.978	130.934	133.305	131.801	1.177	1.644	1.363	1.388	1.372
2024	132.064	165.682	134.847	138.051	136.344	1.136	1.643	1.337	1.369	1.352
2025	134.902	173.796	138.779	142.895	140.971	1.095	1.641	1.310	1.349	1.331
2026	136.593	192.697	150.305	156.897	165.276	1.051	1.731	1.350	1.410	1.485
2027	137.965	191.351	145.636	152.760	150.187	1.006	1.638	1.247	1.308	1.286
2028	138.670	202.213	149.874	158.954	156.398	0.959	1.648	1.222	1.296	1.275
2029	138.822	210.102	151.039	162.408	159.477	0.910	1.632	1.173	1.261	1.239
2030	138.233	222.554	155.097	169.096	165.233	0.859	1.646	1.147	1.251	1.222

续表

年份	碳排放预测					碳强度预测				
	目标情景	基准情景	行政型情景	碳交易情景	碳税情景	目标情景	基准情景	行政型情景	碳交易情景	碳税情景
年均增长率（%）	2.623	4.871	3.14	3.500	3.469	-3.454	-0.010	-1.741	-1.381	1.412
t	3.039***	7.162***	3.809***	4.411***	4.339***	-0.042***	0.000	-0.024***	-0.02***	-0.020***
常数	-6023.9***	-14324***	-7575.3***	-8788.5***	-8643.5***	86.842***	1.935	50.102***	41.45***	41.8***
R^2	0.955	0.984	0.983	0.983	0.96	0.973	0.002	0.949	0.9439	0.863

注：本表有关"年均增长率"、"t"值的标注 * 规则，以及常数保留小数位等说明，均与表 6-1 相同。

表 9-2　2030 年各政策情景的碳减排效果比较

类别	目标情景	基准情景	行政型情景	市场型—碳交易情景	市场型—碳税情景
碳排放（亿吨）	138.233	222.554	155.097	169.096	165.233
碳强度（吨/万元）	0.859	1.646	1.147	1.251	1.222
碳强度累计变动率（%）	-50.094	-4.302	-33.314	-27.267	-28.953
碳减排实现程度（%）	—	8.589	66.503	54.433	57.798
各政策减排效果排序	—	—	第一	第三	第二

注：1. "碳强度"指各情景下的 2012 年价格的碳强度。2. "碳强度累计变动率"是将各情景 2030 年碳强度与 2012 年碳强度 1.72 吨/万元相除计算而得，若要实现碳减排目标，则需 2030 年的碳强度比 2012 年的碳强度下降 50.094%。3. "碳减排实现程度"是各情景碳强度累计变动率与目标率变动率 50.094% 相对比计算而得，例如行政型政策情景碳减排实现程度为（-33.314）/（-50.094）×100%=66.503%，说明该政策到 2030 的模拟碳排放完成了碳减排目标的 66.503%；碳交易和碳税对应指标计算同理。

于实际 GDP 的增长速度。该碳排放所对应的目标碳强度也由 2012 年的 1.72 吨/万元大幅下降至 2030 年的 0.859 吨/万元,即目标碳强度比 2005 年下降 60%,换算成 2012 年为基期,则累计下降 50.094%。

在基准情景下,碳排放将大幅增加,碳排放年均增长率达到 4.871%,增速接近实际 GDP 增速(基准情景实际 GDP 年均增速 4.881%,参考表 6 - 1),到 2030 年碳排放预测高达 222.554 亿吨,对应的碳强度为 1.646 吨/万元,与 2012 年碳强度相比仅累计下降了 4.302%,与碳强度目标累计下降 50.094% 相去甚远(见表 9 - 2)。通过基准情景下的碳排放和碳强度预测,说明若不实施任何碳减排政策,未来的减排形势将十分严峻,因此实施相应政策控制碳排放是十分必要的。

行政型政策情景模拟的碳排放与目标碳排放走势较为接近,到 2030 年的碳排放为 155.097 亿吨,在 2012~2030 年,碳排放年均增长率为 3.14%,远低于基准情景下实际 GDP 年均增速(4.881%),但高于目标情景下的碳排放年均增速(2.623%)。行政型政策情景的碳强度呈现快速下降,到 2030 年行政型政策情景的碳强度为 1.147 吨/万元,该指标比较接近目标碳强度(0.859 吨/万元),行政型政策情景的碳强度年均下降 1.741%,与 2012 年碳强度相比,累计下降 33.314%(见表 9 - 2),与目标累计下降 50.094% 相比,碳减排实现程度达到 66.503%。尽管行政型政策情景的碳排放和碳强度不能完全实现碳减排的目标值,但其碳强度的下降完成度接近 2/3,与其他政策相比,该政策的减排效果是最好的。

就市场型碳减排政策的碳交易情景和碳税情景的模拟结果比较接近,两种情景模拟的碳排放在 2030 年分别达到 169.096 亿吨和 165.233 亿吨,2012~2030 年间的年均增速分别为 3.5% 和 3.469%。市场型碳减排政策的碳排放预测高于行政型碳减排政策,但远低于基准情景,产生较好的碳减排效果。就碳强度模拟来看,碳交易情景和碳税情景的该指标到 2030 年分别达到 1.251 吨/万元和 1.222 吨/万元,年均下降率分别为 1.381% 和 1.412%,与 2012 年的碳强度相比,碳交易和碳税情景的碳强度累计下降分别为 54.433% 和 57.798%,略低于行政型政策情景 66.503% 的实现程度。分析可知,市场型碳减排政策的碳减排效果略低于行政型碳减排政策,而碳交易和碳税的减排效果是较为接近的,但实现的碳减排目标不超过 60%。

从以上分析可知，就碳减排目标实现的程度而言，行政型政策的减排效果最好，其碳排放和碳强度的模拟值与目标值非常接近，说明通过将碳强度下降目标分解到各省和各行业，可影响生产者的生产决策，再通过各部门间的投入产出关系传递，影响化石能源消费，从而达到相应的减排效果。但行政型政策难以避免减排目标与减排行业之间的错配，减排成本相对较高。市场型碳减排政策能够有效缓解资源错配，特别是通过碳交易政策，可以在更小的成本下达到同样的减排效果，从而降低全社会的减排总成本；碳税政策在能源消费中适量增加能源成本，可促使生产者和消费者调整能源消费结构，也有利于降低社会减排总成本。因此，碳交易和碳税这两种市场型碳减排政策虽然比行政型碳减排政策的减排效果略低一些，但其减排效果也非常显著。

二　各类碳减排政策的宏观效应与居民福利效应比较

各减排政策下宏观经济和居民福利所受到的影响，也是衡量碳减排政策效果的重要标准。以下将行政型、碳交易和碳税情景下，宏观经济各相关指标，以及居民福利各相关指标的变动情况汇总至表 9 - 3，用以对比各种政策情景下经济系统和居民生活受到的影响。表 9 - 3 中对应的指标"变动均值"是将 2012 ~ 2030 年的各指标预测数据取算术平均数。需要指出，均值通常是横截面数据的描述性指标，而时间序列指标的综合评价一般不用均值（常用增长率），但第七、八章各政策情景下的变动值是将各年预测值与基准情景对比后得出的变化率，已大大削弱了其时间序列的趋势属性，因此本小节将各变动率指标按时间取均值，能够衡量和对比不同政策情景下宏观经济和居民福利受到的影响。

（一）碳税情景下总产出获得小幅促进

在碳税情景下，资本价格拉动生产价格同向变化，并反向影响总产出量。具体而言，生产部门受碳税情景影响，资本价格平均下降 0.306%，推动生产价格平均降低 0.702%，该变动使各部门生产成本降低，增加了生产部门的利润，促进总产出量上升 0.773%，说明碳税情景对生产具有

表9-3 各碳减排政策情景下宏观效应和居民福利效应比较及影响说明

单位：%、百亿元

指标	行政型政策情景		市场型—碳交易情景		市场型—碳税情景	
	变动均值	影响说明	变动均值	影响说明	变动均值	影响说明
总产出量	-0.001	无显著影响	0.000	无显著影响	0.773	促进产出
生产价格	0.001	无显著影响	-0.001	无显著影响	-0.702	价格下降
国内总消费量	-0.038	无显著影响	0.005	无显著影响	0.006	无显著影响
国内销售价格	3.615	价格上涨	-2.656	价格下降	-2.264	价格下降
总投资额	1.530	促进投资	0.482	促进投资	-0.728	抑制投资
总出口量	-0.042	无显著影响	0.317	促进出口	0.031	无显著影响
总进口量	-0.024	无显著影响	-0.032	无显著影响	0.636	促进进口
劳动力价格	0.000	无显著影响	-0.003	无显著影响	1.391	价格上升
资本价格	0.000	无显著影响	0.000	无显著影响	-0.306	价格降低
企业总收入	0.000	无显著影响	0.000	无显著影响	0.101	促进企业总收入
政府总收入	-0.001	无显著影响	0.000	无显著影响	4.732	提高政府总收入
城镇居民收入	0.000	无显著影响	-0.003	无显著影响	0.029	无显著影响
农村居民收入	0.000	无显著影响	-0.003	无显著影响	0.156	促进农村居民收入
城镇居民消费	-0.039	无显著影响	-1.063	抑制居民消费	-1.208	抑制居民消费
农村居民消费	-0.008	无显著影响	-1.424	抑制居民消费	-1.183	抑制居民消费
城镇居民福利*	-6.330	负向冲击福利	-0.194	小幅负向冲击福利	4.120	正向推进福利
农村居民福利*	-6.567	负向冲击福利	-1.501	小幅负向冲击福利	4.364	正向推进福利

注：1. 打"*"的"城镇居民福利"和"农村居民福利"的单位是百亿元，其他指标的单位均是%。2. 各指标变动在±0.05%以内的，均标注为"无显著影响"。

促进作用。与碳税情景相比，行政型政策情景和碳交易情景下的资本价格、生产价格和总产出量均无显著变化。

（二）三种碳减排政策情景下国内销售价格大幅变动

在所有宏观效应指标和居民福利指标中，受冲击最大的指标是国内销售价格。其中，行政型碳减排政策下，国内销售平均上涨 3.615%，碳交易情景和碳税情景下，国内销售价格分别平均下降 2.656% 和 2.264%，这三种碳减排政策情景下国内销售价格均有大幅变动。行政型政策情景通过碳强度约束控制碳排放，导致能源商品价格大幅上涨，借助产业关联使得国内商品销售的整体价格受到较大冲击；而碳交易情景控制重点部门碳排放，并通过碳交易市场对碳配额进行买卖，鼓励减排成本低的行业超额减排，减排成本高的行业通过购买碳配额完成减排，反而促使国内销售价格降低；碳税情景通过对含碳商品的价格调节控制碳排放，其征收的碳税通过价格传导进行转嫁，且政府通过企业所得税进行税收返还，因此该情景下国内销售价格也是下降的。尽管三种政策情景下国内销售价格受到的冲击较大，但国内总消费量并未受到显著影响，说明国内需求是稳定的。

（三）三种碳减排政策情景下总投资小幅变动

行政型政策情景和碳交易情景下，总投资分别平均上涨 1.53% 和 0.482%，说明这两种碳减排情景对总投资有小幅促进，但两者的促进过程有所区别。行政型政策情景下可能存在碳减排目标和减排部门的行业错配，促使各部门加大节能减排技术与设备的大量投入，以缓解碳减排对生产过程的约束，可能导致过度增加减排成本；碳交易情景下，各部门能够通过碳市场的配额交易，寻求更低的减排成本，而并非必须由本行业增加节能减排技术与设备的投入，使全社会的减排成本更低。在碳税情景下，总投资额平均下降 0.728%，这是因为征收的碳税通常会通过投入产出转嫁到下游行业，尽管在短期内增加节能减排投资较为有限，但长期来说会促进所有行业通过提高能效等技术方式节能减排，缓解碳税对生产过程的冲击。同时，碳税情景下，企业总收入平均上升 0.101%，政府总收入平均增加 4.732%，碳税征收助推政府收入大幅增加，需要政府在更宏观的层面布局低碳发展，以获得更长效的碳减排机制。

（四）碳交易情景和碳税情景对出口、进口有小幅影响

碳交易情景下，总出口量平均上涨 0.317%，即出口得到小幅促进；碳税情景下，总进口量平均上涨 0.636%，即进口得到小幅促进。说明这两种市场型碳减排政策对促进对外贸易产生作用，而行政型政策情景下，总出口量和总进口量的变动并不显著。

（五）碳税情景助推城乡居民福利正向变动

碳税情景下，城镇和农村居民的福利等价性变动分别上涨 4.12 百亿元和 4.364 百亿元，即农村居民的福利增量高于城镇居民的该指标，这是由于碳税设计中，尽管在商品的生产和消费环节均征收碳税，但所征收税额可通过居民所得税进行返还，因此并未对居民的福利产生负向冲击。

而行政型政策情景和碳交易情景下，城镇和农村居民的该指标均有下降，且行政型政策情景下的城乡居民福利平均降幅均在 6 百亿元以上，这两类政策情景对碳排放的约束通过部门间投入产出进行传递。一方面，居民能源消费价格上涨带来的居民能源支出增加，另一方面，碳密集型商品的价格也发生变化，使居民消费集出现调整，居民的消费结构随之变化，进而居民效用变动，最终对城镇和农村居民的福利产生负向冲击，并且农村居民福利受到的负向冲击高于城镇居民。

三　各类碳减排政策的重点部门结构效应比较

为实现碳减排目标，碳排放较高的部门受到的冲击会比其余部门更大。本小节以碳交易情景覆盖的 10 个部门作为重点部门进行结构效应比较，并将其分为三类：第一类包括五个能源部门（即煤炭、原油、成品油、天然气和电力）；第二类包括三个高排放工业部门（化学产品、非金属矿物制品、金属冶炼和压延加工品）；第三类包括与居民生活相关的交通运输、仓储和邮政业（简称"交邮仓储业"）与造纸印刷和文教体育用品（简称"造纸印刷类"）。结构效应比较分析，重点对比以上部门在行政

型、碳交易和碳税减排政策情景下的生产数量、生产价格、国内销售数量、国内销售价格、出口数量、进口数量和碳排放的变动情况，这些指标能够反映各部门生产、销售和碳减排受减排政策的影响（见表9－4）。

（一）能源部门的结构效应比较

第一类部门，即能源部门的国内销售价格在三种政策情景下均受到较大冲击。①就煤炭来说，其国内销售价格在行政型政策情景下大幅上升189.186%，但在碳交易和碳税情景下分别下降76.305%和19.981%，说明通过行政手段约束碳排放，会抑制煤炭供给，因此大幅推高煤炭的销售价格；而通过市场型碳减排政策，煤炭价格不但没有升高，反而下降了。②就电力来说，该部门对碳排放的贡献最大，在行政型政策情景下，电力价格下降7.942%，在碳交易情景下，电力价格降幅达到69.692%，在碳税情景下，该指标上升38.944%。电力价格的变动说明，行政型政策情景对电力价格的影响相对较小，碳交易情景有助于降低减排成本，因此电力价格也大幅下降，而碳税情景会使生产过程的碳税成本不断转嫁至下游部门，因此推高了电力的国内销售价格。③碳交易情景下能源部门的国内销售价格变动超过另两个政策情景，碳交易情景下除了煤炭和电力在上文分析以外，原油和天然气的价格分别上涨72.83%和148.426%，而成品油的价格下降70.273%，由于五个能源部门均为碳交易情景所覆盖的行业，因此该情景下能源国内销售价格所受的影响较大。

能源部门的生产数量、生产价格、进口数量的指标，在碳税情景下变动幅度超过另两种政策情景。其中，在碳税情景下，五种能源部门的生产价格均是下降的，而生产数量均为正向增加，且增幅在0.116%～0.844%之间，说明该情景对能源部门的生产起到促进作用。碳税情景下，五种能源部门的出口数量和进口数量变动也高于其他情景，除了成品油出口平均下降1.567%以外，煤炭、原油和电力的出口增幅均在6%以上，五种能源的进口数量增幅在0.228%～5.85%之间，说明碳税情景对能源部门的进出口有显著促进作用。

能源部门的碳排放变动差异较大，其中，电力在三种政策情景下的碳排放降幅均在19%左右，成品油在三种政策情景下的碳排放降幅在

4.674%～7.197%之间。原油在行政型政策情景和碳税情景下碳排放分别下降28.004%和24.414%，天然气在行政型政策情景和碳税情景下碳排放分别下降20.41%和12.323%，煤炭在行政型政策情景和碳税情景下碳排放下降8.148%和7.665%，但原油、天然气和煤炭在碳交易情景下的碳排放却是上升的，这可能是由于各部门通过碳市场交易碳排放权配额以此降低减排成本导致的。

（二）高排放工业部门的结构效应比较

第二类部门，即高排放工业部门，包括化学产品、非金属矿物制品、金属冶炼和压延加工品。其中，非金属矿物制品主要包含建材业，水泥行业所占比重较大；金属冶炼和压延加工品主要包含钢铁业和有色金属业，这些均是高能耗高排放的重点部门。该类部门国内销售价格在三种情景下均受到小幅冲击：在碳税情景下，这三个部门的国内销售价格分别平均降低2.765%、7.411%和11.682%，由此也促使国内销售数量的微量上涨；非金属矿物制品在行政型政策情景和碳交易情景下的国内销售价格分别下降0.897%和上升0.883%；金属冶炼和压延加工品在碳交易情景下的该指标下降0.917%。

高排放工业部门的生产价格、生产数量、出口和进口数量在碳税情景下的变动均超过其余两种减排情景。化学产品、非金属矿物制品、金属冶炼和压延加工品的生产价格在碳税情景下分别下降1.236%、1.018%和1.342%，由此促进生产数量分别上升0.528%、0.506%和0.526%。另外，这三个部门的出口数量在碳税情景下分别上升1.042%、0.181%和1.921%，进口数量分别上涨0.255%、2.635%和0.34%。其余两种情景下的这三个部门的生产类指标和进出口指标的变动大多不显著，说明碳税情景对高排放工业部门的生产和进出口均有促进作用。

高排放工业部门在三种情景下的碳排放降幅都较大。其中，在行政型政策情景下，化学产品（－14.986%）、非金属矿物制品（－15.883%）、金属冶炼和压延加工品（－15.225%）的碳排放降幅均在15%左右；在碳税情景下，这三个部门的碳排放降幅均在13.5%左右；而在碳交易情景下，三个部门的碳排放降幅分别为13.952%、8.495%和12.261%。以上分析说明，行政型政策情景对高排放部门的碳排放抑制作用较强，而碳交易情景下的减排效果略小一些。

（三）交邮仓储业和造纸印刷类部门的结构效应比较

第三类部门，即交邮仓储业和造纸印刷类部门，这两个子部门与化石能源关系密切，在碳减排情景下受到的冲击较小。这类部门的国内销售价格在碳税情景下产生不同方向的变动：交邮仓储业的国内销售价格上升1.669%，而造纸印刷类下降3.06%。造纸印刷类在行政型政策情景和碳交易情景下的国内销售价格分别下降0.166%和上升0.166%，而交邮仓储业在这两种情景下的国内销售价格变动均不显著。

交邮仓储业和造纸印刷类部门的生产价格、生产数量、出口和进口数量在碳税情景下的变动幅度均超过其余两种减排情景。交邮仓储业和造纸印刷类部门的生产价格在碳税情景下分别下降1.079%和0.689%，由此分别促进生产数量上升0.613%和0.444%。另外，这两个部门的出口数量在碳税情景下分别上升0.963%和下降0.565%，进口数量分别上涨0.9%和1.7%。其余两种情景下的这两个部门的生产类指标和进出口指标的变动均很小，说明碳税情景对交邮仓储业和造纸印刷类部门的生产和进出口均有促进作用。

交邮仓储业和造纸印刷类部门在三种减排情景下的碳排放变动差异较大。其中，交邮仓储业的碳排放在三种情景下分别下降4.576%、11.216%和1.037%，与其余部门相比，降幅并不大。造纸印刷类部门在行政型政策情景和碳税情景下的碳排放降幅分别为30.583%和22.448%，而在碳交易情景下的碳排放不降反升。

通过以上对比可知，碳减排政策对能源部门的影响最大，主要表现在能源商品的国内销售价格大幅变化，其中，碳交易情景对能源商品的冲击最大，导致煤炭、原油和成品油的国内销售价格大幅下降；碳税情景对各重点部门的生产和进出口均起到促进作用；从部门碳减排效果来看，行政型政策情景的减排效果较好，其次是碳税情景，而碳交易政策对重点部门的碳减排存在不确定性，个别部门在该情景下碳排放不降反升。

表9－4 各碳减排政策情景下重点部门结构效应比较

单位：%

分类指标		第一类部门					第二类部门			第三类部门	
		煤炭	原油	成品油	天然气	电力	化学产品	非金属矿物制品	金属冶炼和压延加工品	交邮仓储业	造纸印刷类
生产数量	行政型	-0.006	-0.002	-0.017	-0.172	0.003	0.000	-0.001	0.000	-0.002	0.000
	碳交易	-0.062	0.000	0.000	-0.005	-0.002	0.000	0.001	0.000	-0.001	0.000
	碳税	0.399	0.116	0.512	0.716	0.844	0.528	0.506	0.526	0.613	0.444
生产价格	行政型	0.000	0.003	-0.025	-0.206	0.001	0.001	0.001	0.001	0.000	0.001
	碳交易	0.064	0.004	-0.001	-0.001	-0.005	-0.001	0.000	-0.001	-0.003	-0.001
	碳税	-0.204	-0.593	-1.509	-4.759	-2.149	-1.236	-1.018	-1.342	-1.079	-0.689
国内销售数量	行政型	-1.886	-1.384	-1.955	-1.766	2.024	0.000	0.001	0.000	0.000	0.001
	碳交易	0.042	0.001	0.022	1.531	0.022	0.000	0.000	0.000	0.000	-0.001
	碳税	-0.144	0.025	0.026	-0.737	-0.046	0.004	0.016	0.003	0.011	0.037
国内销售价格	行政型	189.186	-1.974	8.924	1.570	-7.942	-0.048	-0.897	0.003	-0.034	-0.166
	碳交易	-76.305	72.830	-70.273	148.426	-69.692	0.047	0.883	-0.917	0.037	0.166
	碳税	-19.981	-38.690	-1.130	4.621	38.944	-2.765	-7.411	-11.682	1.669	-3.060
出口数量	行政型	0.295	-4.466	-0.264	—	-0.780	-0.038	-0.157	-0.084	-0.071	-0.080
	碳交易	-4.107	28.191	0.385	—	37.445	0.038	0.166	0.084	0.068	0.080
	碳税	6.701	6.711	-1.567	—	13.787	1.042	0.181	1.921	0.963	-0.565

续表

分类指标		第一类部门					第二类部门			第三类部门	
		煤炭	原油	成品油	天然气	电力	化学产品	非金属矿物制品	金属冶炼和压延加工品	交邮仓储业	造纸印刷类
进口数量	行政型	-1.410	-0.201	-2.019	0.459	2.825	0.022	0.207	0.030	0.073	0.135
	碳交易	-0.072	-0.018	-0.049	-0.424	-0.336	-0.021	-0.201	-0.029	-0.071	-0.130
	碳税	1.362	0.228	0.943	4.021	5.850	0.255	2.635	0.340	0.900	1.700
碳排放	行政型	-8.148	-28.004	-7.197	-20.410	-19.701	-14.986	-15.883	-15.225	-4.576	-30.583
	碳交易	1.096	28.893	-5.191	5.248	-19.956	-13.952	-8.495	-12.261	-11.216	27.350
	碳税	-7.665	-24.414	-4.674	-12.323	-18.431	-13.304	-13.726	-13.625	-1.037	-22.448

注：“天然气”在 2012 年基期无出口记录，因此该部门预测期模拟的出口数据空缺。

第二节　基于碳减排目标实现的政策
组合选择建议

一　政策选择的目标和依据

（一）政策选择的目标

碳减排政策需要平衡碳强度下降和经济增长的双重目标，即在实现碳减排目标的同时，宏观经济、产业结构和居民福利受到的负向冲击较小。

碳减排政策的第一目标是实现碳减排承诺。自 2015 年中国政府在巴黎气候大会上做出的 2030 年碳强度比 2005 年下降 60%～65% 等承诺后，中国推行了一系列有关应对气候变化、调整产业及能源结构、提高能源效率、促进新能源发展的举措。党的十九大报告中强调指出"积极参与全球环境治理，落实减排承诺"，更加显示出中国政府实现碳减排目标的决心。

碳减排政策的第二目标是经济系统受到的负向冲击最小化。部分文献对碳减排政策会给经济系统带来负向影响达成了共识，即碳减排政策的实施会对经济增长、居民福利等带来一定的负向冲击。而中国作为第一大发展中国家，在未来需要保持适度的经济增长速度，必然需要相应的能源投入，也需要居民消费稳定增长，需要居民福利受到的冲击尽可能小。因此，不同减排政策，以及政策的不同实施力度和实施时间，都关乎经济系统稳定、经济结构调整和居民福利的变化。

碳减排政策的两个目标并非对立的，在中国逐渐向低碳经济转型，生产部门的能源效率大幅提升，非化石能源比重不断提高的发展趋势下，在不同时期选择不同的碳减排政策，确定各政策的覆盖行业范围、起始时间、政策力度等，能够使实现减排目标和经济系统的负向冲击最小化之间达到有效平衡。

（二）政策选择的依据

为了实现碳强度下降和经济增长的双重目标，需要对碳减排政策进行选择，落实不同时期的碳减排任务。因此，碳减排政策的选择要从以下四个方面考虑：第一，能较好地实现碳减排目标；第二，对经济系统的负向冲击较小；第三，具有碳减排的长期效应；第四，具有更小的减排成本。

　　从以上四个方面对行政型和市场型碳减排政策进行对比，可以比较各政策的优缺点（见表9－5）。①就碳减排目标实现程度来看，行政型碳减排政策能够实现大约三分之二的减排目标，而市场型碳减排政策只能实现超过一半的减排目标。②就经济系统受到的影响程度而言，行政型政策情景和碳交易情景对经济系统产生一定的负向冲击，而碳税情景对经济系统产生正向推动作用。③就政策的长期效应而言，碳交易的长效机制较好，一旦碳交易体系形成，各企业不断加大自身的碳资产管理，能够在碳交易覆盖范围内不断降低碳减排成本，并形成较好的长效减排机制；碳税政策的实施也能够形成一定的长效机制，但与碳交易相比，其政策的可变性较大；行政型碳减排政策是通过政府强制力和对企业的规范行为实施的，碳减排见效快，但并非长效的减排政策。④就减排成本的节约程度而言，碳税的实施成本是较低的，只需税务部门做相应的政策调整；行政型碳减排政策的实施成本相对较高，主要表现在组织和监督成本；碳交易政策的实施成本更高，主要表现在碳减排系统的建设和各企业碳排放检测的核查等方面。

　　综合以上分析可以看出，碳税情景的优势表现在节约减排成本和经济系统受到的影响这两个方面；碳交易政策的优势表现在具有碳减排的长期效应；行政型碳减排政策具有更好的减排效果。

表 9－5　2030 年各碳减排政策情景模拟的四种维度比较

单位:%

政策类型	碳减排目标实现程度	经济系统受影响程度	其中：宏观效应与福利效应	其中：产业结构冲击	政策长期效应	政策实施成本
行政型碳减排政策	66.503	负向冲击	负向冲击	小幅抑制	较弱	中等
市场型—碳交易政策	54.433	负向冲击	负向冲击	小幅抑制	较好	较高
市场型—碳税政策	57.798	正向推动	正向推动	优化促进	中等	较低

二 碳减排政策组合的内容

通过以上对行政型和市场型碳减排政策的模拟对比，可以看出，单独实施行政型政策，或单独实施某一种市场型碳减排政策，都很难完全实现碳减排目标，对经济系统也将产生不同的影响。相比较，行政型政策的效果更接近中国政府承诺的 2030 年碳强度下降目标，但行政型碳减排政策难以形成长效的碳减排机制，且会导致资源错配和碳减排成本较高的问题。碳交易政策是现阶段市场型碳减排政策的主要方向，其有利于形成长效的减排机制。碳税政策的实施成本较低，可将其作为碳交易政策的有效补充。

现阶段中国仍处于快速工业化和城镇化的重要时期，化石能源消费具有刚性需求，实现 2030 年碳减排目标的任务难度很大。因此，以下给出碳减排目标的政策组合建议（见表 9 - 6）。

表 9 - 6 碳减排政策组合建议

时 期	行政型碳减排政策	市场型—碳交易政策	市场型—碳税政策	碳减排目标
2016～2020 年（"十三五"时期）	主导型政策	辅助型政策	暂不实施	2020 年碳强度比 2005 年下降 40%
2021～2025 年（"十四五"时期）	主导型政策	辅助型政策，力度逐渐加大	暂不实施	2025 年碳强度比 2005 年下降 49%①
2026～2030 年（"十五五"时期）	主导型政策	辅助型政策，力度逐渐加大	辅助型政策	2030 年碳强度比 2005 年下降 60%
2031～2035 年（"十六五"时期）	辅助型政策，力度逐渐减弱	主导型政策	辅助型政策，力度逐渐加大	碳排放零增长或负增长

注：①由表 7 - 1 中"2005 年价格碳强度累计增长率"推导可知，2025 年碳强度下降目标为降至 2005 年的 49%。

"十三五"时期，碳减排政策以行政型政策为主，并通过五年规划分解至各省和各行业。在该时期尽早实现全国碳交易市场中发电行业碳配额的现货交易，确保全国性碳市场建设初期顺利运行，为其他高排放行业加入碳交易提供基础。该时期暂不实施碳税政策。

2021～2025年，即"十四五"时期，碳减排政策仍以行政型政策为主。碳交易市场快速发展，并将重点行业（石化、化工、建材、钢铁、有色、造纸、电力、航空，以及其他高排放行业）纳入碳交易体系，实现重点行业碳配额现货交易；该时期的碳排放配额以免费配发为主。这一时期暂不实施碳税，可依据碳交易政策效果，将碳税作为备选减排政策。

2026～2030年，即"十五五"时期，碳减排政策仍以行政型政策为主，确保实现2030年碳减排目标，实现2030年或更早达到碳排放峰值。碳交易市场稳定而有效运行；对碳交易运行较成熟的行业，逐渐降低碳配额的免费配发比例，增加竞价拍卖的比例。该时期实施碳税政策，选择碳交易覆盖以外的碳排放增长较快的部门，对生产的中间能源投入环节征收碳税，并通过降低该部门企业所得税等形式对居民碳税收入进行返还；暂不对居民消费环节征收碳税；为避免重复征税，对资源税和能源消费税做相应调整。

2031～2035年，即"十六五"时期，行政型碳减排政策力度和范围逐渐减弱，对纳入碳交易和碳税政策的行业不再做行政型碳减排约束。碳交易体系进一步完善，所有覆盖行业碳配额的免费配发比例逐渐下降，竞价拍卖的碳配额比例对应增加，到2040年，竞价拍卖比例整体达到50%及以上。该时期碳税政策力度可进一步加强，依据实际碳排放变动趋势，可动态调整碳税征收范围和碳税税率；依据居民消费环节碳排放增长速度，可对居民消费环节征收碳税，并通过转移支付的形式进行返还。

总体而言，为实现2030年碳强度下降目标，并在2030年或更早达到碳排放峰值，在2030年之前，需要以行政型碳减排政策为主。除行政型碳减排政策外，全国性碳交易市场的建立和不断完善，有助于重点行业的减排成本得到有效控制。2021～2030年是碳交易市场快速发展的重要时期，碳交易覆盖范围应逐渐扩大到所有高排放行业，使碳交易更好发挥减排作用。碳税政策在2025年之前，可作为碳交易政策的备选，其覆盖范围和碳税税率可依据碳交易的减排效果而定。就碳减排政策的发展趋势来看，行政型碳减排政策并非长效的减排机制，在确保实现2030年碳减排目标的情况下，可逐渐转变为以市场型碳减排政策为主，即对重点排放部门实施碳交易政策，对中等排放部门实施碳税政策，实现由行政型碳减排政策到市场型碳减排政策的过渡。

三　碳减排政策组合的保障

碳减排政策组合，符合中国由行政型碳减排政策向市场型碳减排政策的过渡和转变，但该政策组合需要相应的技术性保障和制度性保障才能得以实施。

（一）技术性保障

行政型碳减排政策的实施，需要两方面技术性保障：第一，通过技术进步，有效提高能源使用效率，使消费等量能源获得更多的产出；第二，通过不断增加可再生能源的开发和利用，促进新能源产业发展，使非化石能源占一次能源的比重不断增加。以上两方面的技术保障都依赖于科学技术的快速发展。现阶段，中国生产领域的技术进步不断提升，新能源产业发展十分迅速，生产过程中的能源投入结构不断优化，能源使用效率不断提高，促使行政型碳减排政策有效实施。

碳交易政策实施的技术性保障，主要包括碳交易系统的建设，碳核查机制的完善。自 2013 年起，深圳、上海、北京、广东、天津、湖北和重庆七个碳交易中心的试点运行，为全国性碳交易系统的完善和运行积累了大量经验，碳核查机制也在逐步完善，为全国性碳交易政策的有效执行提供技术性保障。

（二）制度性保障

就行政型碳减排政策而言，自 2009 年起，中国的碳排放控制主要是通过行政型政策实现的，如"十一五"规划中，首次将能源强度下降目标纳入中长期发展规划，"十二五"和"十三五"规划分别提出 2015 年比 2010 年碳强度下降 17%，2020 年比 2015 年碳强度下降 18% 等目标。在各期的五年规划指引下，其他相关的五年规划再将碳强度下降目标分解到各省和各行业。以上行政型碳减排政策都是为了实现到 2020 年和 2030 年碳强度分别比 2005 年下降 40% 和 60% 及以上的减排承诺。鉴于以往的经验，2021～2030 年的碳减排目标也必将会通过"十四五"和"十五五"规划将其细化分解至各地区和各行业，以保证碳减排目标的实现。

就市场型碳交易政策而言，中国自 2013 年起建立七个地区碳交易试点，2016 年 12 月，福建也成立了区域碳交易中心，2017 年 12 月 19 日，中国碳排放交易体系完成了总体设计，全国碳排放交易体系已正式启动，碳交易体系的建设不断完善，为行政型碳减排政策向市场型碳减排政策的过渡提供转变的通道。

就市场型碳税政策而言，尽管现阶段中国暂不单独实施碳税，但该政策是非常有效的备选政策工具之一，且碳税实施成本较低，可以将其作为碳交易政策的有益补充。

党的十九大报告中强调指出"积极参与全球环境治理，落实减排承诺"，再次为实现 2030 年碳减排任务指明方向。因此，通过梳理已有的行政型碳减排政策和碳交易体系的建设，可以确定实现碳减排目标和形成长效减排机制，具有较充分的制度保障。

第十章

结论与展望

第一节 主要研究结论

实现 2030 年碳强度下降目标，是中国现阶段碳减排的重要任务。在此目标下，中国政府在"十二五"和"十三五"发展规划中明确提出五年碳强度下降任务，并将其细化分解至各省和各行业，以行政型碳减排政策作为实现碳减排目标的重要手段之一。同时，中国政府也在积极建设全国性碳交易体系，以期将重点行业纳入碳交易机制，逐渐由行政型碳减排政策过渡到市场型碳减排政策，碳税也是市场型碳减排政策的可选政策之一。本书通过递进研究，试图回答五个层面的问题：一是中国碳排放的发展历程如何？碳强度变动的主要驱动因素有哪些？二是行政型碳减排政策是否能够实现碳减排目标？行政型政策对经济系统产生哪些影响？三是市场型碳减排政策是否能够实现碳减排目标？市场型政策对经济系统产生何种影响？四是市场型政策中碳交易和碳税的政策效果有哪些差异？五是行政型和市场型碳减排政策怎样组合能够形成更优的减排机制？

为了回答以上问题，本书对中国 2000～2015 年碳排放量进行估算，并将生产部门细分为 31 个子部门，居民部门细分为 2 个子部门，分别进行基于对数平均迪氏指数（LMDI）的乘法和加法因素分解，分时段考察四种驱动因素对碳强度波动的影响。在此基础上，基于 2012 年细分 31 个部门的 SAM 表，构建动态 CGE 模型，在理论模型中分别加入行政型碳减排政策情景和市场型碳减排政策情景，分别模拟各目标情景下，中国 2012～2030 年宏观经济、碳减排效果、部门结构以及居民福利受到的影响，对行政型和市场型政策效果进行综合比较。研究结论如下：

（1）通过对 2000～2015 年中国碳排放发展趋势以及碳强度变动的因素分析可知，就生产部门而言，能源强度效应是碳强度下降的主要驱动因素，现阶段通过工业部门提高技术水平降低能源强度的低碳发展路径仍有较大空间；经济结构效应是生产部门碳强度上升的主要驱动因素，未来应继续推动产业结构优化升级，促进生产要素由高能耗高排放的资源密集型产业向深加工的技术密集型产业流动，降低高排放行业在经济中的比重，促进战略新兴产业和服务业在国民经济中的比重，适度控制工业增长速度，减少经济对能源（特别是煤炭）的依赖性；外在能源结构调整也是影响碳强度的因素之一，但受资源禀赋限制，短期内通过能源结构调整抑制碳强度的空间不足，内在能源结构优化对生产部门碳强度下降有巨大潜力，加快清洁能源开发和化石能源的清洁化利用是低碳发展的必然趋势。就居民部门而言，生活能源强度效应是人均碳排放波动的第一负向驱动因素，农村居民能源利用效率仍有很大提升潜力；内在能源结构效应是第二负向驱动因素，随着中国城镇化进程的不断推进，农村能源供给的清洁化和能源使用效率提高，居民部门碳减排会具有很大空间。

（2）通过行政型碳减排政策情景的模拟，得出 2012～2030 年碳排放大幅下降，在 2030 年碳强度比基准情景下降 30.309%，实现了碳减排目标的 66.503%。同时，在保持经济适度增长的前提下，行政型政策情景推动国内销售价格大幅上涨，其中，能源部门价格受到的冲击较大。总投资额小幅增加，但该情景对生产、出口和进口的影响较小。行政型政策情景对城乡居民福利产生显著的负向冲击，城镇和农村居民的福利年平均降幅分别为 6.33 百亿元和 6.567 百亿元。综合而言，行政型措施的碳减排效果是有限的，不能完全实现碳减排目标，并且难以避免减排目标的行业错配，增加社会减排成本。因此，行政型碳减排政策不适合作为长效的碳减排机制。

（3）碳交易机制是中国目前正在大力推行的市场型碳减排政策。通过模拟可以看出，就减排效应而言，碳交易情景下 2030 年碳强度比基准情景下降 24.02%，实现碳减排目标的 54.433%，其减排效果与行政型碳减排政策相比，仍有一定差距。就碳交易情景对经济系统各方面的影响来看，国内销售价格显著下降，其中能源部门受到的销售价格冲击较大。此外，该情景使总投资少量增加，出口得到小幅促进，但城乡居民福利产生小幅负向冲击，城镇和农村居民的福利年平均降幅分别为 0.194 百亿元和 1.501 百亿元。自 2013 年起，中国陆续启动了七个区域性碳交易试点，并形成了地方配额和价格。经过碳交易试点近几年的运行和经验积累，2017

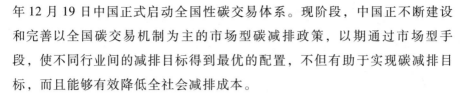

年 12 月 19 日中国正式启动全国性碳交易体系。现阶段，中国正不断建设和完善以全国碳交易机制为主的市场型碳减排政策，以期通过市场型手段，使不同行业间的减排目标得到最优的配置，不但有助于实现碳减排目标，而且能够有效降低全社会减排成本。

（4）碳税也是有效控制碳排放的市场型政策之一。通过碳税情景模拟发现，其减排效应与碳交易非常接近，在 2030 年碳强度比基准情景下降 25.754%，实现了碳减排目标的 57.798%。该情景下，国内销售价格呈现小幅下降，总投资额受到少量抑制，但促进总产出量和总进口量小幅上升。此外，政府总收入年平均增加 4.732%，企业总收入也有小幅提高，劳动力价格小幅上涨。碳税情景下，城乡居民福利获得正向推动，城镇和农村居民的福利年平均涨幅分别为 4.12 百亿元和 4.364 百亿元。现阶段，中国暂不单独征收碳税，现有的资源税、环保税、成品油消费税等具有部分节能减排的功能，但在未来，碳税仍可作为碳交易政策的补充，使市场型碳减排政策发挥更好的作用。

（5）就各减排政策的组合而言，建议在 2030 年之前以行政型碳减排政策为主，并在 2025 年前尽早实现全国性碳交易市场（发电行业）配额的现货交易；在 2030 年之前，将重点行业（高排放部门）全部纳入碳交易体系，促使碳交易常态化运行并有效发挥减排作用；到 2030 年左右，随着全国性碳交易体系的逐步完善与有效运行，行政型碳减排政策的范围和效力可逐渐减小；针对碳减排目标的实现情况，还可以有针对性地选择部分非重点行业（中等排放部门）实施碳税，并通过降低该部门所得税等形式进行碳税返还，最终形成以市场型碳减排政策为主的长效减排机制。

（6）在生产领域，应不断加大技术创新，增加节能减排技术和设备的投入，积极优化能源结构，有效降低碳强度；由于中国能源消费结构以煤炭为主，这一特点仍会持续很长一段时期，为降低生产过程中煤炭燃烧带来的碳排放，需要进一步提高煤炭的清洁化利用水平，并不断扩大碳捕集和碳封存等技术应用范围，使煤炭的碳排放系数有效下降；此外，应继续大力发展清洁能源，充分发挥非化石能源比重提高在碳减排目标实现中的叠加效应。在居民生活领域，政府应积极引导居民优化能源消费结构，增加生活清洁能源供给，特别是继续扩大农村地区沼气、太阳能等清洁能源的推广普及，重点引导农村居民对清洁能源的消费，有效减少碳减排政策对居民生活的约束，建立健全涵盖生产和生活领域的全方位绿色发展体系。

第二节　研究展望

本书对中国行政型和市场型碳减排政策的宏观效应、减排效应、结构效应和居民福利效应进行模拟和对比，提出相应的政策组合建议。在具体的研究过程中，深刻地感受到碳减排是一个体系极其复杂，涵盖经济、管理、政治、气候科学等众多领域的系统工程，不能仅通过细分部分的模型系统就将其研究清楚。本书只是从较为宏观的理论层面构建模型，对行政型和市场型碳减排政策的效果和经济影响做模拟，但细究每一类政策，仍有许多更细致而实际的问题值得探索。今后，笔者拟对以下几个方面做进一步长期和深入的探讨。

第一，行政型碳减排政策存在减排目标的行业错配，但在2030年前，行政型碳减排政策依然是最重要的减排措施之一。可以尝试测算"十三五"甚至"十四五"期间各省和各行业的碳减排成本，对比该省和该行业在对应的五年规划期间，行政型碳强度约束和实际碳强度下降情况，通过实证分析，识别和评价减排目标的行业错配规模，对未来纠正行政型碳减排政策的行业错配提供可行的参考。

第二，模拟全国性碳交易情景时，碳配额只是本书给出的理论数值，覆盖行业也与碳交易体系建设预计覆盖行业大致对应，但与现实的碳交易体系的配额分配和行业覆盖有不小的差距。在未来全国性碳交易机制日趋完善的基础上，研究应将实际的总配额纳入模型，模型的设置不仅包括部门间富余配额的交易，也要涵盖不同企业间的富余配额交易，使模型设置与实际状况更加吻合。

第三，随着全国性碳交易体系的启动，发电行业成为碳交易覆盖的第一个行业，火力发电行业，乃至与其相关的其他部门都会受到巨大影响，而采用非化石能源的发电部门将形成大规模碳资产，这一变革对能源部门

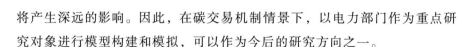

将产生深远的影响。因此，在碳交易机制情景下，以电力部门作为重点研究对象进行模型构建和模拟，可以作为今后的研究方向之一。

第四，近年来，新能源汽车行业高速发展，在乘用车的生产和销售领域，新能源汽车对传统燃油汽车的替代趋势不可避免，其替代速度也不断加快，这种替代将会深刻影响成品油行业、汽车工业、居民生活消费等各个方面，通过部门间的投入产出关系，对成品油相关的部门都会产生巨大的影响和变革，可以构建对应的模型分析该趋势对经济系统的效应。

第五，应对气候变化问题，不仅与生产部门的化石能源消费相关，也是全球公共资源再配置的政治博弈，与国家能源安全密切相关。在今后的研究中，还可以扩大研究范围，将各国间的减排目标与其能源安全因素考虑其中，从博弈论的角度分析中国碳减排目标实现与国家层面减排成本和效益的权衡问题。

附录 1 中国 2012 年微观 SAM 平衡表（31 部门）

附表 1　中国 2012 年微观 SAM 平衡表（31 部门）的编号与部门

活动账户编号	商品账户编号	对应部门	其他账户编号	对应部门
act_1	com_1	农林牧渔产品和服务	LAB	劳动力
act_2	com_2	金属矿采选产品	CAP	资本
act_3	com_3	非金属矿和其他矿采选产品	HR	农村居民
act_4	com_4	食品和烟草	HU	城镇居民
act_5	com_5	纺织品	ENT	企业
act_6	com_6	纺织服装鞋帽皮革羽绒及其制品	NTAX	非税部门
act_7	com_7	木材加工品和家具	GOV	政府
act_8	com_8	造纸印刷和文教体育用品	ROW	国外部门
act_9	com_9	化学产品	SAV	储蓄
act_10	com_10	非金属矿物制品	INV	投资
act_11	com_11	金属冶炼和压延加工品	TOT	合计
act_12	com_12	金属制品		
act_13	com_13	通用设备		
act_14	com_14	专用设备		
act_15	com_15	交通运输设备		
act_16	com_16	电气机械和器材		
act_17	com_17	通信设备、计算机和其他电子设备		
act_18	com_18	仪器仪表		

续表

活动账户编号	商品账户编号	对应部门	其他账户编号	对应部门
act_19	com_19	其他制造产品		
act_20	com_20	废品废料		
act_21	com_21	金属制品、机械和设备修理服务		
act_22	com_22	水的生产和供应		
act_23	com_23	建筑业		
act_24	com_24	交通运输、仓储和邮政业		
act_25	com_25	批发、零售业和住宿、餐饮业		
act_26	com_26	其他行业		
act_27	com_27	煤炭		
act_28	com_28	原油		
act_29	com_29	成品油		
act_30	com_30	天然气		
act_31	com_31	电力		

附表 2 中国 2012 年微观 SAM 平衡表（细分 31 部门）

单位：亿元

	act_1	act_2	act_3	act_4	act_5	act_6	act_7	act_8	act_9	act_10	act_11
act_1											
act_2											
act_3											
act_4											
act_5											
act_6											
act_7											
act_8											
act_9											
act_10											
act_11											
act_12											
act_13											
act_14											
act_15											
act_16											
act_17											
act_18											

续表

	act_1	act_2	act_3	act_4	act_5	act_6	act_7	act_8	act_9	act_10	act_11
act_19											
act_20											
act_21											
act_22											
act_23											
act_24											
act_25											
act_26											
act_27											
act_28											
act_29											
act_30											
act_31											
com_1	12165.0	4.4	5.1	33685.8	6708.5	960.5	2206.0	1374.7	4500.9	17.9	12.3
com_2	0.5	1892.2	20.3	38.7	0.2	0.9	3.5	53.3	583.1	274.3	18995.1
com_3	9239.7	34.8	86.3	21058.8	131.2	1293.4	92.0	158.4	891.8	3363.5	89.6
com_4	14.2	70.2	38.8	86.9	16636.8	11999.0	279.6	1293.7	2856.1	216.1	421.9
com_5		15.0	5.6						1585.5	220.1	67.5

续表

	act_1	act_2	act_3	act_4	act_5	act_6	act_7	act_8	act_9	act_10	act_11
com_6	31.9	40.2	17.8	96.6	178.5	5199.0	341.1	189.6	350.0	247.1	125.0
com_7	22.9	20.9	8.4	42.6	61.8	35.4	7468.9	591.1	153.6	206.6	82.5
com_8	15.0	54.6	9.9	1240.8	140.3	281.3	199.8	8718.6	867.0	769.1	82.5
com_9	7913.4	664.7	544.6	1955.6	3975.0	2233.9	1669.6	4103.7	56394.4	3958.0	1721.0
com_10	29.9	65.3	181.6	439.0	35.9	18.3	138.4	92.5	794.0	9910.3	1847.8
com_11	2.2	208.9	134.4	18.7	16.4	16.9	234.2	2156.5	950.2	1198.0	40738.4
com_12	43.5	304.7	202.2	297.5	23.4	68.5	744.4	244.0	831.6	1388.0	702.3
com_13	10.8	341.3	163.6	153.3	99.2	58.4	178.3	106.1	814.4	1143.1	2217.0
com_14	633.9	381.3	377.6	136.3	160.4	176.5	90.6	195.6	423.2	409.9	357.6
com_15	119.5	51.2	63.8	11.6	1.6	3.8	1.9	7.4	21.6	224.5	37.0
com_16	13.9	89.0	76.9	47.6	22.0	24.3	24.8	76.1	219.3	119.4	139.1
com_17	3.4	20.7	11.0	12.1	5.6	13.2	11.6	162.8	148.8	30.5	40.2
com_18	11.6	8.2	22.7	12.5	2.0	0.4	6.3	8.0	59.3	40.1	54.9
com_19	11.5	2.0	6.9	6.2	3.9	124.1	1.9	44.6	13.2	10.7	16.8
com_20	0.2	0.6	2.4	13.9	0.9	2.5	1.5	788.5	179.9	235.3	4965.4
com_21	20.3	15.7	15.8	28.1	21.1	13.1	13.4	16.5	80.1	91.1	88.9
com_22	3.4	16.4	7.7	66.2	17.2	8.9	11.4	19.2	78.7	43.4	37.2
com_23	8.5	26.3	25.2	106.1	30.2	43.2	34.7	58.2	151.5	97.1	108.8

续表

	act_1	act_2	act_3	act_4	act_5	act_6	act_7	act_8	act_9	act_10	act_11
com_24	1133.7	472.2	263.0	3131.3	743.3	765.9	671.2	933.5	3670.2	2027.6	2495.2
com_25	1387.6	272.5	171.5	4843.9	1500.2	2400.9	568.5	1172.4	4136.6	1309.5	1106.4
com_26	2041.5	917.1	549.0	2991.7	817.5	982.0	727.2	1591.4	6468.1	2434.1	5060.9
com_27	5.3	73.4	68.1	192.0	119.4	45.7	54.2	287.9	2179.8	2395.0	2888.5
com_28		8.9	9.9	146.6	45.0	55.4	100.0	105.9	1449.5	76.6	44.3
com_29	1437.1	630.3	395.6						7609.3	1820.3	5093.1
com_30	0.8	0.1	0.2	3.3	0.5	0.7	0.1	2.1	130.6	8.1	31.4
com_31	891.2	1235.1	456.4	775.3	747.9	243.4	398.1	605.0	5248.9	2760.8	4736.8
LAB	53299.5	2094.1	1315.2	6916.1	3502.5	3804.6	1977.0	3596.4	8279.7	4881.6	6290.7
CAP	2256.5	1920.5	926.4	8613.0	2791.4	2242.7	1689.0	2735.1	11701.2	4758.7	10575.5
HR											
HU											
ENT											
NTAX	939.3	131.9	71.8	989.9	404.5	339.3	209.3	332.8	1311.4	507.9	1168.7
GOV	3261.5	458.0	249.2	3437.4	1404.5	1178.0	726.8	1155.7	4553.6	1763.7	4058.3
ROW											
SAV											
INV											
TOT	96969.1	12542.8	6504.6	91595.5	40348.7	34634.2	20875.2	32977.1	129686.7	48958.3	116498.7

续表

	act_12	act_13	act_14	act_15	act_16	act_17	act_18	act_19	act_20	act_21	act_22
act_1											
act_2											
act_3											
act_4											
act_5											
act_6											
act_7											
act_8											
act_9											
act_10											
act_11											
act_12											
act_13											
act_14											
act_15											
act_16											
act_17											
act_18											

续表

	act_12	act_13	act_14	act_15	act_16	act_17	act_18	act_19	act_20	act_21	act_22
act_19											
act_20											
act_21											
act_22											
act_23											
act_24											
act_25											
act_26											
act_27											
act_28											
act_29											
act_30											
act_31											
com_1	15.9	4.9	9.1	3.2	2.0			139.9	1.0		0.8
com_2	238.2	23.8	10.9	4.1	66.9			1.3	6.1	0.9	
com_3	11.5	3.5	16.1	7.0	46.3	0.0		0.4	0.2	0.1	0.0
com_4	149.1	220.1	125.9	149.1	216.0	280.1	29.1	48.0	19.8	1.5	20.3
com_5	86.3	34.6	95.6	294.3	100.9	26.5	6.2	267.6	23.5	2.5	0.2

续表

	act_12	act_13	act_14	act_15	act_16	act_17	act_18	act_19	act_20	act_21	act_22
com_6	88.0	130.6	126.6	625.6	104.0	51.3	14.1	18.6	5.0	3.9	10.7
com_7	276.1	214.0	120.4	449.2	96.8	40.5	9.2	85.2	2.3	3.6	0.2
com_8	185.9	318.8	130.8	156.4	620.7	553.5	60.7	43.0	9.5	6.4	4.6
com_9	1909.0	1622.6	1684.6	3449.6	5100.0	4226.4	255.9	517.6	150.3	33.8	124.1
com_10	368.9	367.1	166.6	729.7	1468.8	823.6	182.4	46.2	13.1	5.2	1.6
com_11	12037.5	8507.6	5458.3	8213.2	14187.6	2381.8	395.8	222.1	100.6	147.0	2.8
com_12	4757.2	2002.0	1449.4	1420.4	2212.7	1096.2	220.4	76.5	11.1	79.1	44.1
com_13	1031.4	9894.3	3697.1	3865.0	2224.6	383.7	189.3	66.6	11.6	60.0	10.3
com_14	440.2	272.6	4370.6	161.2	247.9	337.9	114.9	12.2	9.3	18.3	3.9
com_15	47.5	552.7	913.4	22076.0	15.7	36.4	12.1	2.6	4.4	103.8	0.4
com_16	155.0	2938.0	1476.6	2271.4	9257.7	3630.7	367.7	48.7	104.2	94.3	2.0
com_17	45.0	2769.1	1401.9	1323.8	3363.3	42955.3	1342.9	50.3	1.1	34.6	1.3
com_18	57.2	306.6	234.1	639.6	328.7	285.3	936.6	10.5	0.0	14.0	8.6
com_19	16.3	18.8	26.1	30.2	18.8	93.6	1.3	76.7	0.0	0.3	0.0
com_20	442.8	75.9	9.7	33.0	1.5	7.9	4.0	0.3	200.4		
com_21	30.6	41.5	31.6	41.1	29.9	27.8	3.0	2.4	1.5	4.2	3.0
com_22	16.8	24.3	10.1	13.5	18.8	22.9	2.5	12.1	5.9	0.9	76.5
com_23	75.4	80.3	41.8	87.2	66.9	137.5	9.4	6.9	7.5	2.7	12.1

续表

	act_12	act_13	act_14	act_15	act_16	act_17	act_18	act_19	act_20	act_21	act_22
com_24	1047.5	1339.9	956.3	2015.9	1407.9	1213.6	159.9	85.3	79.5	26.8	21.6
com_25	978.3	1564.7	1193.6	3151.3	1937.4	3139.0	250.6	134.2	44.3	37.3	35.4
com_26	1611.4	2542.1	1994.2	3584.6	2678.9	4870.7	391.1	128.4	99.7	52.2	296.7
com_27	138.0	75.8	75.3	32.6	22.3			84.7	9.4	3.7	2.1
com_28	22.1	13.9	21.9	16.5			19.9	25.5	21.9	11.4	3.8
com_29	232.9	235.2	137.6	222.7	177.3	151.3	0.1	6.6	0.4	0.0	0.3
com_30	22.2	49.0	2.7	0.5	2.8	5.7					
com_31	1527.5	741.8	513.6	587.4	628.3	623.2	59.9	31.7	43.4	42.1	275.6
LAB	2956.0	4330.3	3260.7	5882.2	3566.5	6536.2	612.0	286.9	152.8	132.5	400.9
CAP	2617.4	3328.3	2558.8	4866.8	3930.5	4386.2	562.5	209.1	3016.2	33.2	312.4
HR											
HU											
ENT											
NTAX	353.0	461.5	333.4	687.9	553.2	750.6	62.1	28.7	43.8	9.9	18.3
GOV	1225.9	1602.5	1157.8	2388.6	1920.9	2606.5	215.5	99.7	152.2	34.3	63.6
ROW											
SAV											
INV											
TOT	35213.9	46708.9	33813.4	69480.5	56622.6	81682.0	6491.2	2876.6	4352.0	1000.4	1758.1

续表

	act_23	act_24	act_25	act_26	act_27	act_28	act_29	act_30	act_31	com_1	com_2
act_1										96118.9	12478.7
act_2											
act_3											
act_4											
act_5											
act_6											
act_7											
act_8											
act_9											
act_10											
act_11											
act_12											
act_13											
act_14											
act_15											
act_16											
act_17											
act_18											

续表

	act_23	act_24	act_25	act_26	act_27	act_28	act_29	act_30	act_31	com_1	com_2
act_19											
act_20											
act_21											
act_22											
act_23											
act_24											
act_25											
act_26											
act_27											
act_28											
act_29											
act_30											
act_31											
com_1	1072.6	808.1	3021.6	1220.6	16.3	0.4	2.0	0.1	4.9		
com_2	755.8			10.0	14.6	0.0	10.0	8.7	0.0		
com_3		1.0		1.7	65.5	1382.7	0.0	0.0	17.9		
com_4	338.7	792.6	8459.7	3483.0	78.6	55.4	244.7	10.1	158.5		
com_5	66.2	46.4	197.5	1020.8	18.7	1.9	9.8	0.1	0.4		

续表

	act_23	act_24	act_25	act_26	act_27	act_28	act_29	act_30	act_31	com_1	com_2
com_6	657.2	268.4	230.2	2679.5	72.6	30.8	25.3	6.0	35.4		
com_7	3567.3	46.7	56.1	355.2	471.7	1.8	11.7	0.4	1.3		
com_8	367.8	276.4	1028.4	8772.5	27.8	8.2	17.1	2.9	73.4		
com_9	6294.1	880.5	434.0	12972.6	536.1	356.5	1115.9	15.3	61.3		
com_10	27678.0	89.0	18.0	479.0	108.3	11.1	321.0	0.9	37.9		
com_11	22558.3	198.1	5.7	108.7	1088.6	536.8	8.3	6.7	24.9		
com_12	6123.3	276.0	43.3	2586.7	513.1	73.9	25.2	2.4	16.1		
com_13	769.2	855.8	34.1	239.1	506.7	176.8	299.7	6.5	182.5		
com_14	715.1	194.6	6.3	945.0	513.9	429.8	112.5	3.8	25.1		
com_15	131.5	4759.5	256.4	3728.0	19.0	12.5	13.7	0.6	3.2		
com_16	5669.8	91.8	898.6	5006.6	139.8	52.0	61.4	2.5	2518.8		
com_17	384.9	94.1	506.0	7960.3	105.7	18.7	63.9	2.9	28.5		
com_18	100.4	15.6	2.8	1379.8	7.1	181.6	80.3	5.9	1371.7		
com_19	89.3	15.1	10.6	1023.5	44.2	2.5	10.0	0.1	2.2		
com_20					5.5	0.5	1.4				
com_21	24.6	92.1	5.0	66.4	14.8	19.4	21.0	3.2	132.8		
com_22	100.2	21.1	67.7	208.9	11.5	2.7	5.0	1.0	74.1		
com_23	3858.2	521.8	339.5	2878.5	64.6	22.6	58.7	4.7	207.2		

续表

	act_23	act_24	act_25	act_26	act_27	act_28	act_29	act_30	act_31	com_1	com_2
com_24	4519.2	9473.7	3592.8	8648.2	586.8	102.9	799.4	95.8	681.0		
com_25	3344.1	2202.0	4526.5	13501.2	419.6	137.3	539.6	33.9	649.5		
com_26	12438.4	8556.5	17820.8	54715.9	2123.4	577.2	957.8	190.7	3374.0		
com_27	35.4	57.2	4.5	151.3	3747.9	34.0	2405.3	203.0	8827.7		
com_28					6.9	113.3	24407.8	1458.7	498.8		
com_29	1731.9	9245.6	332.6	4249.6	158.3	426.6	3025.2	46.3	1949.2		
com_30	1.0	695.0	84.6	230.8	0.4	1.5	38.6	328.0	63.7		
com_31	1790.5	648.9	1124.9	2101.9	955.3	615.0	696.9	69.4	16310.3		
LAB	22451.7	11421.3	25064.9	78903.6	6069.9	1681.2	1605.1	197.2	3708.1		
CAP	9158.3	11484.5	24719.2	69774.8	3365.8	4112.5	2013.5	420.5	7057.5		
HR											
HU											
ENT											
NTAX	1447.0	670.1	1180.3	3116.8	252.9	142.4	451.8	33.4	523.4		
GOV	5024.7	2326.9	4098.4	10822.7	878.2	494.5	1568.7	115.8	1817.5	781.2	1200.0
ROW										5644.9	8670.4
SAV											
INV											
TOT	143264.8	67126.5	98171.0	303343.1	23010.4	11817.2	41028.2	3277.6	50439.1	102545.0	22349.1

续表

	com_3	com_4	com_5	com_6	com_7	com_8	com_9	com_10	com_11	com_12	com_13
act_1											
act_2											
act_3	6375.0										
act_4		88750.9									
act_5			35000.5								
act_6				23870.2							
act_7					17173.7						
act_8						27342.9					
act_9							119262.7				
act_10								46155.6			
act_11									111700.5		
act_12										30741.6	
act_13											39332.4
act_14											
act_15											
act_16											
act_17											
act_18											

续表

	com_3	com_4	com_5	com_6	com_7	com_8	com_9	com_10	com_11	com_12	com_13
act_19											
act_20											
act_21											
act_22											
act_23											
act_24											
act_25											
act_26											
act_27											
act_28											
act_29											
act_30											
act_31											
com_1											
com_2											
com_3											
com_4											
com_5											

	com_3	com_4	com_5	com_6	com_7	com_8	com_9	com_10	com_11	com_12	com_13
com_6											
com_7											
com_8											
com_9											
com_10											
com_11											
com_12											
com_13											
com_14											
com_15											
com_16											
com_17											
com_18											
com_19											
com_20											
com_21											
com_22											
com_23											

续表

	com_3	com_4	com_5	com_6	com_7	com_8	com_9	com_10	com_11	com_12	com_13
com_24											
com_25											
com_26											
com_27											
com_28											
com_29											
com_30											
com_31											
LAB											
CAP											
HR											
HU											
ENT											
NTAX											
GOV	60.6	519.0	134.4	138.3	70.1	210.1	1776.4	102.5	1303.1	114.7	703.8
ROW	437.5	3750.0	971.1	999.4	506.4	1518.3	12835.2	740.8	9415.3	829.0	5085.4
SAV											
INV											
TOT	6873.1	93019.9	36105.9	25007.8	17750.2	29071.3	133874.3	46998.9	122418.9	31685.3	45121.6

续表

	com_14	com_15	com_16	com_17	com_18	com_19	com_20	com_21	com_22	com_23	com_24
act_1											
act_2											
act_3											
act_4											
act_5											
act_6											
act_7											
act_8											
act_9											
act_10											
act_11											
act_12											
act_13											
act_14	29975.7										
act_15		63205.4									
act_16			45544.6								
act_17				52002.9							
act_18					4711.6						

续表

	com_14	com_15	com_16	com_17	com_18	com_19	com_20	com_21	com_22	com_23	com_24
act_19						2383.2					
act_20							4299.3				
act_21								1000.4			
act_22									1758.1		
act_23										142418.8	
act_24											61109.8
act_25											
act_26											
act_27											
act_28											
act_29											
act_30											
act_31											
com_1											
com_2											
com_3											
com_4											
com_5											

续表

	com_14	com_15	com_16	com_17	com_18	com_19	com_20	com_21	com_22	com_23	com_24
com_6											
com_7											
com_8											
com_9											
com_10											
com_11											
com_12											
com_13											
com_14											
com_15											
com_16											
com_17											
com_18											
com_19											
com_20											
com_21											
com_22											
com_23											

续表

	com_14	com_15	com_16	com_17	com_18	com_19	com_20	com_21	com_22	com_23	com_24
com_24											
com_25											
com_26											
com_27											
com_28											
com_29											
com_30											
com_31											
LAB											
CAP											
HR											
HU											
ENT											
NTAX											
GOV	530.3	846.4	543.2	3017.2	383.3	5.0	328.6			33.1	470.9
ROW	3831.4	6115.7	3925.0	21800.5	2769.6	36.5	2374.6			239.3	3402.2
SAV											
INV											
TOT	34337.3	70167.5	50012.9	76820.6	7864.5	2424.8	7002.5	1000.4	1758.1	142691.2	64982.9

续表

	com_25	com_26	com_27	com_28	com_29	com_30	com_31	LAB	CAP	HR	HU
act_1											
act_2											
act_3											
act_4											
act_5											
act_6											
act_7											
act_8											
act_9											
act_10											
act_11											
act_12											
act_13											
act_14											
act_15											
act_16											
act_17											
act_18											

续表

	com_25	com_26	com_27	com_28	com_29	com_30	com_31	LAB	CAP	HR	HU
act_19											
act_20											
act_21											
act_22											
act_23											
act_24											
act_25	86765. 2										
act_26		296422. 4									
act_27			22917. 6								
act_28				11632. 9							
act_29					39839. 7						
act_30						3277. 6					
act_31							50356. 4				
com_1										8057. 6	12541. 8
com_2											
com_3											
com_4										10373. 8	27042. 3
com_5										336. 4	569. 4

续表

	com_25	com_26	com_27	com_28	com_29	com_30	com_31	LAB	CAP	HR	HU
com_6										2372.0	10229.4
com_7										279.9	999.1
com_8										384.1	1596.1
com_9										1149.3	5153.0
com_10										156.6	373.0
com_11											
com_12										95.0	435.3
com_13										54.1	128.2
com_14										14.2	131.1
com_15										954.9	6624.5
com_16										952.5	2941.2
com_17										971.9	3516.0
com_18										64.2	163.5
com_19										76.8	176.1
com_20											
com_21											
com_22										77.3	675.0
com_23											

续表

	com_25	com_26	com_27	com_28	com_29	com_30	com_31	LAB	CAP	HR	HU
com_24										1316.3	5496.9
com_25										4649.9	19721.9
com_26										13404.5	55005.3
com_27										98.2	63.0
com_28											
com_29										202.7	2125.0
com_30										71.5	1312.6
com_31										657.2	2240.1
LAB											
CAP											
HR								63686.2	5931.2		
HU								211491.4	19586.6		
ENT									178834.0		
NTAX											
GOV	175.0	899.3	280.4	2127.4	437.9	0.0	3.3				5979.7
ROW	1264.5	6497.8	2026.0	15371.4	3164.0	0.0	24.1		3786.2		
SAV										24950.5	112011.5
INV											
TOT	88204.7	303819.5	25223.9	29131.6	43441.6	3277.6	50383.8	275177.5	208137.9	71721.6	277250.9

续表

	ENT	NTAX	GOV	ROW	SAV	INV	TOT
act_1				850.2			96969.1
act_2				64.1			12542.8
act_3				129.6			6504.6
act_4				2844.6			91595.5
act_5				5348.3			40348.7
act_6				10764.1			34634.2
act_7				3701.4			20875.2
act_8				5634.2			32977.1
act_9				10424.0			129686.7
act_10				2802.7			48958.3
act_11				4798.1			116498.7
act_12				4472.3			35213.9
act_13				7376.5			46708.9
act_14				3837.7			33813.4
act_15				6275.1			69480.5
act_16				11078.0			56622.6
act_17				29679.0			81682.0
act_18				1779.6			6491.2

续表

	ENT	NTAX	GOV	ROW	SAV	INV	TOT
act_19				493.4			2876.6
act_20				52.7			4352.0
act_21							1000.4
act_22							1758.1
act_23				846.0			143264.8
act_24				6016.7			67126.5
act_25				11405.8			98171.0
act_26				6920.7			303343.1
act_27				92.8			23010.4
act_28				184.3			11817.2
act_29				1188.5			41028.2
act_30							3277.6
act_31				82.7			50439.1
com_1			608.9		3044.8	10327.4	102545.0
com_2						188.6	22349.1
com_3							6873.1
com_4						5146.8	93019.9
com_5						696.5	36105.9

续表

	ENT	NTAX	GOV	ROW	SAV	INV	TOT
com_6						405.7	25007.8
com_7					1620.0	346.8	17750.2
com_8					287.5	1760.1	29071.3
com_9						697.7	133874.3
com_10						553.6	46998.9
com_11					3037.0	238.7	122418.9
com_12					15149.5		31685.3
com_13					21637.0	277.0	45121.6
com_14					28836.2	518.5	34337.3
com_15					9188.2	1290.9	70167.5
com_16					6795.4	2623.7	50012.9
com_17					1307.4	136.8	76820.6
com_18						450.4	7864.5
com_19						28.6	2424.8
com_20							7002.5
com_21							1000.4
com_22							1758.1
com_23					133517.9		142691.2

续表

	ENT	NTAX	GOV	ROW	SAV	INV	TOT
com_24			2093.4		2004.0	911.4	64982.9
com_25					4615.7	2527.7	88204.7
com_26			73055.9		18768.5		303819.5
com_27						843.2	25223.9
com_28						982.6	29131.6
com_29						1270.7	43441.6
com_30						181.3	3277.6
com_31							50383.8
LAB							275177.5
CAP							208137.9
HR	890.7		1213.5				71721.6
HU	32637.4		13108.9	426.7			277250.9
ENT							178834.0
NTAX							17527.2
GOV	20272.0			56.2	11336.8		104365.2
ROW	125033.9	17527.2	257.2				139626.2
SAV			14027.4				293550.5
INV					32404.8		32404.8
TOT	178834.0	17527.2	104365.2	139626.2	293550.5	32404.8	

附录 2　笔者发表的与本书密切相关的论文

董梅、李存芳：《低碳省区试点政策的净碳减排效应》，《中国人口资源与环境》2020 年第 11 期，第 63~74 页。

董梅、李存芳：《中国低碳技术效率、技术差距与低碳化进程研究——基于 MinDS-Luenberger 方法的实证分析》，《华东经济管理》2020 年第 11 期，第 81~89 页。

董梅、李存芳：《碳减排目标的实现机制比较与选择——基于数量型与价格型减排工具的模拟》，《中国环境管理》2020 年第 4 期，第 120~128 页。

董梅：《碳税与能源效率提高的碳减排效应比较——基于 CGE 模型的分析》，《财经理论研究》2020 年第 1 期，第 47~55 页。

董梅、徐璋勇、李存芳：《碳强度约束的模拟：宏观效应、减排效应和结构效应》，《管理评论》2019 年第 5 期，第 53~65 页。

董梅、徐璋勇、李存芳：《碳强度约束下的节能减排效应分析——基于能源和部门结构视角》，《软科学》2018 年第 8 期，第 86~90 页。

董梅、徐璋勇、李存芳：《碳强度约束对城乡居民福利水平的影响：基于 CGE 模型的分析》，《中国人口资源与环境》2018 年第 2 期，第 94~105 页。

董梅、徐璋勇：《农村家庭能源消费结构及影响因素分析——以陕西省 1303 户农村家庭调查为例》，《农林经济管理学报》2018 年第 1 期，第 45~53 页。

董梅、徐璋勇、李存芳：《中国生产部门碳强度波动的驱动因素分析》，《财经理论研究》2018 年第 1 期，第 1～11 页。

董梅、徐璋勇：《农户太阳能热利用及能源消费的影响因素——基于陕西省 1303 份调查数据分析》，《湖南农业大学学报》（社会科学版）2017 年第 6 期，第 20～25、第 66 页。

董梅、徐璋勇：《基于技术进步分解的西部地区能源消费回弹效应研究》，《中国科技论坛》2015 年第 10 期，第 115～119 页。

董梅、徐璋勇：《中国能源回弹效应测度及集聚性研究——基于技术进步分解的视角》，《贵州大学学报》（社会科学版）2015 年第 5 期，第 89～95 页。

董梅、魏晓平：《矿产资源跨期开采的实证研究》，《系统工程》2014 年第 12 期，第 81～86 页。

董梅、魏晓平：《矿产资源跨期开采的理论与实证研究——以四种重要矿产资源为例》，《西安财经学院学报》2014 年第 6 期，第 61～66 页。

董梅、闫晓萍：《能源消费对经济增长的长期和短期影响效应——基于省际面板数据的协整与误差修正模型的再检验》，《兰州商学院学报》2012 年第 6 期，第 36～42、第 51 页。

董梅、孟秋敏：《我国区域能源消费与经济增长关系的比较研究——基于省际面板数据的实证分析》，《西安财经学院学报》2012 年第 6 期，第 49～54 页。

参考文献

[1] Dong Y. , Walley J. , How large are the impacts of carbon motivated bor-der tax adjustments? *Climate Change Economics*, 2009, 3（1）.

[2] Kuik O. , Hofkes M. , Border adjustment for European emissions trading: Competitiveness and Carbon leakage. *Energy Policy*, 2010, 38（4）.

[3] Orlov A. , Grethe H. , Carbon taxation and market structure: A CGE a-nalysis for Russia. *Energy Policy*, 2012, 51（6）.

[4] Siriwardana M. , Meng S. , Mcneill J. , A CGE assessment of the Austral-ian Carbon tax policy. International Journal of *Global Energy Issues*, 2013, 36（2/3/4）.

[5] Orecchia C. , A quantitative assessment of the implications of including Non-CO_2 emissions in the European ETS. *Working Papers*, 2013, 70（3）.

[6] Dissou Y. , Sun Q. , GHG mitigation policies and employment: a CGE analysis with wage rigidity and application to Canada. *Canadian Public Policy*, 2013, 39（2）.

[7] Miyata Y. , Wahyuni A. , Shibusawa H. , Economic analysis of the im-pact of carbon tax on the economy of makassar city, indonesia. *Regional Sci-ence Inquiry Journal*, 2013, 5（2）.

[8] Liu Y. , Lu Y. , The economic impact of different Carbon tax revenue re-cycling schemes in China: a model – based scenario analysis. *Applied Energy*, 2015, 141（1）.

[9] Lokhov R. , Welsch H. , Emissions trading between Russia and the Euro-pean Union: a CGE analysis of potentials and impacts. *Environmental Eco-nomics and Policy Studies*, 2008, 9（1）.

［10］ Loisel R. , Environmental climate instruments in Romania: A comparative approach using dynamic CGE modelling. *Energy Policy*, 2009, 37 (6) .

［11］ Abrell J. , Regulating CO_2 emissions of transportation in Europe: A CGE-analysis using market-based instruments. *Transportation Research Part D Transport & Environ*, 2010, 15 (4) .

［12］ Vöhringer F. , Linking the Swiss emissions trading system with the EU ets: economic effects of regulatory design alternatives. *Swiss Journal of Economics & Statistics*, 2012, 148 (1) .

［13］ He L-Y. , Gao Y-X. , Including aviation in the European union emissions trading scheme: impacts on industries, Macro-economy and emissions in China. *International Journal of Economics & Finance*, 2012, 4 (12) .

［14］ Lanzi E. , Wing I. S. , Capital malleability, emission leakage and the cost of partial climate policies: general equilibrium analysis of the European union emission trading system. *Environmental and Resource Economics*, 2013, 55 (2) .

［15］ Alexeeva V. , Anger N. , The globalization of the Carbon market: Welfare and competitiveness effects of linking emissions trading schemes. *Mitigation and Adaptation Strategies for Global CH*, 2016, 21 (6) .

［16］ Wang K. , Wang C. , Chen J. , Analysis of the economic impact of different Chinese climate policy options based on a CGE model incorporating endogenous technological change. *Energy Policy*, 2009, 37 (8) .

［17］ Li A-J. , Li Z. , General equilibrium analysis of the effects of technological progress for energy intensity and Carbon dioxide emissions in China// Proceedings of the 2011 International Conference o, 347, Clausthal-Zellerfeld: Trans Tech Publications, 2012.

［18］ Sancho F. , Double dividend effectiveness of energy tax policies and the elasticity of substitution: A CGE appraisal. *Energy Policy*, 2010, 38 (6) .

［19］ Bor Y. J. , Huang Y. , Energy taxation and the double dividend effect in Taiwan's energy conservation policy—an empirical study using a computable general equilibrium model. *Energy Policy*, 2010, 38 (5) .

[20] Ciaschini M. , Pretaroli R. , Severini F. , et al. , Regional environmental tax reform in a fiscal federalism setting. Bulletin of the Transilvania University of Braov, 2012, 5 (1) .

[21] Yuan J. , Hou Y. , Xu M. , China's 2020 Carbon intensity target: consistency, implementations, and policy implications. *Renewable and Sustainable Energy Reviews*, 2012, 16 (7) .

[22] Dai H. , Masui T. , Matsuoka Y. , et al. , Assessment of China's climate commitment and non-fossil energy plan towards 2020 using hybrid AIM/CGE model. *Energy Policy*, 2011, 39 (5) .

[23] Thepkhun P. , Limmeechokchai B. , Fujimori S. , et al. , Thailand's Low – Carbon scenario 2050: the AIM/CGE analyses of CO_2 mitigation measures. *Energy Policy*, 2013, 62 (3) .

[24] Hoefnagels R. , Banse M. , Dornburg V. , et al. , Macro-economic impact of large-scale deployment of biomass resources for energy and materials on a National level—a combined approach for the Netherlands. *Energy Policy*, 2013, 59 (8) .

[25] Suttles S. A. , Tyner W. E. , Shively G. , et al. , Economic effects of bioenergy policy in the United States and Europe: A general equilibrium approach focusing on forest biomass. *Renewable Energy*, 2014, 69 (3) .

[26] Bollen J. , The value of air pollution co-benefits of climate policies: Analysis with a global sector-trade CGE model called WorldScan. *Technological Forecasting & Social Change*, 2014 (90) .

[27] Zhang D. , Rausch S. , Karplus V. J. , et al. , Quantifying regional economic impacts of CO_2 intensity targets in China. *Energy Economics*, 2012, 40 (2) .

[28] Springmann M. , Zhang D. , Karplus V. J. , Consumption – Based adjustment of Emissions – Intensity targets: an economic analysis for China's provinces. *Environmental and Resource Economics*, 2015, 61 (4) .

[29] Liu X. , Mao G. , Ren J. , et al. , How might China achieve its 2020 emissions target? A scenario analysis of energy consumption and CO_2 e-

missions using the system dynamics model. *Journal of Cleaner Production*, 2015（103）.

［30］ Yi B-W. , Xu J-H. , Fan Y. , Determining factors and diverse scenarios of CO_2 emissions intensity reduction to achieve the 40 – 45% target by 2020 in China—a historical and prospective analysis for the period 2005 – 2020. *Journal of Cleaner Production*, 2016（122）.

［31］ Shahiduzzaman M. , Layton A. , Decomposition analysis for assessing the United States 2025 emissions target: How big is the challenge? *Renewable & Sustainable Energy Reviews*, 2017（67）.

［32］ Aydin L. , Acar M. , Economic impact of oil price shocks on the Turkish economy in the coming decades: A dynamic CGE analysis. *Energy Policy*, 2011, 39（3）.

［33］ Doumax V. , Biofuels, tax policies and oil prices in France: insights from a dynamic CGE model. *Energy Policy*, 2014, 66（3）.

［34］ Timilsina G. R. , Oil prices and the global economy: A general equilibrium analysis. *Energy Economics*, 2015（49）.

［35］ Chen Z-H. , Xue H-B. , Adam Z. R. , et al. , The impact of high-speed rail investment on economic and environmental change in China: A dynamic CGE analysis. *Transportation Research Part A Policy & Practice*, 2016（92）.

［36］ Anson S. , Turner K. , Rebound and disinvestment effects in refined oil consumption and supply resulting from an increase in energy efficiency in the Scottish commercial transport sector. *Energy Policy*, 2009, 37（9）.

［37］ Hanley N. , Mcgregor P. G. , Swales J. K. , et al. , Do increases in energy efficiency improve environmental quality and sustainability? *Ecological Economics*, 2009, 68（3）.

［38］ Manzoor D. , Shahmoradi A. , Haqiqi I. , An analysis of energy price reform: a CGE approach. *OPEC Energy Review*, 2012, 36（1）.

［39］ Zhou N. , Fridley D. , Khanna N. Z. , et al. , China's energy and emissions outlook to 2050: Perspectives from bottom – up energy end – use model. *Energy Policy*, 2013, 53 (53).

[40] Mahmood A., Marpaung C. P., Carbon pricing and energy efficiency improvement——why to miss the interaction for developing economies? An illustrative CGE based application to the Pakistan case. *Energy Policy*, 2014, 67 (4).

[41] Solaymani S., Kari F. Impacts of energy subsidy reform on the Malaysian economy and transportation sector. *Energy Policy*, 2014, 70 (7).

[42] Feng Z-H., Zou L-L., Wei Y-M, The impact of household consumption on energy use and CO_2 emissions in China. *Energy*, 2011, 36 (1).

[43] Dai H., Masui T., Matsuoka Y., et al., The impacts of China's household consumption expenditure patterns on energy demand and Carbon emissions towards 2050. *Energy Policy*, 2012 (50).

[44] Gu Z-H., Sun Q., Wennersten R., Impact of urban residences on energy consumption and Carbon emissions: An investigation in Nanjing, China. *Sustainable Cities & Society*, 2013 (7).

[45] Golley J., Meng X., Income inequality and Carbon dioxide emissions: The case of Chinese urban households. *Energy Economics*, 2012, 34 (6).

[46] Saner D., Heeren N., Waraich R. A., et al., Housing and mobility demands of individual households and their Life cycle assessment. *Environmental Science & Technology*, 2013, 47 (11).

[47] Wang Z., Yang L., Indirect Carbon emissions in household consumption: evidence from the urban and rural area in China. *Journal of Cleaner Production*, 2014, 78.

[48] 毕清华、范英、蔡圣华等：《基于 CDE－CGE 模型的中国能源需求分析》，《中国人口资源与环境》2013 年第 1 期。

[49] 鲍勤、汤玲、汪寿阳等：《美国碳关税对我国经济的影响程度到底如何》，《系统工程理论与实践》2013 年第 2 期。

[50] 梁伟：《基于 CGE 模型的环境税"双重红利"研究——以山东省为例》，天津大学，2013。

[51] 娄峰：《碳税征收对我国宏观经济及碳减排影响的模拟研究》，《数量

经济技术经济研究》2014 年第 10 期。

[52] 张晓娣、刘学悦：《征收碳税和发展可再生能源研究——基于 OLG－CGE 模型的增长及福利效应分析》，《中国工业经济》2015 年第 3 期。

[53] 徐晓亮、程倩、车莹等：《煤炭资源税改革对行业发展和节能减排的影响》，《中国人口资源与环境》2015 年第 8 期。

[54] 魏文婉、张顺明：《中国能源进口政策分析——基于 CGE 视角》，《系统工程理论与实践》2015 年第 11 期。

[55] 宋建新、崔连标：《发达国家碳关税征收对我国的影响究竟如何——基于多区域 CGE 模型的定量评估》，《国际经济探索》2015 年第 6 期。

[56] 梁强、许文、苏明：《基于 CGE 模型的税收政策控煤效果》，《财经科学》2016 年第 5 期。

[57] 许士春、张文文、戴利俊：《基于 CGE 模型的碳税政策对碳排放及居民福利的影响分析》，《工业技术经济》2016 年第 5 期。

[58] 周艳菊、胡凤英、周正龙等：《最优碳税税率对供应链结构和社会福利的影响》，《系统工程理论与实践》2017 年第 4 期。

[59] 金艳鸣、雷明：《二氧化硫排污权交易研究——基于资源－经济－环境可计算一般均衡模型的分析》，《山西财经大学学报》2012 年第 8 期。

[60] 袁永娜、石敏俊、李娜：《碳排放许可的初始分配与区域协调发展——基于多区域 CGE 模型的模拟分析》，《管理评论》2013 年第 2 期。

[61] 刘宇、蔡松锋、王毅等：《分省与区域碳市场的比较分析——基于中国多区域一般均衡模型 TermCO$_2$》，《财贸经济》2013 年第 11 期。

[62] 孙睿、况丹、常冬勤：《碳交易的"能源－经济－环境"影响及碳价合理区间测算》，《中国人口资源与环境》2014 年第 7 期。

[63] 吴洁、夏炎、范英等：《全国碳市场与区域经济协调发展》，《中国人口资源与环境》2015 年第 10 期。

[64] 魏巍贤、马喜立：《硫排放交易机制和硫税对大气污染治理的影响研究》，《统计研究》2015 年第 7 期。

[65] 时佳瑞、蔡海琳、汤玲等：《基于 CGE 模型的碳交易机制对我国经济

环境影响研究》，《中国管理科学》2015 年第 11 期。

[66] 熊灵、齐绍洲、沈波：《中国碳交易试点配额分配的机制特征、设计问题与改进对策》，《武汉大学学报》（哲学社会科学版）2016 年第 3 期。

[67] 何建坤：《我国自主减排目标与低碳发展之路》，《清华大学学报》（哲学社会科学版）2010 年第 6 期。

[68] 郭正权：《基于 CGE 模型的我国低碳经济发展政策模拟分析》，中国矿业大学，2011。

[69] 李钢、董敏杰、沈可挺：《强化环境管制政策对中国经济的影响——基于 CGE 模型的评估》，《中国工业经济》2012 年第 11 期。

[70] 张友国：《碳强度与总量约束的绩效比较：基于 CGE 模型的分析》，《世界经济》2013 年第 7 期。

[71] 郭志、周新苗、王鹏：《环境政策对中国经济可持续性影响分析——基于 CGE 模型》，《上海经济研究》2013 年第 7 期。

[72] 魏玮、何旭波：《节能减排、研发补贴与可持续增长——基于动态可计算一般均衡的情景分析》，《经济管理》2013 年第 11 期。

[73] 郭正权、郑宇花、张兴平：《基于 CGE 模型的我国能源 - 环境 - 经济系统分析》，《系统工程学报》2014 年第 5 期。

[74] 张友国、郑玉歆：《碳强度约束的宏观效应和结构效应》，《中国工业经济》2014 年第 6 期。

[75] 石敏俊、周晟吕、李娜等：《能源约束下的中国经济中长期发展前景》，《系统工程学报》2014 年第 5 期。

[76] 梁伟、朱孔来、姜巍：《环境税的区域节能减排效果及经济影响分析》，《财经研究》2014 年第 1 期。

[77] 刘宇、蔡松锋、张其仔：《2025 年、2030 年和 2040 年中国二氧化碳排放达峰的经济影响——基于动态 GTAP - E 模型》，《管理评论》2014 年第 12 期。

[78] 林伯强、李江龙：《环境治理约束下的中国能源结构转变》，《中国社会科学》2015 年第 9 期。

[79] 范庆泉、周县华、刘净然：《碳强度的双重红利：环境质量改善与经济

持续增长》，《中国人口资源与环境》2015 年第 6 期。

[80] 周县华、范庆泉：《碳强度减排目标的实现机制与行业减排路径的优化设计》，《世界经济》2016 年第 7 期。

[81] 林伯强、牟敦国：《能源价格对宏观经济的影响——基于可计算一般均衡（CGE）的分析》，《经济研究》2008 年第 11 期。

[82] 胡宗义、刘亦文：《能源要素价格改革对宏观经济影响的 CGE 分析》，《经济评论》2010 年第 2 期。

[83] 邹艳芬：《基于 CGE 和 EFA 的中国能源使用安全测度》，《资源科学》2008 年第 1 期。

[84] 查冬兰、周德群：《基于 CGE 模型的中国能源效率回弹效应研究》，《数量经济技术经济研究》2010 年第 12 期。

[85] 刘伟、李虹：《中国煤炭补贴改革与二氧化碳减排效应研究》，《经济研究》2014 年第 8 期。

[86] 姜春海、王敏、田露露：《基于 CGE 模型的煤电能源输送结构调整的补贴方案设计——以山西省为例》，《中国工业经济》2014 年第 8 期。

[87] 张国兴、高秀林、汪应洛等：《我国节能减排政策协同的有效性研究：1997－2011》，《管理评论》2015 年第 12 期。

[88] 魏玮、何旭波：《中国工业部门的能源 CES 生产函数估计》，《北京理工大学学报》2014 年第 1 期。

[89] 查冬兰、司建松、周德群等：《中国工业部门能源与非能源替代弹性研究——基于多弹性测度方法》，《管理评论》2016 年第 6 期。

[90] 李艳梅、杨涛：《城乡家庭直接能源消费和 CO_2 排放变化的分析与比较》，《资源科学》2013 年第 1 期。

[91] 周平、王黎明：《中国居民最终需求的碳排放测算》，《统计研究》2011 年第 7 期。

[92] 朱勤、彭希哲、吴开亚：《基于结构分解的居民消费品载能碳排放变动分析》，《数量经济技术经济研究》2012 年第 1 期。

[93] 彭水军、张文城：《中国居民消费的碳排放趋势及其影响因素的经验分析》，《世界经济》2013 年第 3 期。

[94] 姚亮、刘晶茹、袁野：《中国居民家庭消费碳足迹近20年增长情况及未来趋势研究》，《环境科学学报》2017年第6期。

[95] 田旭、戴瀚程、耿涌：《居民家庭消费支出变化对上海市2020年低碳发展的影响》，《中国人口资源与环境》2016年第5期。

[96] 王泳璇、王宪恩：《基于城镇化的居民生活能源消费碳排放门限效应分析》，《中国人口资源与环境》2016年第12期。

[97] 曲建升、刘莉娜、曾静静等：《中国居民生活碳排放增长路径研究》，《资源科学》2017年第12期。

[98] 王善勇、李军、范进等：《个人碳交易视角下消费者能源消费与福利变化研究》，《系统工程理论与实践》2017年第6期。

[99] Fischer C., Springborn M., Emissions targets and the real business cycle: Intensity targets versus caps or taxes. *Journal of Environmental Economics & Management*, 2011, 62 (3).

[100] 郑爽：《国际碳市场发展及其对中国的影响》，中国经济出版社，2013。

[101] 廖振良：《碳排放交易理论与实践》，同济大学出版社，2016。

[102] 王慧、张宁宁：《美国加州碳排放交易机制及其启示》，《环境与可持续发展》2015年第6期。

[103] 林伯强、姚昕、刘希颖：《节能和碳排放约束下的中国能源结构战略调整》，《中国社会科学》2010年第1期。

[104] 阿瑟·塞西尔·庇古：《福利经济学》（上、下册），华夏出版社，2017。

[105] 戈登·图洛克：《收入再分配的经济学》（第二版），上海人民出版社，2008。

[106] Pearce D., The role of Carbon taxes in adjusting to global warming justing to global warming. *Economic Journal*, 1991, 101 (407).

[107] 朱帮助、王克凡、王平：《我国碳排放增长分阶段驱动因素研究》，《经济学动态》2015年第11期。

[108] 涂正革：《中国的碳减排路径与战略选择——基于八大行业部门碳排放量的指数分解分析》，《中国社会科学》2012年第3期。

[109] 鲁万波、仇婷婷、杜磊：《中国不同经济增长阶段碳排放影响因素

研究》,《经济研究》2013 年第 4 期。

[110] 王峰、吴丽华、杨超:《中国经济发展中碳排放增长的驱动因素研究》,《经济研究》2010 年第 2 期。

[111] 解振华:《中国应对气候变化的政策与行动——2011 年度报告》,社会科学文献出版社,2012。

[112] 解振华:《中国应对气候变化的政策与行动——2012 年度报告》,中国环境出版社,2013。

[113] 解振华:《中国应对气候变化的政策与行动——2013 年度报告》,中国环境出版社,2014。

[114] 解振华:《中国应对气候变化的政策与行动——2014 年度报告》,中国环境出版社,2015。

[115] 张勇:《中国应对气候变化的政策与行动——2015 年度报告》,中国环境出版社,2016。

[116] Wu L., Kaneko S., Matsuoka S., Driving forces behind the stagnancy of China's Energy-related CO_2 emission from 1996 to 1999: the relative importance of structural change, intensity change and scale change. *Energy Policy*, 2005, 33 (3).

[117] Zhang M., Mu H., Ning Y., Decomposition of energy-related CO_2 emission over 1991 – 2006 in China. *Ecological Economics*, 2009, 68 (7).

[118] Sun W., Cai J., Yu H., et al., Decomposition analysis of energy-related Carbon dioxide emissions in the Iron and steel industry in China. *Frontiers of Environmental Science & Engineering*, 2012, 6 (2).

[119] Chen L., Zhang Z., Chen B., Decomposition analysis of Energy-related industrial CO_2 emissions in China. *Energies*, 2013, 6 (5).

[120] Ren S., Yin H., Chen X-H., Using LMDI to analyze the decoupling of Carbon dioxide emissions by China's manufacturing industry. *Environmental Development*, 2014, 9 (1).

[121] 陈诗一:《中国碳排放强度的波动下降模式及经济解释》,《世界经济》2011 年第 4 期。

[122] 王栋、潘文卿、刘庆等：《中国产业排放的因素分解：基于 LMDI 模型》，《系统工程理论与实践》2012 年第 6 期。

[123] 赵志耘、杨朝峰：《中国碳排放驱动因素分解分析》，《中国软科学》2012 年第 6 期。

[124] 孙作人、周德群：《基于迪氏指数分解的我国碳排放驱动因素研究——人口、产业、能源结构变动视角下的解释》，《经济学动态》2013 年第 5 期。

[125] 郭朝先：《中国二氧化碳排放增长因素分析——基于 SDA 分解技术》，《中国工业经济》2010 年第 12 期。

[126] 张友国：《经济发展方式变化对中国碳排放强度的影响》，《经济研究》2010 年第 4 期。

[127] 籍艳丽、郜元兴：《二氧化碳排放强度的实证研究》，《统计研究》2011 年第 7 期。

[128] 宗刚、陈鸣、韩建飞：《交通运输设备制造业碳排放变动研究》，《统计研究》2014 年第 11 期。

[129] Li L., Lei Y., Pan D., Study of CO_2 emissions in China's Iron and steel industry based on economic input-output Life cycle assessment. *Natural Hazards*, 2016, 81 (2).

[130] Ang B. W., Liu H., Handling ZERO values in energy: which is the preferred method. *Energy Policy*, 2007, 35 (1).

[131] 张欣：《可计算一般均衡模型的基本原理与编程》，格致出版社，2010。

[132] 魏传江、王浩、谢新民等：《GAMS 用户指南》，中国水利水电出版社，2009。

[133] 王小华、温涛：《城乡居民消费行为及结构演化的差异研究》，《数量经济技术经济研究》2015 年第 10 期。

[134] 林伯强、孙传旺：《如何在保障中国经济增长前提下完成碳减排目标》，《中国社会科学》2011 年第 1 期。

后 记

　　本书是我在西北大学攻读博士学位阶段的主要研究成果基础上深化、拓展而成。回首西北大学的求学之路，一路艰辛，一路收获。自读博的第一天，我就深知必须历经各种压力和困难，才能够获得这沉甸甸的学位。但这一路走来，我体会到真正历经的焦虑与艰辛比自己想象的更多，但这弥足珍贵的收获，足以让我受益终身。

　　在博士毕业后回到江苏师范大学的教学岗位上，我依然对自己的研究主题不断求索，最终完成了本书稿，并获得了江苏师范大学数学与应用数学国家一流专业建设资金资助。所以这一路走来，不觉辛苦，留在心底的都是喜悦与收获。

　　在学术道路上我最要感谢的人是我的导师徐璋勇教授。徐老师严谨的治学态度、渊博的学术知识、忘我的工作精神、敏锐的学术洞察力，都在潜移默化地影响着我、改变着我。徐老师对我递交的每一篇文稿都逐字逐句地修改，及时指出我的不足，是徐老师的耐心教导和严格要求使我对科研工作心存敬畏。特别是在加入徐老师有关气候变化研究的课题组后，才使自己的研究思路豁然开朗，让我逐步掌握了潜心研究的要领和技能。从论文选题、谋篇布局直至终稿，都耗费了徐老师大量的心血。能够成为徐老师的学生，是我的幸运，徐老师的广博学识和治学精神让我受益良多，为我的科研与学术道路点亮了一盏明灯。

　　我要感谢山东大学电气工程学院的翟鹤峰硕士，是他的帮助，才使我论文中动态 CGE 模型的 GAMS 编程顺利完成。由于 CGE 模型比较复杂，国内精通 GAMS 软件编程的研究人员并不多，在我的模型陷入僵局的时候，是缘分让我认识了翟鹤峰，他利用业余时间通过网络在线指导了我整整四个月，才帮助我完成了 GAMS 庞大的编程工作，扫清了博士论文中的技术障碍。翟鹤峰的帮助让我深刻铭记，在此，对他表示深深的感谢！

我要感谢西北大学经济管理学院的诸位老师。在西北大学求学期间，姚慧琴教授、惠宁教授、赵守国教授、茹少峰教授、安立任教授、孙万贵教授、马小勇教授、高煜教授、师博教授、钞小静教授、欧阳葵教授等老师都曾教授过我经济学专业课程，或对我的论文给予悉心的指导。感谢西部经济发展研究中心为我提供了强大的研究平台。感谢我的师兄师姐师弟师妹们：武丽娟博士、孙倩博士、安海彦博士、杨佩卿博士、葛鹏飞博士、王小腾博士、胡义云硕士、唐旭硕士等，我们在西部中心一起学习和讨论的日子我会永远珍惜和怀念。感谢我的2014级博士同学们，是你们的陪伴，让我读博的日子不再孤单。

我还要感谢我所在单位江苏师范大学的领导及同事们，特别是江苏师范大学商学院院长李存芳教授、杨晓丽教授给予我工作上的关心与支持。感谢江苏师范大学数学与统计学院的数学与应用数学国家一流专业建设给予本书出版的资助。

最后，我要感谢我的妈妈以及我的爱人韩冰，在我读博的四年和日常埋头科研的无数个日夜，是他们在身后给予我默默的支持。虽然我的爸爸不能亲眼见证我的这些成绩，但我相信他依然会为我骄傲，他对我从小到大的培养、支持与爱一直在我心间闪耀。感谢公公婆婆的理解和付出，亲情给了我一次次面对挫折和挑战的勇气，才使我走完这段艰辛的历程。

科研无止境，未来路更长。心中的感激会化作我继续前进的动力和勇气，沿着今天的跬步，不畏艰难坎坷，继续奋力前行！

董 梅

2021年4月13日 于江苏师范大学

图书在版编目（CIP）数据

碳减排目标实现与政策模拟：基于 CGE 模型／董梅著 . -- 北京：社会科学文献出版社，2021.7
ISBN 978 - 7 - 5201 - 8668 - 1

Ⅰ.①碳… Ⅱ.①董… Ⅲ.①二氧化碳 - 减量化 - 排气 - 环境目标 - 研究 - 中国 ②二氧化碳 - 减量化 - 排气 - 环境政策 - 研究 - 中国 Ⅳ.①X511

中国版本图书馆 CIP 数据核字（2021）第 137552 号

碳减排目标实现与政策模拟
——基于 CGE 模型

著　者／董　梅

出 版 人／王利民
责任编辑／丁　凡

出　　版／社会科学文献出版社·城市和绿色发展分社（010）59367143
　　　　　　地址：北京市北三环中路甲 29 号院华龙大厦　邮编：100029
　　　　　　网址：www. ssap. com. cn
发　　行／市场营销中心（010）59367081　59367083
印　　装／三河市龙林印务有限公司

规　　格／开　本：787mm × 1092mm　1/16
　　　　　　印　张：20.75　字　数：312 千字
版　　次／2021 年 7 月第 1 版　2021 年 7 月第 1 次印刷
书　　号／ISBN 978 - 7 - 5201 - 8668 - 1
定　　价／98.00 元